U0193364

实践的足迹

——北京农学院植物科学技术学院实践育人探索文集

牛 奔 郝 娜 主编

中国农业大学出版社

·北京·

内 容 简 介

北京农学院植物科学技术学院"着力打造实践育人综合体系",构建社会实践育人工作平台。自2016年,学院师生沿着从精准扶贫到乡村振兴这条实践路一走就是6年。6年实践,35个村,500余名师生,7000多里路,深挖细掘、深耕厚植、深学实悟,将实践育人、乡村振兴和服务"三农"有机结合起来。本书是北京农学院植物科学技术学院部分师生将近几年实践感悟撰写成集,从倾听者和亲历者的角度,讲述在精准扶贫、乡村振兴工作一线发生的感人故事,旨在帮助广大师生和致力于"三农"服务的在校学生了解当下真实的新农村、新农业。

图书在版编目(CIP)数据

实践的足迹:北京农学院植物科学技术学院实践育人探索文集/牛奔,郝娜主编. --北京:中国农业大学出版社,2023.7

ISBN 978-7-5655-3008-1

Ⅰ.①实… Ⅱ.①牛…②郝… Ⅲ.①植物学-文集 Ⅳ.①Q94-53

中国国家版本馆 CIP 数据核字(2023)第 118774 号

书　　名	实践的足迹
	——北京农学院植物科学技术学院实践育人探索文集
作　　者	牛　奔　郝　娜　主编

策划编辑	张秀环	责任编辑	张秀环
封面设计	中通世奥图文设计		
出版发行	中国农业大学出版社		
社　　址	北京市海淀区圆明园西路2号	邮政编码	100193
电　　话	发行部 010-62733489,1190	读者服务部 010-62732336
	编辑部 010-62732617,2618	出　版　部 010-62733440
网　　址	http://www.caupress.cn	E-mail cbsszs@cau.edu.cn
经　　销	新华书店		
印　　刷	涿州市星河印刷有限公司		
版　　次	2023年7月第1版　　2023年7月第1次印刷
规　　格	148 mm×210 mm　　32开本　　11.5印张　　320千字
定　　价	38.00元

图书如有质量问题本社发行部负责调换

编 委 会

主　编：牛　奔　郝　娜
副主编：贾慧敏　杨韫嘉　王靓楠
编　者：(按照姓氏笔画排序)

于璐佳　王　依　王　越　王绍辉　王禹桐
王莹莹　王晓晨　王靓楠　牛　奔　邓　婴
邓明月　古丽尼嘎尔·阿布德列依木
卢建烨　卢超凡　田丝雨　由书宁　史岱阳
史建楠　生达尔·马力克　吉亚洁　吕伟兴
朱子豪　朱雪莹　朱雪骐　刘　丽　刘　梦
刘中甲　刘金艳　刘梦琦　刘超杰　许茜茜
孙煜杰　孙懿扬　纪鑫梦　杜梦可　李文君
李书涵　李世凡　李雨亭　李晓洋　李静如
李鑫星　杨　赟　杨系搽　杨雯婧　杨韫嘉
何玉吉　谷建田　宋文然　张　丹　张　郑
张　卿　张　旋　张玉秀　张兆恒　张雪晴
张鹭飞　陈馨蕊　金　添　周小清　周光怡
赵云希　赵桂莹　郝　娜　胡玉净　胡嘉琪
南张杰　柯　桐　段诗瑶　侯钰颖　侯颖慧
秦文韬　袁　梦　袁雪宁　贾子健　贾慧敏
钱百蕙　徐晓慧　唐　诗　黄迦勒　崔梦蝶
梁晶晶　魏传敏

前　言

　　习近平总书记在 2018 年全国教育大会上指出,要围绕培养什么人、怎样培养人、为谁培养人这一根本问题,坚持把立德树人作为根本任务融入包括社会实践教育在内的各个环节。新时代赋予了青年学生新使命,高校是引领青年学生认清自身责任与担当的主战场。为响应团中央"三下乡"社会实践活动和全国农科学子联合实践行动,助力打赢脱贫攻坚战,六年来,北京农学院植物科学技术学院一直积极响应号召、勇担历史使命、牢记育人责任,为全面建成小康社会贡献新时代"农科"力量,带领学院师生赴河北省承德市丰宁满族自治县、张家口市蔚县和新疆维吾尔自治区昌吉回族自治州等地开展社会实践活动。让农科学子从教室走入乡间,把书本融入土地,真正地到基层中去,加强自身培养,服务国家脱贫攻坚和乡村振兴战略,把个人命运同国家、社会的命运联系起来。

　　"纸上得来终觉浅,绝知此事要躬行"。学院社会实践团首先进行以课程与教材为中心的专业理论学习,帮助学生获得对学科知识的结构化认知,夯实学生的理论基础,进而在实践行动中更好地强化和实现情感领域和操作领域的教学目标。让学生学会综合运用跨学科知识理解和解决问题,获得综合能力的提升和成为具有"三农"情怀的新时代青年。自 2016 年起,学院成立的精准扶贫实践团连续六年赴河北省承德市丰宁满族自治县开展调研实践活动,几年来共有 40 多名专业老师、500 余名学生参与实践,其中包括园艺设施资源、果树有机栽培、植物育种、果树修剪嫁接等方面的农业专家,涵盖农学、园艺、植物保护 3 个植物生产类专业,农业资源与环境和种子科学与工程两个特色专业的学生。2021 年,学院成立了乡村振兴实践团赴河北省张家口市蔚县进行调研实践活动。六年里,学院师生共走过了 7000 多里路程,先后到达了五道营乡、波罗诺镇、汤河乡、北水泉镇、柏树乡、代王城镇、南杨庄乡、长宁乡等 15 个乡镇,走访了五道营村、岔沟门村、西高庄村、石家庄村、西坊城村等 35 个村庄。

对每一年的实践活动,学院都会制订一份详细的方案,按照学生特点特长分组展开,调研、访谈、实践、指导全方面进行,走访各家各户,通过小组合作完成问卷调查,与当地村民进行交流沟通,采访退伍老兵、老党员,锻炼学生的交流沟通能力,增加学生社会经历,加深其对社会的了解。同时,由专业老师带队,走进田间地头,走进温室大棚,帮助农民解决农业生产中遇到的问题,加深学生对所学专业知识的理解,提升农科学生专业知识的应用能力,锻炼学生将课堂中的理论知识与实践相结合的能力,加强学生对民生民情的了解。响应习近平总书记的号召,深入农村、深入基层,了解农民最真实的状况,做好"三农"工作,尽全力开展脱贫攻坚、乡村振兴等工作,提升农科专业学生对农业进步、农村富强、农民富裕的责任意识,在一定程度上帮助了贫困地区增加收入,脱贫致富。一名参与实践的学生说:"乡村振兴任重而道远,唯有坚持和奋进才能实现,知之行之,知行合一,我们要用行动担起农科学子的责任,用热血追寻生命的意义。"

实践过程中,学生对自己所学专业有了更深的认识,同时也对我国"三农"发展有了更进一步的了解,对自己的未来有了规划。青年是国家的希望,实现中华民族伟大复兴的中国梦,离不开有理想、有责任、有担当的中国青年。广大青年学生需要拥有激情和理想,同时要有执着的信念和优良的品德。在实践中激发学生爱国热情,培养学生勇挑重担的信心和决心,引导学生树立正确的人生理想。习近平总书记曾指出:"精神是一个民族赖以长久生存的灵魂,唯有精神上达到一定的高度,这个民族才能在历史的洪流中屹立不倒、奋勇向前。"中华民族用"抛头颅、洒热血"的坚定理想信念,实现了民族独立和人民解放,而后又实现了从站起来、富起来到强起来的伟大飞跃,迎来了实现伟大复兴的光明前景。

经过几年的实践,我们不断加强实践队伍建设,尽我们最大的努力为国家、为民族培养"懂农业,爱农村,爱农民,有理想,有本领,有担当"的"一懂两爱三有"人才,为实现中华民族伟大复兴的中国梦做出贡献。我们引领学生认清新时代,实现新使命,做出新贡献,珍惜韶华,让有能力、有作为、有未来的青年在人民最需要的地方展现出自身价值,培育出有理想、有本领、有担当的具有"三农"情怀的农科学子。

编　者

2022 年 9 月

目　录
Contents

目 录

老中青携手助力乡村振兴
产学研协同推动人才培养

——北京农学院植物科学技术学院

　　乡村振兴战略是党的十九大做出的重大决策部署,是决战全面建成小康社会、全面建设社会主义现代化国家的重大历史任务。2019 年 9 月 5 日,习近平总书记给全国涉农高校的书记校长和专家代表回信,希望农业高校要以立德树人为根本,以强农兴农为己任,拿出更多科技成果,培养更多知农爱农新型人才,全面推进乡村振兴。

　　为落实习近平新时代中国特色社会主义思想和国家全面推进乡村振兴战略,学习习近平总书记给农业高校师生的回信精神,落实学校关于青年教师利用暑假深入农村基层和产业一线的要求,培养学校青年教师立德树人和强农兴农的责任感,结合党史学习,2021 年北京农学院

植物科学技术学院党总支带领学院青年教师代表及学生实践团等一行20余人深入河北省相关乡镇村开展调研。

河北省张家口市蔚县位于河北省西北部,地处三山(恒山、太行山、燕山)交汇处,有京西著名的"米粮川"之誉。北部浅山及四周丘陵区面积1118千米^2,坡度平缓,地域开阔,宜于发展林果业和种植业。蔚县被誉为"杏扁之乡"和"北方杂粮之乡",谷子、玉米和杏扁是当地经济发展的主导产业和农民收入的主要来源。

随着乡村振兴战略的全面实施,当地种植业产业结构面临着优化调整,传统的种植业管理技术难以满足现代种植业发展需求,晚霜、冰雹等极端天气的频发和年轻劳动力的严重流失,先进管理技术跟不上,造成当地优势产业谷子、杏扁产量降低和品质下降。

针对当地杏扁种植和经济发展过程中遇到的主要产业问题,我校果树专家、蔚县杏扁研究员董清华和王建文老师在蔚县黄梅乡举办了杏扁农业技术课堂讲座,培训当地农民。

蔚县长宁乡安庄是杏扁主产区,也是蔚县杏扁主栽品种'优一'母树的所在地,实践团考察了当地杏扁种植基地情况,发现杏扁种植管理

相当粗放,栽培管理技术比较落后,病虫害现象十分普遍。青年教师张卿针对出现的树体管理和病虫害问题,现场展开教学和技术指导,为当地果农分析杏扁种植过程中出现的问题,并提供了解决的办法。实践团还深入葡萄种植户交流设施葡萄栽培管理技术,并为学生教授葡萄种植、嫁接、修剪等技术。

蔚县种植作物 20 万亩,其中小杂粮已经成为当地农业的又一张名片。为深入了解该产业的发展现状,暑期实践团参观了南杨庄乡谷子试验田。在试验田,赵波老师与青年教师讨论了当地谷子提纯复壮的问题。

玉米是蔚县种植面积较大且机械化程度较高的粮食作物,对于推动当地农民增收致富具有重要意义。王维香老师深入蔚县柏树乡,就玉米种植管理技术和机械化应用与当地种植企业进行交流学习。

河北省蔚县紧邻首都北京,地处冬奥会城市张家口市,种植业结构调整的一个重要方向就是设施蔬菜产业。在蔚县代王城镇设施蔬菜基地,王绍辉老师带领青年教师考察了当地的大棚番茄、芸豆和辣椒种植情况,发现有的基地的新种豆角死苗严重,主

要原因是地膜覆盖过早,引起地表温度过高,靠近地表的豆角茎部因高温失水而根系未下扎,不能及时吸水补充茎部,引起茎部干枯,造成死苗,建议基地负责人及时补栽,同时要起垄栽培,加大有机肥使用,改善土壤结构。在单堡村番茄种植基地,青年教师调研了当地品种,针对现有的品种存在的果皮薄、风味淡的问题,为农户提供了优质的鲜食番茄品种试种。

　　河北省张家口市怀来县作为中国古老的葡萄酒产区之一,至今已有上千年的葡萄种植历史。为了解现代葡萄园的标准化管理和葡萄酒酿造的历史和过程,王绍辉老师带领青年教师参观了怀来迦南酒业有限公司的葡萄种植基地和酿造车间酒窖。在迦南葡萄培育基地,青年教师详细了解了葡萄机械化嫁接、修剪、疏花疏果和埋土等管理流程,并就种植过程中的霜冻和病虫害防治问题进行了交流。

青年实践团成员牛奔、郝娜、贾慧敏、杨韫嘉、王靓楠几位老师与河北北方学院开展育人和社会服务等工作交流,双方就学生服务重大活动的管理经验、学生创新创业的组织模式等进行了充分的交流。

　　为促进党史教育和弘扬爱国主义精神,青年教师还走访了蔚县的老党员,聆听老党员的感人故事,传承老党员的奉献精神。孙路路老师带领学生实践团参观了董存瑞纪念馆,对国家革命历史和红色精神有了更加深刻的了解,在精神上和思想上再次受到了洗礼。

　　新时代,农村是充满希望的田野,是干事创业的广阔舞台。作为北

京市高水平应用型大学,农业高等教育大有可为,农业科技创新大有前途。通过暑期社会实践,植物科学技术学院教师真正地走近了农业、农村和农民,提升了教师队伍助力乡村振兴的水平,激发了教师们强农兴农的历史使命感。

教|师|篇

TEACHERS

脚步丈量大地　书写青春梦想

王绍辉

2016 年 7 月，我们在河北省承德市丰宁满族自治县五道营乡五道营村小学开启了植物科学技术学院暑期社会实践。谁也没想到，从那天开始，我们在丰宁会扎根 5 年，并且是连续 5 年不断线，共计师生 330 人。

回想起来，社会实践伊始，师生均没有经验。丰宁是当时的全国贫困县，又是我们大一学生梁晶晶同学的家乡。梁晶晶为大家找到一个免费住宿的小学宿舍，食堂免费借给师生自己做饭。实践团一行 17 人，带上自己"园艺技能训练课"结课时的产品——各种自种的蔬菜上路了。（谁说这是只管自己、浪费成习的一代？他们懂得珍惜自己的劳动成果，懂得珍惜一粥一饭，懂得学农人的情怀，为了省下社会实践的费用，带上自己实践课程自种的蔬菜——黄瓜、茄子、辣椒、大葱、洋葱、土豆等，一日三餐自己动手做。有许多孩子在家没有为父母做过一日三餐，在这里，为了社会实践团，为了每一位团员，他们自告奋勇，学会了炒菜、熬粥、做米饭，即使米饭做成了稠稠的粥，菜炒煳了，孩子们依然嬉笑快乐地用餐，完全没有在家时因饭菜不合口而闹情绪不吃的情景，好像这里的一粥一饭都有魔法似的，吸引着孩子们快乐地用餐。）

7 月 19 日一早，北京下着毛毛细雨，是我去丰宁看孩子们的日子。实践团有个孩子在实践期间过生日，团长赵宇昕希望我给孩子们带个蛋糕，我欣然"领命"，早 7:30，去学校附近的蛋糕店取上预定的 20 寸蛋糕，冒雨前往。一路在雨中前行，完全没有意识到那只是大暴雨的开始。

开车五个多小时，来到了丰宁县五道营小学，梁晶晶与张旋在等我。上午调研的同学还没有回来。小学的食堂到处漏雨，地上一片水汪汪，我赶快找盆，接住雨水，将所有的盆、桶及锅碗都用上了，饭也无法做了。由于当天路途有点儿远，孩子们中午备了方便面，没有回住地，就向附近村里的小卖部要点儿热水，泡一泡，简单吃一口，然后继续下午的工作。午餐没办法做了，我去附近的小餐馆吃了一碗面条，顺便给孩子们买了点儿水果与肉。此时，雨小了点儿，回食堂收拾一下，看到了孩子们从学校带来的自己课程的产品：黄瓜、洋葱、茄子、番茄、小葱等。黄瓜已经老了，孩子们没有扔，还说可以炒着吃。小葱枯黄了，叶子都已经不能吃了，孩子们会在晚饭后将这些小葱仔细择好洗好，同时预备好第二天的饭菜，轮流值日做饭。这就是我们的孩子，学农的孩子，有着珍惜农人劳动成果的品质！

下午，因雨越下越大，孩子们提前收工回来了，赶快让孩子们换上干爽的衣服，喝一大碗煮好的姜汤，让他们去休息一下。第一次亲手为这十几个孩子做了一顿晚餐。晚餐很简单，孩子们也不挑剔，欢乐着打打闹闹地吃完晚餐。休息一会儿，就按照每一组的分工，去教室开始工作了，新闻组、摄影组、剪辑组、美编组、数据整理组，有序地将一天的工作整理入档案。中间休息，孩子们祝福过生日的同学，相互嬉闹抹奶油，带着奶油妆开心地吃着蛋糕，然后继续工作，分工有序地开展着一天的收尾工作。晚上，和学生们一起睡在小学的大通铺上，闷热又无法洗澡，厕所是屋外的旱厕，洗漱用水离住处有一定的距离，这些，对于孩子们来说，都是一种挑战。但孩子们都顺利地完成了此次社会实践活动并交上了满意的答卷：社会实践团获得团中央、团市委的嘉奖。

随后的几年，每年报名参加社会实践的学生都在增加，由于名额有限，只有部分孩子能如愿参加。但每次社会实践都会给孩子们带来的收获非凡：每年都受到团中央或团市委的表彰，2021年获得全国大学生课外学术科技作品竞赛红色实践专项赛道三等奖和"挑战杯"首都大学生课外学术科技作品竞赛红色实践专项赛道特等奖，成果入选全国高校思想政治工作网《百年珍贵记忆——全国高校庆祝中国共产党成立 100 周年原创精品档案》,北京市红色"1＋1"示范活动一等奖 1 项。

回想起来,学院的暑期社会实践至今已六个年头了,六年来,学院参加社会实践活动的学生 500 余人,其中 300 人选择了继续读研,23 人获得市级优秀毕业生。这个传承能继续,得益于学院教师的付出,每次社会实践均由书记、副书记带队,专业教师指导。师生一起克服种种困难,珍惜这短短的十几天的时间,就是在这十几天,很多学生找到了人生的梦想、奋斗的目标和前进的动力,师生的情谊也随之增进,为孩子们后续的学习奠定了基础。感谢实践团的每一位老师和每一个孩子,我从他们身上看到了他们温暖别人的优点,也让我对自己的职业有了重新的认识,也感谢孩子们每年给我留的保留节目:为过生日的孩子们准备蛋糕! 这也是师生的一种默契,感谢感谢!

王绍辉,女,中共党员,山东烟台人,北京农学院植物科学技术学院党总支书记,园艺系教授。北京市创新团队果类蔬菜岗位专家,获得"北京市科技新星""北京市属高校长城学者"等称号。

助力乡村振兴　农科学子在行动

牛　奔

乡村振兴,关键在人。北京农学院植物科学技术学院落实《关于加快推进乡村人才振兴的意见》,大力培养本土人才,引导城市人才下乡,推动专业人才服务乡村,吸引各类人才在乡村振兴中建功立业,健全乡村人才工作体制机制,强化人才振兴保障措施,培养造就一支懂农业、爱农村、爱农民的"三农"工作队伍,为全面推进乡村振兴、加快农业农村现代化提供有力人才支撑。不断完善高等教育人才培养体系,始终着力于培养拔尖创新型、复合应用型、实用技能型农林人才。几年来,由北京农学院植物科学技术学院师生组成的社会实践团队从北京农学院赶赴河北省承德市丰宁满族自治县、张家口市蔚县,他们怀揣着自己的专业素养和一颗赤诚之心去为贫困地区的百姓做贡献,为精准扶贫、乡村振兴奉献一份力量。这一做,就是六年。

实践为本,德育为先。从 2016 年暑期开始至今,每期社会实践团队成员均通过自主报名、两轮面试、资格审查、精心选拔组建而成,包括农学、园艺、植保 3 个植物生产类专业学生和农业资源与环保、种子科学与工程 2 个特色专业的大一、大二、大三、研一、研二学生。几年中,实践团走过了 7000 多里路程,到达五道营乡、波罗诺镇、汤河乡、北水泉镇、柏树乡、代王城镇、南杨庄乡、长宁乡等 15 个乡镇,走访五道营村、岔沟门村、西高庄村、石家庄村、西坊城村等 35 个村庄。走访调研,进行农业技术指导。实践团的学生与专业老师一起下到乡村地头,通过走访农户,面对面交流的方式,完成了千余份调查问卷,深入了解当地实际情况,了解农村实情;通过采访老书记、退伍老党员,了解事迹;

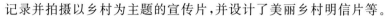

记录并拍摄以乡村为主题的宣传片,并设计了美丽乡村明信片等。

"生产劳动同智育和体育相结合,它不仅是提高社会生产的一种方法,而且是造就全面发展的人的唯一方法"。实践过程中,学生真听、真看、真做,感受到了农村现实存在的问题,让当代青年学生认知到国情社情民情、强化情感认同、巩固理论知识、增强历史体悟、提升社会责任,将发展农业作为己任,以实际行动助力国家脱贫攻坚和乡村振兴战略。

在实践过程中,实践团深度调研,发现农村发展建设中存在一些问题。首先,部分村干部及村民缺乏发展意识,主观乡村振兴意识不足。一些村民对党和政府扶贫开发、乡村振兴的决策部署、政策举措解读不到位,以为精准扶贫就是县、市、省下派的驻村干部的责任,村委会只是配合工作就可以了,脱贫过程进度较慢,缺乏带领贫困户脱贫的责任感与紧迫感。其次,产业扶持实施较难,扶持政策有待完善。农户反映政府出台的扶持产业发展政策、对产业规模的要求与贫困户的自身能力、生产水平不相匹配。产业扶贫有形式主义现象存在,对于上级组织发布的扶贫文件学习不够彻底,没有充分调研本地区的实际情况,如市场风险、村民意愿、企业带动能力等,只是简单学习其他成功脱贫地区的经验,这种做法看似是在做脱贫工作,其实脱贫效果不很明显。产业项目门槛过高,部分贫困户难以受惠,虽然当地政府推行了"项目到村到户"的产业扶贫政策,但是由于项目需要的资金和人力物力太大,很多普通村民接受不了,使得很多村民没办法享受到产业扶贫政策所带来的益处。此外,由于宣传力度不到位,部分村民对项目并没有深入了解,这也使得产业扶贫政策效果较慢。

除此之外,农户自身能力素质不高,缺乏致富技能。在 6 年的调研中,实践团发现农户中有 32.4% 的外出务工人员从事体力输出工作,如建筑工地运输工等,有 41% 从事保安等低收入工作。之所以农村青壮年外出务工多从事体力且低收入工作,就是因为自身缺乏技术支撑,便没有致富技能。没有足够的致富技能,造成农村贫困的缓慢循环。实践团参观各村大棚时,发现调研地存在种植技术问题,两间房村、横河村、独立营村 3 个村均在大棚种植番茄,且存在诸多问题,对种植技术技巧、种植技术知识有所欠缺。

同时,基础配套设施发展较弱、滞后脱贫进程也是导致贫困重要的因素。通往汤河乡汤河村的必经道路,雨后路面积水严重,路面坑洼不平,泥泞较多,主道路沥青路面大面积蚀毁,没有及时养护,具有相当大的安全隐患;两间房村道路泥泞,交通不便,阻碍了收购渠道,也阻碍了新技术新思想的引进。2019 年,了解到草原乡近几年"美丽乡村"建设取得的成果,我校实践团与草原乡石书记进行了座谈,双方就草原乡的发展状况交换了意见。实践团带队老师向草原乡赠送了《农作物病虫害防治手册》和北京农学院明信片,并表示我院愿意通过制作草原乡特色果蔬明信片为其做宣传。园艺专业教师谷老师表示,草原乡景观优美,视野开阔,现代农业的发展前景也很可观,是很有发展潜力的地区。王老师倡议草原乡应加大乡村旅游的发展力度。石书记表示,建设美丽乡村发展旅游产业一直是草原乡的重要发展目标,但是草原乡的旅游产业仍需要政府的大力支持和投入,交通问题也是阻碍旅游发展的重要因素。基于此状,实践团对新农村发展提出建议举措。

引进优良品种,推广农业新技术。实践团此行所调研的村庄均积极进行产业调整工作,但由于没有种植经验,种植技术指导不到位,种质资源大多由收购企业提供,再加上并不先进的种植技术,导致利润微薄,所以引进优良品种是产业扶贫的第一步。据调研发现,番茄、甘薯、食用菌是南关乡产业调整的重点,北京农学院植物科学技术学院均有对口专业教师,可以提供多样化且适宜种植的品种,跟踪指导种植,建立长期帮扶机制。

联合农业企业,引资引智精准扶贫。经实践团了解,波罗诺镇受道路与经济条件的阻碍,农户无法自己找销路,只能靠每个月固定的人去收购,收购价格并不如人意,辛苦种植的农产品并不能带来一笔可观的经济收入。实践团寻求老师的帮助,联系了我校优秀校友创办的饲料公司。该公司在了解情况后,表示愿意帮助波罗诺镇脱贫,提出在第一年对于波罗诺镇提供试点青贮玉米种子,实时跟进种植情况,指定公司

专业人士进行种植、贮藏、销售方面的指导,公司对农产品进行长期收购并且推广宣传,发展更多销售渠道。

　　"温情服务三农,助力乡村振兴"实践是农科学子走出校园,走向社会,面向基层,服务基层的过程,此番历练使学生更早地了解了农村现状,尝试用自己的视角捕捉贫困农村发展的症结,在实践活动中提高学生综合能力,打破了传统教学模式,使得学生不再局限于课本知识的理论学习,同时区别于实践实习课程的走马观花式教学,而是真正地"走出去",接触具体的实际情况来更加熟知理论知识、应用理论原理、掌握灵活运用的精髓。同时锻炼学生的责任意识和担当意识,引导和教育他们把农业进步、农村富强、农民富裕的责任扛在自己的肩膀上,切实地打通实践教学的"最后一公里",引导学生更好地深入实践、奉献社会,投身我国"三农"事业,共同为加快推进我国农业现代化进程贡献力量。

　　夏日晴空,万木青葱,学生们用脚步丈量青春的力量;知之行之,知行合一,他们用实际行动担起了农科学子的责任;青春有梦,一路同行,他们用热血追寻生命的意义。助力国家、助力地区、助力乡村,六年风雨、六年坎坷、六年奔波,始终不变的是学生们的初心与坚持,北京农学院植物科学技术学院学子一直在行动!

牛奔,男,中共党员,甘肃陇南人,北京农学院植物科学技术学院党总支副书记、学生工作副院长。在第十七届"挑战杯"全国大学生课外学术科技作品竞赛红色专项活动中荣获三等奖,在"为党育人、为国育人——第四届北京市大中小幼教师讲述我(我们)的育人故事展示交流活动"中荣获一等奖,荣获北京农学院"三育人"标兵等称号。

惠及农户　提升自我

谷建田

　　刚刚完成一个学期紧张的课程学习任务,结束期末考试,多数大学生期盼在来临的暑假回家与亲人团聚,或出行游玩,放松一下自我。对于参加暑期社会实践活动的学生来说,春季学期的结束则意味着另一个课堂的开始。参加活动的学子,在老师的带领下,从校园的课堂转场到自然的课堂、实践的课堂继续学习。在这个课堂里,有农作物和园艺作物的地方都可以成为我们的教室或实验室。在这种开放的教学场所,没有桌椅,没有黑板,更没有投影,老师甚至没有预先准备好的上课讲稿。在庄稼地里,老师根据作物生长的状况,根据病虫害发生的现状,即兴地讲解,针对性地讲解。

　　暑期社会实践活动就像是学生们跟随老师在翻阅一本自然的书。在一次调研中,有学生发现,在不同的乡村,同一种园艺作物生长发育时期、长势、病虫害发生情况存在明显的差别。他们在琢磨,为什么会这样呢?老师耐心地引导他们回顾在不同地方所看到的情况,综合分析这些乡村在生态、技术等方面存在哪些差别。因为各乡村生态条件、地势、耕作方式、种植者的经验、用心程度各不一样,作物的生长状况自然会存在明显差别。在带领同学们翻阅自然这本书的过程中,老师也从中获取到一些新的资讯。比如,在2019年暑期社会实践活动调研过程中,老师发现一个建在山坡上的日光温室群,直接以山体作为温室的后墙。这样的日光温室降低了建造成本,而且升温和保温效果比一般日光温室更好,可以说把自然资源成本利用到极致。作为老师,我也第一次见到这种结构的日光温室,这是老百姓的智慧。然而这种建造温室的方式是无法推广的,它至少需要同时具备 3 个条件。首先,是需要一个向阳的山坡。其次,山的坡度与日光温室大致相同,如果坡度太大,温室的跨度不够;倘若坡度太小,则温室的高度不够。最后,山坡应该是没什么树的荒坡,否则会破坏生态环境。

暑期社会实践活动,关注的不仅仅是作物生产,"三农"中的农业、农村、农民都是实践活动调研的范畴。学生走进各村入户调研,了解农村和农民的现实状况。在调研中学会了如何与陌生人交谈,并在轻松的闲聊中获取所需信息。实践活动的计划与实施,证明同学们已基本具备统筹规划、分工协作的能力,大家相互关照。每次暑期社会实践活动期间,都会赶上团队某个成员生日,简单的一个生日蛋糕,让大家分享着喜悦的同时也感受到浓浓的友情。

大学生暑期社会实践活动时间一般 10～15 天。相对于在学校学习的一个学期来说,它是短暂的,但学生感觉在这十几天的实践活动中收获满满。穹顶下的全景开放课堂,给学生们带来全新的体验,不一样的收获。实践的过程,验证校园所学知识,补充校园所学知识,让学生深刻体会到,在学校扎实学好课程知识,真是有用。曾有一个参加暑期社会实践活动的学生感慨地对我说:"这一天社会实践活动比两周学的还多"。在田间调查和采风过程中,学生们亲身体验了"日当午"时还在田间劳作,豆大的汗珠滴到"禾下土"的滋味。

作为专业教师,我对参加实践活动的学生都比较熟悉,因为大部分学生都曾经跟随我上过课,与参加实践团队的同学朝夕相处的几天时光给我留下深刻的记忆。我不由得想起刚到北京农学院工作时带学生实习的情景,那时的毕业实习,老师和学生一起住在实习点,我仿佛回到了年轻时代。光阴荏苒,一晃三十年过去了,我从二十多岁的小伙子,变成了五十多岁的老教师,体能已不能和年轻时相比。每天顶着烈日在田间穿行,劳累是毋庸置疑的,有时甚至出现了中暑的症状。即便如此,我也乐于参加,能有机会带领学生在实践中探索、思考,我感到由衷地高兴。

回想起来,北京农学院植物科学技术学院大学生暑期社会实践活动已走过几年历程。几年来,指导老师们不辞辛劳,牺牲休假时间来陪伴学生。有的老师为了这项工作,同时还要兼顾孩子,就把孩子带来一起下乡。老师们的艰辛付出只为社会实践活动获得圆满成效。"自然"是一本永远也读不完的书,每一次翻阅都会有新的收获。知识是必要的,但我认为学生不是存放知识的容器。俗话说:"授人以鱼,不如授人以渔。"一年又一年,老师们利用暑假的闲暇,亲自带领学生参加社会实践,引导学生在现实中发现问题,利用自己所掌握的知识分析问题,并探索解决问题的途径。不论他们将来考研、出国留学,还是去国家单位或公司上班,不论他们将来从事什么职业,都需要培养探索问题、分析问题、解决问题的能力。我希望暑期社会实践活动对他们今后的学业乃至人生有所启发,这是我心目中教与学的宗旨。

过去的几年大学生暑期社会实践活动都画上了完美的句号,希望这项活动继续发扬光大! 如果时间和身体状况允许,我愿意继续参加。

谷建田,男,中国民主建国会会员,湖南宜章人,北京农学院植物科学技术学院园艺系副教授。1997 年获农业部科技进步二等奖(第八完成人)、1999 年获国家科技进步三等奖等荣誉。

学农　知农　爱农　支农

刘超杰

　　近几年来,北京农学院植物科学技术学院每年暑假组织学生到河北省承德市丰宁满族自治县进行社会实践,取得了丰硕成果。本人有幸跟随同学们的步伐,深入当地的乡村,了解乡村的发展,从中更是见证了学生在社会实践中的快速成长。本人从农业人才培养角度,切实感受到丰宁暑假社会实践,让更多的学农同学了解农业,热爱农业,最终将自己所学的知识用到生产一线,帮助农民提高生产效率,解决面临的问题。

　　河北省承德市丰宁满族自治县紧挨着北京市怀柔区,地处燕山北麓和内蒙古高原南缘,是传统的坝上县。由于是山区,经济发展欠佳,直到 2020 年 2 月 29 日该县才退出贫困县序列,正式脱贫"摘帽"。丰宁满族自治县是传统的农业县,农业生产总值占地区生产总值的三分之一。发展,离不开人才,该县相关部门邀请学校去调研和考察,调研农村情况,分析问题,提出发展思路。

　　丰宁满族自治县离北京距离近,是观察和接触中国乡村很好的样本。暑期社会实践是人才培养重要的一环。一方面,假期相对时间较长,学生们没有课程,时间得到保障;另一方面,学生们可以更好地接触到农业和农村,接触到产业一线,接触到从事农业生产的投资者、管理者和生产者等各个层次的人。

　　学院对于丰宁暑期社会实践非常重视,邀请不同专业的老师参与实践,指导实践活动,解决同学们发现的问题。师生上下联动,教学相长,从社会实践中,不仅是学生们,老师们也学到很多,看着学生们一点点地成长,自己也感到非常的有意义。

我们跟随着学生暑期实践团,一方面做好蔬菜产业调研,及时发现产业中存在的问题,利用自己的专业知识,为农户提供一些技术意见;另一方面带领学生做好暑期实践调研,提前做好相关表格设计,培训农户做好相关表格填写,最后统计汇总数据,整理实践报告。

在丰宁实践期间,看到村上的主导产业是蔬菜和食用菌,很多农户都是第一次种植蔬菜,塑料大棚也是刚刚搭建起来的。农民期待很大,期望值很高,觉得这是一条致富的途径。以前学生们实习参观的是运行规范的园区,各种基础设施修建得较好,管理技术也较高,病虫害问题也能得到很好的控制。但是我们在丰宁基地看到的却是另外一幅景象。这里农民没有种植蔬菜的经验,设施搭建也较晚,坝上地区与北京的地域差异比较大,气温更低,虽然是7月份,但是早上还是比较凉的。当地第一年种植的是番茄,看着整整齐齐的一片塑料大棚,各方面投入巨大,真是不能出现任何闪失,否则不好交代。我们几个老师认真讨论起来,总结了几方面的问题,比如:园区基础设施亟待改进,包括道路、浇灌设施等;塑料大棚的设计搭建,如何保温才能满足坝上地区特殊的需求;番茄种苗选择、土肥管理、病虫害防治、整枝打杈等种植技术都需要更多专业的指导。

学生们强烈的求知欲也深深地感动着我。每到一个大棚,同学们都紧跟着老师的步伐,生怕错过了讲解。与之前的课堂讲解不同,学校的试验田不太追求产量和产值,但是在农民的园区,产值还是第一位的。同学们能够感受到各方面的成本节约以及在实践中的各种好的做法。这些都是良好的学习机会,学生们都能认真听讲,感觉效果比大班上课要好多了。

同学们是带着实践任务来到丰宁的,在出发前,都设计好各种表格,准备跟不同人进行谈话。有村干部、农户代表、贫困户代表等方方面面。在和村干部的座谈中,我们听村主任介绍村情、村貌。村主任深情地介绍祖辈生活的这片土地,看着仍然贫困的乡亲们,村主任急在心头。虽然也有蔬菜、食用菌产业,但都是刚刚起步,还未很好地运行。

学生们都深深地感受到基层干部的焦虑,带着问题去调研。学生们分好组,分赴不同的农户家访。很多来自城市的学生,第一次看到农村的现状还是很震惊的,这与电视上、报纸上的宣传报道是不一样的,这是农村的另外一方面。年轻人都到城里工作了,这里没有看到多少年轻人,干活的大多数是 50 多岁的人,跟自己的父辈一样大。村里面也没有看到学龄的孩子,因为这里上不了小学,需要去镇上上学,所以很多孩子跟着父母到镇上上学,或者到县城上学。学生们入户家访,和自己爷爷辈的人交谈,给他们更多的安慰。

勤奋的同学们晚上回到住处,就开始整理数据,分析数据,撰写报告初稿。一天的调研还是比较辛苦的,学生们为了不让工作落下,都是连夜把数据整理好,同时为明天的调研做准备。

随着全国城市化进程的推进,原来学校招生农村生源比例较大,现在城镇生源已经超过了 70％,即便是农村生源,真正帮助家长从事农业生产的人数也比较少。虽然是农学类专业的学生,此前接触农业的还真不多,学生们对农业的了解还是比较欠缺的。

学院在课程设计方面非常重视实践教学。从大一新生的第一学期开始,园艺专业学生分别到京郊现代果园、蔬菜、花卉园区参观,让同学们有了专业的第一印象,对今后的学习有了感性认识。第二学期至第四学期,每个学期有 10～15 个单项技能训练,同学们在园艺管理技能上有了新的提高。第五学期和第六学期,每个同学针对自己的兴趣爱好,针对某个园艺物种,做好全季节的管理工作。第七学期,专业实习阶段,学校统一安排到某个园区或者科研院所进行专业方面的实习。第八学期是毕业实习阶段。整个专业学习过程中,实践课程不断线,让学生们从实践中学习到更多的知识。

在课程体系设计中,几乎每门主干课程,都设计有课程参观实习,学生们可以利用周末时间,到京郊参观一些园区、现场实践。这与大一的园区参观不同,大一园区参观更多是初见,这次是有课程内容铺垫,可以更好地理解园区的运行等,带着专业课的问题去参观实践的,能够学到的知识更多。

暑期社会实践是整个实践体系中重要的一环。利用暑假,让学生们更进一步接触到农村、农业,通过实践活动,让更多学生了解农业、了解农村,知道我们整个国家的农业技术水平和农村发展状况。让学农人更深入地了解农业,近距离地感知农业。

丰宁暑期社会实践为我们提供了很好的范本。很多同学都是第一次长时间接触到农村和农业,连续一周甚至两周的时间,在一个村庄展开社会调查,从一个村庄的村情了解开始,以小见大,见证了一个村庄情况,也能够代表性地看到更大规模上的中国农村情况。

纸上得来终觉浅,绝知此事要躬行。学生们通过丰宁社会实践,将书本上的知识转变为实实在在的行动,提高了自己的认识。我也从丰宁社会实践中,看到了学农人的未来。社会实践,让学农人更好地了解农业农村,热爱农业农村,到最后投入到美丽乡村建设中,为乡村振兴贡献热血、汗水和青春。

刘超杰,男,中共党员,山东人,北京农学院植物科学技术学院园艺系副教授。主要研究方向为设施蔬菜与无土栽培,获得教育部科学技术进步奖一等奖、中华农业科技三等奖、北京市科技进步二等奖、北京市农业技术推广奖一等奖等8个奖项。

新农科背景下参加社会实践的感想

张　卿

2021 年 7 月我有幸参加了北京农学院植物科学技术学院组织的河北省张家口市蔚县大学生暑期社会实践活动。通过短短三天的实践活动,我感触良多、深受启发,将几天来的感想跟大家分享一下。

中国高等农业教育迈进新时代,正处于"两个一百年"历史交汇点上,面临着世界百年未有之大变局。无论是新一轮的科技革命还是新时代对农业发展的新要求,都将推动农业领域发生深刻的变革,新农科自然也就应运而生,以适应新的发展形势对农业科技和高水平农业人才培养的新需求。2019 年 6 月 28 日,国内 50 多所主要的涉农高校在教育部的协调领导下召开了中国高等农林教育"新农科建设"研讨会,共同发出《安吉共识——中国新农科建设宣言》倡议,标志着我国新农科建设工作正式揭开大幕。在新农科背景下,传统农业学科的知识体系、专业学科体系和人才培养体系等都将进行解构和重建,以适应新的发展要求。比如,传统农业学科的知识体系难以适应新时代乡村振兴战略的需求;以专业学科交叉融合为特点的跨学科跨领域新专业新学科将不断产生;以专业人才和综合性人才有机结合为特点的复合型人才将成为高等农业人才培养目标;传统的以专业为基础的人才培养模式将调整为以产业问题和国家战略需求为导向的创新创业人才培养模式。所以,新农科建设呼唤传统农科的教育模式和人才培养体系等进行变革,社会实践活动就是最好的尝试。

实践是检验真理的唯一标准。课堂上传授的经典理论和典型案例均具有一定的时限性和滞后性,是否适应当下快速发展的农业产业现状,是否能够解决产业发展遇到的问题,都将视具体情况进行具体分析。社会实践活动是课堂理论学习的试金石,就是将课堂知识带到田间地头接受检验。比如,这次蔚县社会实践,同学们也都做了充分的准备,希望将掌握的理论知识应用于解决产业问题。但是,很多同学却发现课堂上描述的杏扁上常见的病虫害和调研果园出现的病虫害并不一样,这可能是由于生产中的果园面临的环境更加复杂所致。通过社会实践活动,同学们才能更加深刻地了解农业产业的发展面貌和真实情况。

社会实践是大学生受教育、长才干、做贡献的有效载体,是学校"三全育人"的外延,有助于培养学生的社会责任感。通过社会实践活动,学生们广泛接触社会的方方面面,全面了解产业发展的各个环节,是学生了解国情和服务社会的必由之路。社会实践活动中,当听到产业发展遇到困难时,同学们都会不自觉地表露出焦虑,当听到产业发展取得一些成绩时,情不自禁的喜悦就自然地流露出来。这就是在潜移默化地培养学生们强农兴农的社会责任感和社会担当。社会实践活动要坚持以长才干、做贡献为原则,让学生在活动中了解社会、认识社会,了解乡村建设的艰辛,让学生更加珍惜来之不易的发展环境。要让学生愿意参与到传播社会文明、服务农村建设,共同促进新时代农民富裕、农村宜居和农业高质量发展。

社会实践活动深入的场所是当地生产第一线,了解的产业是当地的特色产业,接触的人员是当地技术专家,是高校课堂育人的一种外延。农业知识都是从生产实践中来的,而社会实践完美地体现了校产融合、产教融合和科教融合育人,是农科教协同育人的形式。通过社会实践,我感觉学校应该多与政府和企业合作建立社会实践基地,打造更加稳定的、无缝衔接的协同育人新格局。蔚县目前面临着农业结构的调整和传统农业产业的升级,通过社会实践活动,学校真正地了解社会需求,围绕区域经济发展和产业提质增效订单式的培养人才,而这些都需要当地政府和企业提前介入人才培养,共同打造协同育人的模式。

新时代,农村是充满希望的田野,是干事创业的广阔舞台。作为北京市高水平应用型大学,农业高等教育大有可为,农业科技创新大有前途。通过本次社会实践,真正让我们的师生走进农村、走近农民、走向农业,提升了学校助力乡村振兴的水平,激发了师生们强农兴农的历史使命感。

张卿,男,中共党员,山东菏泽人,果树学博士,北京农学院植物科学技术学院园艺系副教授,高级工程师,硕士生导师。2014年获得北京市农业技术推广二等奖(第十完成人),2019年获得北京市农业技术推广三等奖(第三完成人),2020年获得北京市科学技术自然科学二等奖(第八完成人);2019年获得"河北省科技型中小企业创新英才"称号等。

立本以理论　立身以实践

胡玉净

2014 年教师节,习近平总书记用"四有"标准定义"好老师",即有理想信念、有道德情操、有扎实学识、有仁爱之心。2016 年教师节,习近平总书记又对广大教师提出"四个引路人"的新要求,要求广大教师做学生锤炼品格的引路人,做学生学习知识的引路人,做学生创新思维的引路人,做学生奉献祖国的引路人。而如何争做"四有好老师",当好"四个引路人",这就要求我们当代的青年教师不仅要具备扎实理论知识的学习能力和为社会主义奋斗的理想信念,更要具备引领学生在实践中获得丰富知识、在实践中寻找成长的方向,在实践中为祖国贡献力量的行为师范能力。

教师的高度决定学生的高度,成为一名称职的、合格的、优秀的大学教师,除了不断提升自身的业务能力和科研素养,加强自身的师德素养,还需启发学生从实践中获求真知,在实践中发现科学问题,解决生产中的实际问题,保持一颗好奇、求知、求真、解答的心,立本以理论,立身以实践,不断实践,不断前行,不断成长。通过带领大学生利用暑期深入基层进行社会实践,对于教师自身,不仅能更深入地了解我国乡村农业发展面临的问题和挑战,更能激发教师在实践中发现问题、推进成果转化和社会服务的热情和决心。另一方面,也大大地激发了大学生通过发挥专业优势,为祖国发展贡献青春力量的热情和决心。

通过入户实地调研,到乡间地头实地考察,实地技术指导,发现农户急需解决的生产问题,急需掌握的种植技术、病虫害防治技术、采后贮藏保鲜技术等,学生才能将书本知识真正落到实处。知不足而奋进,

望远山而力行。通过了解课堂、课本以外的新知识和新问题,才能切实了解到脱贫攻坚之难,农业发展路途之艰。

通过与当地农户和村干部接触、沟通和交流,学生了解到不同的人有不同的立场,学会要一分为二地看待问题和社会现象,不偏听偏信,要在了解政策和发展现状、实地考察、查清原委的基础上理性分析,理性思考。

本次实践活动,通过详细了解当地农业种植情况,了解到当地村民大多数年龄较大、文化水平较低,缺乏技术,现有的种植技术全凭祖祖辈辈留下的经验,遇到问题时不能及时采取行之有效的方法解决。同学们根据当地实际情况,制作了《河北省承德市丰宁满族自治县几种常见植物栽培技术手册》,帮助当地农民有效地解决了种植技术缺乏的实际问题。学以致用,通过发挥专业能力和水平,帮助农民解决生产问题,大大地激发了同学们关注我国"三农"问题,认识到实现乡村振兴对于促进乡村生态文明建设、缩小城乡发展差距具有丰富的内涵和重要意义,培养了学生爱农、尚农的情怀以及增强学生通过自己所学的专业知识和本领,从而为未来农业发展贡献自身力量、实现自我人生价值的使命感。

  生命在追求真理、探索新知的路上获得力量和新生。相信通过暑期社会实践,同学们对未来的择业和就业已经有了更加清晰的定位,对人生的规划也有了更加清晰的蓝图。同学们,愿你们的未来立本知识,立身实践,让青春扬帆起航,让梦想落地开花!

  胡玉净,女,河南人,北京农学院植物科学技术学院园艺系副教授,硕士生导师。主持国家自然科学基金青年基金项目 1 项、北京市教委项目 1 项、北京市博士后基金项目 1 项,参与选育观赏海棠新品种 2 个。

以实为本　以践为学

南张杰

　　根据北京农学院植物科学技术学院党总支安排,2018 年 7 月份和 2019 年 7 月份,我连续 2 年参加了全国农科学子暑期行大学生社会实践活动,和 50 多位师生一起深入内蒙古自治区锡林郭勒盟多伦县、河北省承德市丰宁满族自治县和北京市怀柔区宝山镇的农村地区,实地调研农业、农村和农民等"三农"问题;与学生一起慰问老党员,学习老党员的事迹,进一步提升爱国爱党的理想信念;与当地村干部一起座谈,了解当地农业生产实际;在田间地头和自习室,与学生们一起学习交流,就学生们在调研过程中发现的农业生产方面问题进行答疑解惑。根据这 2 次的社会实践调研活动,结合我所从事的农学专业教学、科研工作,有以下体会。

　　通过这次调研活动,让我们农科学子对调研区域农业生产现状和问题有了更加清晰的认识。我们所调研的区域处于华北平原北部和内蒙古高原南部,既有坝上区域,也有坝下区域;既有粮食果菜的生产区域,也有草食畜牧业的区域。调研中发现该区域农作物种植以籽粒玉米为主,种植结构单一;优质饲草料发展滞后,尤其是优良的专用青贮玉米品种推广不到位;种植业养殖业脱节问题突出;农牧民收入总体偏低,贫困人口比重较大。有的区域为了生态环境,大面积农田退耕还林,导致农民没地可耕种,造成了新的粮食安全问题,也影响了农民的收入。下一步应该加快产业结构调整,发展资源节约、环境友好型农业;加强基本农田的保护,保证耕地的质量,大力推广应用作物新品种、新技术,运用科技的力量提高粮食生产力;在保证粮食安全的同时,也要调高优质饲草料的比例,促进种养紧密结合;发挥区域优势,促进形成农牧融合发展的生产力布局;加大特色优质农产品开发力度,使品种和质量更契合消费者需要;促进脱贫致富,提高农牧民收入,提高可持续发展水平。

通过这次调研活动,社会实践活动对培养大学生成才具有重要的意义。我们作为北京市高水平应用型大学,最主要的任务就是培养复合型、应用型人才,而实践教学是培养人才的重要途径和方法,其中社会实践是实践教学体系的一部分。大学生参加社会实践,了解社会、认识国情,增长才干、奉献社会,锻炼毅力、培养品格,深化对习近平新时代中国特色社会主义思想的理解,对党的路线方针政策的认识,坚定在中国共产党领导下走中国特色社会主义道路,实现中华民族伟大复兴的共同理想和信念,增强历史使命感和社会责任感,具有不可替代的重要作用,对培养中国特色社会主义事业的合格建设者和可靠接班人具有极其重要的意义。同时对加强自身独立性也有十分重要的意义。北京农学院植物科学技术学院在实践教学体系的建设中已经积累了一定的物质基础和教学经验,实践教学的改革处于国内领先水平,在很多方面我们不断改进、加强、完善和提高。令我印象深刻的是在调研过程中的晚自习时间,每个同学都准备好了白天调研中发现的专业性问题,我为同学们答疑解惑,答疑时间持续了近 1 小时,真正做到了理论联系实际、教育与生产劳动和社会实践相结合。对提高大学生思想道德素质、科学文化素质、创新创业能力以及促进其个性化发展和社会化进程具有重要的作用。

随着素质教育的普及开展,大学生能力建设逐渐成为高校培养教学目标的重点之一。实践是检验真理的唯一标准。大学生参加社会实践是检验书本知识的必要选择,是学以致用的客观要求,是培养实用型人才的必经之路。作为农业院校,我们一定要带领学生到农村去,到田间地头去,到农业生产最需要我们的地方去!

　　南张杰，男，甘肃天水人，北京农学院植物科学技术学院实验师。获农业部中华农业科技奖二等奖 1 项、北京市科技进步三等奖 1 项等荣誉。

实践育人育什么

贾慧敏

"生产劳动同智育和体育相结合,它不仅是提高社会生产的一种方法,而且是造就全面发展的人的唯一方法"——马克思主义实践观深刻揭示了实践育人的理论依据和教育价值。社会实践是当代青年学生认知国情社情民情、强化情感认同、巩固理论知识、增强历史体悟、提升社会责任的有效途径。因此,实践育人作为高校"十大"育人体系之一,在推进"三全育人"综合改革试点工作中具有基础性、引领性、示范性的价值意蕴。

实践育人是学生从"想"到"做"的一个良好平台。实践出真知,对社会的"真知"必须通过社会实践来完成。北京农学院植物科学技术学院丰宁助力乡村振兴实践团线上线下建立学院专家团队,实践团成员与当地政府、农户之间的纽带,建立长期合作帮扶关系,及时解决当地农业发展中遇到的问题,为农户提供知识、技术支持,建立长期有效的实践帮扶机制。在实践过程中,老师不断培养学生追求思考的创新精神和善于解决实际问题的能力,增强学生助力脱贫攻坚的责任感和使命感。在实践的过程中,创建社会实践基础数据服务平台包括农业信息科普、农户信息以及联络系统三个部分。通过线下实地指导和线上平台为贫困村进行技术指导和专业讲解。发放种植技术手册,为农户普及科学种植知识。利用互联网平台进行线上回访,对之前指导的冷棚番茄、蘑菇种植等进行进一步调查,并继续开展指导帮扶。只有通过系统的社会实践,持之以恒地提升学生读懂中国的能力,才能培养出中国特色社会主义事业合格建设者和可靠接班人。

实践育人是创造育人价值的最好模式。受教育、长才干、做贡献，概括了社会实践丰富而立体的教育效果，其中"受教育""长才干"是社会实践的本体功能，而"做贡献"这个维度，则指出了青年学生通过社会实践可以激发释放出难以估量的创造力。须知，人生最富有创造力的阶段正是青春年少时。社会实践活动不仅培养了学生不怕吃苦、坚持坚韧、互帮互助的美好品性，还加强了学生将专业知识运用于实践的决心。社会实践活动有利于青年学生的成长，也是青年学生成才的自身需要。通过社会实践活动，使大学生经受锻炼，增长才干，实现知识和行动的有机统一。也使学生们更深刻体会到如今中国农业发展的现状，从而有助于青年学生坚定建设中国特色社会主义道路的信念。通过社会实践，让学生进入真情境、解决真问题才能创造出真成果。切实把握社会实践的真谛，引导师生把论文写在祖国大地上，是大学生社会实践的应有之义。

实践育人是教好学生的标尺。"学而时习之，不亦说乎"。在古人看来，能够将所学用于实践，是人生幸事。马克思也说，"哲学家们只是用不同的方式解释世界，而问题在于改变世界"。其思想的精髓，就是强调要把理论学习研究主动服务于改造世界的实践。于大学而言，创立的目标就是育人，能否育好人，实践是一个风向标。学校服务社会的实践业绩、学生在工作实践的具体表现，都应成为评价办学水平的重要指标。"以赛促教、以赛促学、以赛促改、以赛促建"的专业建设与课程建设的思路与实践目标，探索出了一条以市场需求为导向，探索出了一条借助技能大赛培育应用型人才的新路子。将"第二课堂"与技能大赛结合起来，不仅能提高学生的心理素质，更能提升学生的职业素质。"第二课堂"的活动主要围绕着各种类型的技能大赛、创新创业大赛展开，利用比赛促进学生全方位参与项目实践，是对学生技能的二次培养，对比之前只在课堂中学习理论知识，是一次新的蜕变。而对于教师而言，操作能力和技能水平得到不断提高，有利于打造"双师型"教师队伍。

北京农学院植物科学技术学院积极引导学生参与创新创业活动，

进一步加强对学生创新意识和实践能力的培养,指导学生把创造性思维与实际动手能力合二为一,以各类学科竞赛、大学生科研训练项目和创新创业大赛等活动为培养学生创新创业能力的支撑,定期组织创新创业大赛分享会,由获奖学生分享参加创新创业大赛的经验,鼓励低年级学生积极参加科技创新活动,更好地推动了学生课外学术科技活动的蓬勃发展。

习近平总书记指出:"党和国家事业发展对高等教育的需要,对科学知识和优秀人才的需要,比以往任何时候都更为迫切。""优秀人才"和"科学知识"是经过实践淬炼的人才和能够服务于实践的成果。我们唯有深切体会这种迫切感,以实践育人为载体,全面深化教育改革,才能为中华民族的伟大复兴贡献更大力量。

贾慧敏,女,中共党员,内蒙古人,北京农学院植物科学技术学院科研与研究生秘书,助理研究员。获"国家一级职业指导师"、共青团系统"心理健康辅导员""北京市昌平区职业指导专家团成员"等称号。

助力乡村振兴　贡献青春力量

杨韫嘉

　　"乡村振兴"战略是习近平总书记 2017 年 10 月 18 日在党的十九大报告中提出的战略。十九大报告指出,农业、农村、农民问题是关系国计民生的根本性问题,必须始终把解决好"三农"问题作为全党工作的重中之重。2021 年中国共产党成立 100 周年,是"两个一百年"奋斗目标历史交汇的关键节点,也是巩固拓展脱贫攻坚成果、实现同乡村振兴有效衔接的起步之年。为深入学习贯彻习近平新时代中国特色社会主义思想,学习贯彻党的十九大和十九届历次全会精神,响应 2021 年"青年服务国家"首都大中专学生社会实践活动的号召,北京农学院植物科学技术学院立足专业特色,结合学生特点,组织十余名专业老师、23 名学生构成"科技助力农业,创新推动发展"北京农学院植物科学技术学院学子为乡村振兴献力暑期社会实践团,于 2021 年 7 月在河北省张家口市多个乡镇开展为期 10 天的暑期社会实践。我有幸作为一名指导教师参与到其中。10 天的时光虽然短暂,但却让我深刻体会到脱贫攻坚、乡村振兴是一场我们必须打赢的硬仗,是新时代赋予我们这一代人的新长征,更是历史赋予我们这一代人的神圣使命,我们作为老师更应该辅导学生好好学习、提升自我,为实现中华民族伟大复兴的中国梦贡献自己的青春力量。

　　"深耕厚植"乡村振兴助力行动。2021 年 7 月 19 日,我随北京农学院植物科学技术学院"科技助力农业,创新推动发展"北京农学院植物科学技术学院学子为乡村振兴献力暑期社会实践团一路向北,从城市到起伏绵延的山区,最后来到此次暑期社会实践的第一站河北省张家口市蔚县南杨庄乡。首先带领学生们开展实地调研,主要针对当地主要作物杏、杏扁、玉米进行调查。通过问卷形式了解农户的收入来源、当地种植业的发展、劳动力减少、种植资源等方面的情况。深入到田间地头,实地了解农民在种植过程中遇到的技术问题,并给予专业支持和技术指导。最后参观瑞富祥杏扁种植专业合作社,了解当地杏扁加工过程,对整个产业链有了初步认识。在后期的实践活动中,实践团成员在老师们的带领下利用掌握的专业知识帮助农户们解决农业生产上面临的一系列问题。同时通过深入及时的新闻报道、新闻推送,对当地的特产进行积极正向的宣传,扩大当地优势作物的影响力,增强宣传力度,帮助农民增加销量。经过实地参观访学,学生们学到了书本上学不到的实践知识,也激发了他们对专业知识的钻研精神。

"深学实悟"寻访红色地标筑牢信仰之基。2021年是中国共产党成立100周年,我带领北京农学院植物科学技术学院学子为乡村振兴献力暑期社会实践团的成员们重温百年党史,致敬革命先烈。2021年7月21日我们来到了蔚县烈士陵园,瞻仰了革命烈士纪念碑,聆听革命烈士英雄故事,学习革命烈士英雄事迹,献花缅怀。2021年7月27日参观了河北省怀来县董存瑞纪念馆。通过实地寻访学习,学生们纷纷表示受到了一次精神上、思想上的洗礼,对党和国家的革命历史有了更深入的了解,并深刻认识到红色精神的重要性。结合习近平总书记在党史学习教育动员大会上的重要讲话精神,让学生真正地听懂党的故事,缅怀革命先烈,引领青春年少、风华正茂的学生们不断前进。

"深融共迎"助力冬奥贡献青春力量。7月25日下午,我们来到了张家口市市民广场参观,了解冬奥相关知识,并合影留念。7月26日上午,实践团来到冬奥会张家口赛区的4个场馆建设场地,了解到冬奥会场馆安排以及总体规划布局。然后又到了张家口市崇礼区太舞小镇,参观并学习冬奥文化,感受冰雪魅力。暑期社会实践行动结合2022年北京冬奥会、冬残奥会,引导学生实地参与,开展形式多样、生动活泼的冬奥实践活动,推广冬奥文化,让学生认识冬奥、了解冬奥、支持冬奥、参与冬奥贡献青春力量。

读万卷书，行万里路，将乡村振兴和学生培养结合起来，助力青年学子立鸿鹄之志，做奋斗者。青年学子唯有深入实践，才能深切感受到社会前进的脉搏。2021年，"科技助力农业，创新推动发展"北京农学院植物科学技术学院学子为乡村振兴献力暑期社会实践团走进农村、感受农业、亲近农民，为乡村振兴助力献智。在实践中增强"四个意识"、坚定"四个自信"、做到"两个维护"，亲身参与中受教育、长才干、做贡献。乡村振兴永远在路上，今后我们将继续引领青年学生在实践中培育和践行社会主义核心价值观，激励北京农学院植物科学技术学院学生刻苦学习、服务社会、奋发成才，在广袤的大地上播散下一颗颗希望的种子。相信不久的将来，在这片希望的田野上，在你我的接续奋斗中，将收获一幅幅活力四射、和谐有序、美丽富饶的田园图画，乡村振兴的美好愿景终将实现，江河秀丽、人民幸福、民族复兴的宏伟蓝图必将实现。

　　杨韫嘉,女,中共党员,辽宁朝阳人,北京农学院植物科学技术学院辅导员,讲师。作为教师指导北京农学院植物科学技术学院农学研究生党支部在 2021 年北京高校红色"1＋1"示范活动中荣获三等奖,北京市第十一届"挑战杯"首都大学生课外学术科技作品竞赛"红色实践"专项赛中荣获特等奖等荣誉。

探访红色印迹　根植红色基因

王靓楠

习近平总书记指出："红色是中国共产党、中华人民共和国最鲜亮的底色。红色血脉是中国共产党政治本色的集中体现，是新时代中国共产党人的精神力量源泉。"并在《把红色基因传承好，把红色江山世世代代传下去》中强调："新中国是无数革命先烈用鲜血和生命铸就的。要深刻认识红色政权来之不易，新中国来之不易，中国特色社会主义来之不易。光荣传统不能丢，丢了就丢了魂；红色基因不能变，变了就变了质。革命博物馆、纪念馆、党史馆、烈士陵园等是党和国家红色基因库。要讲好党的故事、革命的故事、根据地的故事、英雄和烈士的故事，加强革命传统教育、爱国主义教育、青少年思想道德教育，把红色基因传承好，确保红色江山永不变色。"

回首我们党的百年奋斗征程，红色故事世世传颂，红色血脉代代相传，不断激励共产党人砥砺奋进，让中国共产党永远年轻。现在，在农业现代化发展进程中，党和国家对拥有专业知识的优秀"三农"人才的需要，比以往任何时候都更为迫切。作为高等农业院校的党务工作者，更要用好红色资源，讲好红色故事，根植红色基因。但是，根植红色基因不仅要注重红色知识的植入，更要深入青年学子的心灵世界，加强情感的培育，使红色基因渗入血液、浸入心扉，才能实现有效的引导和转化。北京农学院植物科学技术学院连续多年利用暑假期间，组织学生前往河北省，以暑期社会实践活动形式，开展红色主题教育活动，丰富红色教育内容，推动红色基因传承与学校思想政治教育工作的深度融合。

2021年7月下旬,我有幸成为"铭记中共历史 传承红色经典"暑期社会实践团的指导教师,组织师生前往河北省张家口市怀来县,追寻红色脚印,探访战斗英雄董存瑞烈士的故乡。一是通过参观董存瑞烈士纪念馆,瞻仰烈士遗迹,缅怀革命先烈,学习和感悟烈士精神;二是通过实地调研形式,寻访董存瑞后人,并对董存瑞的战友和家乡群众进行深度访谈,了解董存瑞烈士生前的优秀事迹,进一步挖掘英雄背后的红色故事,筑牢青年学子信仰之基。

董存瑞烈士纪念馆建筑面积8800米^2,格局方正,参观的路仅有一条笔直的大路,没有任何小路或岔路。进入大门后,最先映入眼帘的是毛泽东主席亲笔题字的牌楼。继续前行,是一尊神采奕奕、高举炸药包的雕像。我想这就是年仅19岁的董存瑞在隆化战斗中英勇舍身、炸毁敌人碉堡时的样子,他的脸上不见一丝畏惧,透过他的眼睛可以看到他那对革命必胜的决心,不禁让我们肃然起敬。我们来到纪念馆,大家在讲解员的带领下参观纪念馆,了解董存瑞的生平事迹。进入展馆大厅,首先看到的是一座雕像,这座雕像与刚进大门时的那一座不同,这是董存瑞同志抱着炸药包前进的雕像,雕像后的墙上还写着"舍身为国 永垂不朽"八个大字。虽然外观不同,但是相同的是从他的脸上和眼神中流露出的坚定决心。

纪念馆按照时间顺序展示董存瑞幼年时期、少年时期初为战士、舍身炸碉堡情景和牺牲后全国号召学习董存瑞的事迹等部分。纪念馆中陈列着董存瑞幼年时期穿过的衣服、住过的茅草屋、使用过的机枪、获得的荣誉勋章等,一张张照片、一段段文字、一本本书报以及董存瑞当年穿过和使用过的衣物,无一不在展现当时革命战士艰苦奋战的场景,默默地讲述着那个战火纷飞年代的英雄故事。大家在讲解员的讲解下,仿佛被拉回那个战火纷飞的年代,正目睹着英雄董存瑞舍身炸碉堡时的情景。我与同学们被董存瑞的勇敢和奉献精神而感动,同学们不禁潸然泪下,纷纷表示,我们无数革命先烈们无私奉献,用鲜血和生命为我们换来如今的和平年代。应该牢记革命烈士,学习他们身上的奋斗精神、革命精神和大无畏精神,并在日常生活中传承红色精神,将其

发扬光大。

新中国是无数革命先烈用鲜血和生命铸就的,共产党的历史就是一部革命的历史、英雄的历史。讲好革命故事是一件功在当代、利在千秋的事情。作为高等农业院校党务工作者,传承红色基因不仅是工作职责,更是身为新时代青年教师的责任与担当。讲好红色故事不仅有助于传承我们党的红色血脉,更有助于青年农科学子厚植爱党爱国爱社会主义的情感,坚定不移听党话、跟党走。不仅要讲好红色故事,让红色资源活起来,在传承红色基因、激发担当作为中汲取养分和奋进力量,推动红色文化传承和发展,赓续精神血脉,还要讲好革命故事,践行先烈精神,激励中华儿女坚定信念、无私奉献、奋勇前行,让红色基因和革命薪火代代传承。

用好红色资源,讲好红色故事,推进党史学习教育入脑入心。红色故事能够给青年学子以深刻启迪,从而在"学"与"思"中不断笃定前行;可以激励青年农科学子用党的奋斗历程和伟大成就鼓舞斗志、明确方向,用党的光荣传统和优良作风坚定信念、凝聚力量,用党的实践创造和历史经验启迪智慧、砥砺品格,进而培育出一批信仰坚定、勇于奉献、专业知识扎实的新时代"三农"人才。

王靓楠,女,中共党员,北京人,北京农学院植物科学技术学院专职组织员,主要从事发展党员和党员思想政治教育工作。

讲好"实践育人"这一课

郝　娜

　　习近平总书记在同各界优秀青年代表座谈时指出,"广大青年要坚持学以致用,深入基层、深入群众,在改革开放和社会主义现代化建设的大熔炉中,在社会的大学校里,掌握真才实学,增益其所不能"。为积极响应党中央关于"深化实践育人是全面深化高等教育综合改革的重要任务"这一号召,北京农学院植物科学技术学院组织助力乡村振兴暑期社会实践以培养更优秀的青年和高素质人才。在社会实践过程中,学生将课堂上学到的知识转化到实践中去,进一步培养创新能力和解决问题的能力。

　　躬身力行,知之行之,知行合一。2017年起,我连续四年带领学生前往河北省承德市丰宁满族自治县开展乡村振兴社会实践活动。实践团先后走过了该县的8个乡镇、27个村,行程近2500多千米路。在多年技术指导的基础上,联系校内有关专家,多方查找资料,制作出《河北省承德市丰宁满族自治县几种常见植物栽培技术手册》,免费发放给当地种植户。此外,还帮助贫困乡优化农作物品种、实施病虫害防治、制作美丽乡村宣传片和明信片等。社会实践取得圆满成功,并受到当地政府、农户和师生的一致好评。

　　从社会实践活动的准备、开展到总结分析的过程中,我始终起着引导和敦促的作用。在实践团队启程前,为了确保实践团能高效有序地展开工作,严格挑选实践团员,帮助准备资料,设计调查问卷等。为了能给实践活动制订一个周密而完整的计划,出发前与实践团队全体成员开会确定方案,在确定实践主题、实践范围以及人员分工等方面都做了慎重的考虑,多次联系实践当地的相关单位和领导,沟通实践方案,给予实践团成员极大的信心。

在实践落实阶段,我时刻关注着实践团成员,及时帮助他们解决生活和调研中遇到的困难,充分发挥带队教师的作用,指导大家运用所学知识,对自身进行反省和挖掘,带着问题去实践,使效率最大化。实践结束后,我带领学生认真完成了调研报告和实践总结工作。

扎根乡村,凝心凝力,铸富强梦。乡村振兴战略是新时代做好"三农"工作的总抓手,高等农业院校作为中国特色社会主义大学的重要组成部分,服务国家乡村振兴战略,是新时代的第一责任和首要任务。

只有到实践中去、到基层中去,加强实践育人,服务国家脱贫攻坚和乡村振兴战略,把个人的命运同社会、同国家的命运联系起来,才是培养农科学子的正确之路。2017年,我带领实践团走进了河北省承德市丰宁满族自治县的乡镇村庄,以建立联系、找准问题、精准帮扶、长期相助为原则开展实践活动。此行帮助实践团成员更加深入地了解了农村贫困现状,更加准确地找到了解决农村贫困问题的关键点。在实践过程中,培养学生勇于探索的创新精神和善于解决实际问题的能力,增强学生助力脱贫攻坚的责任感和使命感。实践团制订了暑期社会实践五年精准扶贫计划,帮助丰宁全面脱贫,为打赢精准脱贫攻坚战,为如期全面建成小康社会、实现第一个百年奋斗目标做出更多奉献。

河北省承德市丰宁满族自治县于2020年2月正式脱贫摘帽,这让实践团师生倍感欣慰,看到丰宁的人们能够过上幸福有希望的日子,大家觉得这几年的辛苦付出是值得的。2020年,助力乡村振兴实践团在农业新技术、新品种的引入等方面继续支持和服务当地农户和合作社,为丰宁的产业振兴贡献力量。

看到实践团成员参加活动的收获,我不由感慨,作为教育工作者和基层团干部,要引导学生走进农村、走近农民、走向农业,在振兴乡村中发挥专业特长,提升学生对农科专业的认同感和强农兴农的使命感;引导学生学习和弘扬以爱国主义为核心的民族精神和以改革创新为核心的时代精神;引导学生从优秀传统文化中汲取营养,激发爱国热情,把为人民服务作为一种习惯,使其成为一种人生的态度;引导学生通过参加各类志愿服务工作等平台,努力实现自身的价值,时刻意识到肩上负有中华民族伟大复兴的责任和义务。

红色实践,文化育人,创新育才。红色文化是中国共产党领导中国人民在革命、建设和改革的伟大实践中创造、积累的先进文化。在过去的革命和建设乃至当前的国家建设当中仍然不断发挥着积极作用的宝贵财富,是当代大学生思想政治教育的重要资源,是思想引领和文化育人的瑰宝。以创新精神推动高校红色文化实践育人,让红色文化"活起来""动起来",走进当代大学生的头脑、心中,走进当今高校的思政课堂,走进大学生生活的方方面面。高校思政工作者应不断探寻其逻辑内涵和育人规律,以创新促发展,使之更好地为学生思想政治教育而服务,促进大学生又红又专、德才兼备、全面发展,促进大学生成长成才,为国家和人民做出贡献。

创新是红色文化历久弥新,持续发挥育人作用的源动力之一。实践中,我带领学生通过访谈抗战老兵、退伍军人、优秀党员,参观烈士陵园,走访红色基地,拍摄制作红色宣传片、微电影等方法发挥红色文化的育人作用,紧跟形势,不断创新,以创新促红色文化的深入挖掘与不断发展,以创新促红色文化的育人形式不断丰富,以创新促红色文化的实践经验不断积累,以创新促红色文化育人始终保持鲜活,始于创新,成于育人,从而不断提升大学生红色文化的育人实效。

习近平总书记在视察山西时指出"要充分挖掘和利用丰富多彩的历史文化、红色文化资源,加强文化建设"。对于红色文化,习近平总书记给予了充分的肯定和重视,其育人价值,也在不断地弘扬和挖掘中获得显著发展,彰显了红色文化蕴含育人价值的天然属性。红色文化是优质的育人资源,它所蕴含的革命信仰、爱国精神、家国情怀、坚定意志,是新时代大学生思想政治教育中所不可或缺的,是对当代青年进行思想引领的重要"法宝",是培养大学生高尚道德情操的宝贵"素材"。在开展社会实践活动中融入当地红色文化的教育和引领,有利于红色教育入脑入心,以更生动的形式来吸引当代大学生认同红色文化、发扬革命精神。如在采访抗美援朝老兵的时候,学生亲眼看到他在浴血奋战时所受的枪伤,亲耳听到他娓娓讲述那战争时期的艰苦岁月,内心久久不能平静,崇敬之心、爱国之情油然而生。

教育家陶行知用他的名字阐明了教育的旨趣所在——行知,即在行动中探索,在实践中获得真知。在一年年的社会实践活动中,学生把个人成长成才的"小"梦想融入奉献社会、服务人民、服务"三农"的"大"情怀,在实践中感受了红色文化的教育和启迪,增强了学农爱农的信心和决心,努力成长为能担乡村振兴使命、可堪民族复兴大任的时代新人。

郝娜,女,中共党员,北京人,北京农学院植物科学技术学院团委书记,讲师。获"首都大中专学生暑期社会实践先进工作者""首都大学、中职院校'先锋杯'优秀基层团干部"等称号。

学|生|篇
STUDENTS

迈出校园　拥抱山河

于璐佳

　　自从走进了大学,就业问题就似乎总是围绕在我们的身边,成了说不完的话题。在现今社会,招聘会上的海报都写着"有经验者优先",可还在校园里面的我们这班学子社会经验又会拥有多少呢?作为一名在校大学生,为了拓展自身的知识面,扩大与社会的接触面,增加个人在社会竞争中的经验,锻炼和提高自己的能力,以便毕业后走入社会时能够适应国内外的经济形势的变化,并且能够在生活和工作中很好地处理各方面的问题,我参加了北京农学院植物科学技术学院暑期社会实践。

　　七月骄阳,随着收卷铃声的响起,一学年的学习任务结束了,走出考场的我深深地吐了一口气,体验着知识充满脑海的愉悦和欣慰,同时更期待着即将到来的暑期实践。理论联系实际,实践出真知,踏上社会实践的大巴车,我对本次的活动充满了憧憬。

　　2016年7月16日下午,一路颠簸,大巴车到达了河北省承德市丰宁满族自治县五道营乡五道营村,我们在村里的小学校落脚。正值暑假,校园安静而又空旷,道路两旁的垂柳随风摇摆着,好像在欢迎我们这群新朋友,小学的老师在前边带路,热情地为我们介绍这所学校,安排了宿舍。坑洼的水泥地已被磨得发亮,木窗棂上也落下了岁月的痕迹,油漆脱落了大半,像个朴素的老人,饱经风霜,却干净简单。我静静地看着,一切都那么出乎意料,却又在意料之中。不再感叹,稍作收拾,吃完晚饭就要开始布置分配明天的工作了。

　　宿舍旁边的一个大教室,就是我们的会议室,一进门,团队的队员们都在诉说着今天一路的感受,虽然很累,但是都充满了好奇和激情。

实践团的带队老师向我们传达了本次的实践内容和预期目标,紧接着队长开始分小组、定任务。我们本次的实践就正式开始了。

总觉得课堂的知识索然无味,现在现实社会给我们上了精彩的一课,酸甜苦辣。我们所在的县是国家级贫困县,道路还是土路,路两旁坐着闲聊的老人,几个跑来跑去的孩子,却没有一个青年人。看到我们,嬉闹的孩子停了下来,老人们也把目光转向我们,打量着我们这群陌生人,我们鼓起勇气,靠近了最旁边的老人,拿出了问卷。老人的目光变得警惕起来,我们做了简单的自我介绍,老人还是充满着怀疑,并询问起我们,我们也丢掉羞涩,和老人坐在路旁,努力地融入他们当中,渐渐地,老人们的目光变得温暖,和我们讲着附近的人和事,仿佛在给他外地的孩子们讲过去的事情。善良淳朴的老人们,种了一辈子地,这里没有深井,没有水渠,甚至没有一块肥沃的土地,收成的好坏全靠天气。稍微年轻点儿的都出去打工了,村里只剩下老人和还未上学的孩子。泥草堆起来的小矮房,踮踮脚就能透过院墙看到院子里,破旧的衣服,布满了岁月的风霜,情至深处,泪水浑浊了老人的双眼。他看向远处,仿佛在说,回来吧孩子,但是又希望他们永远不要回来。

实践的过程充满着艰辛,但看到收集回一堆堆数据资料的时候又充满了力量。从一开始交流时的害羞扭捏,到侃侃而谈被当成骗子,不知该开心还是难过。半个月眨眼而过,踏上归程的大巴车,朝阳映到脸上,模糊了双眼。舍不得这里的淳朴,带不走这里的贫穷,只希望留下脱贫的希望。

小草用绿色证明自己,鸟儿用歌声证明自己,我们要用行动证明自己。不经风雨,怎见彩虹,没有人能轻轻松松成功。

实践,就是把我们在学校所学的理论知识,运用到实际中去,使自己所学的理论知识有用武之地。只学不实践,那么所学的就等于零。理论应该与实践相结合。实践可为以后找工作打基础。通过这段时间的实践,学到一些在学校里学不到的东西。因为环境的不同,接触的人与事不同,从中所学的东西自然就不一样了。要学会从实践中学习,从学习中实践。我相信任何的工作都能给我带来课本上无法得到的知识，所以在工作中我多听多学多做，按时超量地完成任务，我也在工作中学会了许多种植技术。在这期间所做虽无大事，但从点滴做起，所获亦匪浅。

"两耳不闻窗外事，一心只读圣贤书"只是古代读书人的美好意愿，它已经不符合现代大学生的追求，如今的大学生身在校园，心儿却更加开阔，他们希望自己尽可能早地接触社会，更早地融入丰富多彩的生活。时下，打工的大学生正逐渐壮大成了一个群体，成为校园里一道亮丽的风景。显然，大学生打工已成为一种势不可挡的社会潮流，大学生的价值取向在这股潮流中正悄悄发生着改变。

作为农科学子，我们要坚定自己的理想信念，时刻牢记自己的使命，勇于承担起时代的重任。首先我们要对自己负责，加强自己的道德修养，锤炼自己的道德品质，科学对待人生，创造有价值的人生，这应该是我们对自己的要求，也是我们当代大学生承担社会责任的第一步；此后，我们要回报国家、回报社会，为社会的发展做出自己的贡献，为人类文明的进步做出自己的贡献。将自己的命运同祖国和民族的命运紧密联结起来，关心国家大事，心怀祖国，付诸行动，多干实事。

　　于璐佳，男，中共党员，2015级园艺专业，担任学生会主席团成员，获2018年首都大学中职院校"先锋杯"优秀团员、2019年北京市优秀毕业生，毕业后考入北京农学院读研深造。

走入乡土乡村　聚焦精准帮扶

纪鑫梦

　　"2020 年,全面建成小康社会取得伟大历史性成就,决战脱贫攻坚取得决定性胜利。"当听到习近平总书记在新年贺词中说的这句话,我不禁想起来 2016 年的那个夏天。阵阵蝉鸣,泥泞小路,一群刚结束军训的大学生迈上了一段充满未知的社会实践路途。2016 年正处于抓紧贯彻党的十八大和相关会议精神的关键时期,为保证 2020 年实现全面建成小康社会的奋斗目标,在脱贫攻坚进入冲刺阶段之际,我们积极响应团中央的号召,成立精准扶贫实践团,开展以走村入户调查研究为主要内容的实践活动,通过社会实践调研,帮助农业类高校师生更加深入地了解农村现状,更加准确地找到解决农村贫困问题的关键点。在实践过程中,培养勇于探索的创新精神和善于解决实际问题的能力,增强学生助力脱贫攻坚的责任感和使命感。

　　我们此次社会实践将地点选在了国家级贫困县河北省承德市丰宁满族自治县的 4 个贫困村,这里在传统模式下发展的农业产业依然滞后,生态建设和群众脱贫的矛盾还没有得到有效解决,基础设施落后、经济欠发达、群众生活水平低,总体上还十分贫困。

　　在这几天的社会实践中我深刻地体会到什么是"纸上得来终觉浅,绝知此事要躬行"。在这几天的调研中我们看到贫困村都存在着这些问题:基础设施不完善,道路交通极其不方便,对农产品的外销阻碍极大;政府补贴下困难,补贴金额不透明;青壮年劳动力外流;医疗设施极其匮乏;缺乏农业种植知识。这将是我们农科学子在未来着手改变的方向。我们要坚持一切从实际出发,用理论联系实际,实事求是。物有甘苦,尝之者识;道有夷险,履之者知。我们只有深入贫困,才知贫困。调研的村庄中大部分为贫困户,甚至有些村民仍住在危房中,出入村子的交通也极为不便,农田水利等基础设施严重不足,更不要说文化、医疗、教育、卫生等社会基础设施的发展。"想要富先修路",道路不通,导致基础设施建设的滞后,不通公路,山高水远,村民想要获得公共服务比较困难,与外界联系也困难。运输成本高,间接地增加了农产品的成本,也很难吸引农产品企业的进入,极大地限制了当地的经济发展,这也是导致当地贫困的原因之一。除此以外,贫困地区的教育也让人担忧,虽然在基本普及九年义务教育和实现高等教育大众化之后,我国的教育发展已经进入了新形态,但是影响和制约教育公平的城乡二元经济结构依然存在,资源配置不合理,加剧了教育资源分布的不均衡。

有些事情只有亲眼见到,亲身体会才会有深深的触动。或许村子里的基础设施不够完善,或许村民家仍然是贫困户,可他们依然激动地拉着我们讲村里这些年的变化,热泪盈眶地告诉我们他们家在政府的帮助下渐渐改善了生活,也许村子在短时间内还不能完全脱贫,但是正在往好的方向去发展,这就是从政府到村干部再到村民他们一点点努力得来的!在此期间,我也见到了许多虽然生活艰苦,但是一直充满阳光和希望的家庭,其中给我印象最为深刻的一家在位于大山深处的波罗诺村。那天下着雨,我和小伙伴敲开了一家村民的门,阿姨看到我们有些惊讶,但是也非常热情地邀请我们进屋,得知我们的来意后也是很配合地帮助填写调研问卷。讲到家庭情况时,阿姨非常自豪地告诉我们,她有两个女儿现在都在城里读大学,讲起来自己的孩子,阿姨侃侃而谈了很多,这么久之后有些话我已经忘记,但是依然记得她说"虽然我们家里穷,给不了孩子好的,但是,我必须要让她们读书",依然记得她在谈起自己孩子时的高兴与自豪。

习近平总书记曾强调任何时候都不能忽视农业,忘记农民,淡漠农村。这让我们牢记:中国强,农业必须强,中国美,农村必须美,中国富,农村必须富。我国是农业大国,重农固本是安民之基、治国之要。

　　此次暑期调研的经历给我留下了难以磨灭的印象,虽然调研已经结束,但是我身为农科学子投身祖国的"三农"事业,为祖国的农业发展做出贡献的脚步才刚刚开始! 我们应当担负起自己的使命任务,要继续咬定青山不放松,脚踏实地加油干,努力绘就乡村振兴的壮美画卷,朝着共同富裕的目标稳步前行。

　　纪鑫梦,女,中共党员,2015级园艺专业,担任2015级园艺二班团支书,获北京农学院2017—2018年度三等奖学金,后入职北京市房山区燕山城市管理和交通委员会。

精准扶贫 我在行动

李静如

2016 年夏天,经过一路颠簸,我随着大巴车到达了河北省承德市丰宁满族自治县五道营乡五道营村。五道营村的贫困家庭大多是留守老人家庭,我们通过与留守老人的接触与交谈,了解到了一些鲜为人知的故事;年迈的老奶奶无力务农不得不转让田地,靠捡垃圾维持基本生活;常年打工的老爷爷一手撑起家,却还要在讨要工资的道路上劳心伤神;八旬老夫妇身体硬朗,自力更生,坚持不给子女添负担……这些都让我们非常震撼。

虽然对于村民来说,实践团成员是陌生人,但在实践团成员说明了精准扶贫的来意后,村民们热情配合完成问卷调查,甚至主动要求填写问卷。聊到感情深处,潸然泪下。对于农科学子来说,多了解一些贫困地区的基础现状,并运用专业知识解答他们的疑惑,不仅能够锻炼自己,还能给村民们带来希望!在调研期间我们发现作为一个贫困地区,这里人们生活非常艰苦,有一次下雨,我们实践团就近找一户人家暂时避雨,当我们走进这家,当时的场景非常震撼,这户人家没有围墙,确切地说围墙是土垒的,年久失修,已经倒塌,只剩下一个孤零零的门框矗立眼前,这户人家是两位老人,老奶奶瘫痪多年,家里全靠老爷爷一个人照顾老奶奶,其间我们和他们聊了很多,得知他们有一个儿子,常年在外打工贴补家用。老奶奶家的房子已经常年失修,导致房屋已经多处漏雨,只能用盆在屋里接着。这样的人家在这里并不稀奇,很多户人家都是这样的场景。这给我们实践团深深地上了一课,也让我们意识到国家精准扶贫的重要性以及肩上的责任。

除此以外，在调研过程中我们还遇到了很多党员和退伍军人，也听到了很多感人的故事。退伍军人热泪盈眶地讲解他们当年为了国家抛头颅洒热血的铿锵故事。被采访的党员更是以身作则，为了自己的村子付出了无数心血。有的退伍军人讲到激动处，还让我们看他们当年被子弹打伤时留下的伤疤，他们心中坚定的信仰也让我们深深地震撼。这对我们大学生来说，应当学习这种奉献精神，回到家乡，深入基层，用自己所学的知识为更多的人创造更美好的明天。

在调研期间，我们吃住都在河北省承德市丰宁满族自治县五道营乡的博拓小学。小学的宿舍比较拥挤，20 米²的宿舍要住 10 个队员。三餐是在小学的食堂，食堂的阿姨为我们做一些家常菜。清早，队员们就起床来到水房洗漱，因为水房也比较小，所以我们需要轮流洗漱。虽然住宿条件比较艰苦，但是我们的工作热情丝毫不减，为精准扶贫贡献学农大学生的力量！

很荣幸 2017 年夏天，我又一次参加了暑期社会精准扶贫实践团，走进贫困地区，为当地脱贫攻坚贡献一份微薄的力量。我们希望通过此次调研，可以对当前农村发展状况有一个整体性的监测，充分了解政府扶贫政策，助力贫困农户脱贫。因此，无论任务量多么庞大，无论天气多么恶劣，我们都认真努力着，以饱满的热情奋战在扶贫工作中。与去年不同的是，我们还邀请了学校相关专业的王绍辉、王建立、任争光、郝娜等老师来到实践团驻地，他们尚未休息直奔蔬菜基地，考察了 32 个白菜大棚。专家老师发现这里因一天浇水 2 次、用喷淋的方法、结球期温度较高等原因，软腐病大面积发生。老师们建议菜农们先将 32 个塑料大棚清理完毕，所有菜叶杂草清除干净来减少病原残留，防止杂草种子落地。清理完毕，将棚膜封严，密闭闷棚，农家肥一定要充分腐熟。闷棚前将农家肥一并放在棚中高温再次腐熟。菜农们听后受益匪浅，连连称赞。

在当今社会，每一个健康的人都能靠自己的能力养活自己。当自己处于贫困时，首先要想如何靠自己的能力脱离贫困，而不是等待别人的救助。可是在调研过程中我们发现现在有些身处贫困状态的人，并没有想着通过自己的双手去劳动来努力脱离贫困，而是在等待，等待政府、社会的救助。当我们走村入户调研贫困户时，很多人都在极力地展示，他们是如何如何贫困，欠了多少外债，或者家里有多少病人。农民是朴实的，他们在用最简单的方法，让你相信他是贫困户，希望得到政府或者任何一个源自他人的救助。对于因学、因残、因病贫困，我们进行过了认真的记录，生怕因为我们的疏忽而漏掉他们对未来的希望。对于那些健健康康却甘于贫困甚至享受贫困的人，则要扶志。在这里我对精准扶贫有了更深层次的理解。

在走访过程中，我们发现很多人提到五保和低保。他们简单地认为，扶贫就是给他们纳入低保或者五保，每个月给他们几百元钱，而有几百元的收入足矣。古话说得好："授人以鱼，不如授人以渔"。扶贫不是简单地给钱，更加应该是给予有脱贫意愿的人创造财富的路子和帮扶。贫困户的贫困原因千差万别，精准扶贫就要首先找到贫困的根源，然后才能对症"下药"。假如，缺技术的给钱，钱花光了，他还是会返贫。党和政府举全国之力扶贫，是为了从根本上彻底消灭贫困，让老百姓都有致富的能力，从而迈入小康的生活。诚然，贫困户贫困的具体表现是缺钱，但是他们更缺少的是"对症下药的方子"。简单地给钱不仅不能达到扶贫的效果，甚至可能会被质疑社会公平。

脱贫攻坚开展的意义不在于只给百姓钱，更多的是克服等、靠、要的懒惰思想，深层含义是用好的政策带动百姓脱贫增收，独立创业，并形成长效机制，所以要创新集体经济发展机制，实现村级稳定的集体经济收入，深化村集体经济组织产权制度改革，推进村集体资产经营方式创新，增加村集体经济收入。并且要充分调动广大群众参与的积极性、创造性，要我干变为我要干，继续创新全体村民自治和民主理事制度，探索调动群众积极性的有效方式，引导广大农民用自己的双手建设好家园，最终打赢脱贫攻坚战。

精准扶贫是新时代赋予大学生义不容辞的责任，同时乡村振兴是脱贫攻坚的有效途径，也是农科学子要承担的重任！作为当代大学生，尤其是学农学子，我们应该以身作则，身体力行，利用假期时间走进基层,多观察多行动,多向学校专家老师请教,多与农民进行沟通,了解农民真正需要什么,切实地将脱贫攻坚贯彻下去,将自己学到的专业知识应用到实践当中,用创新和热血迎接每一份未知的挑战,我们用实干、用行动将青年热情投身强国伟业,我们将小我融入大我,将青春奉献祖国!

　　李静如,女,中共党员,2015 级园艺专业,担任植物科学技术学院学生会新闻部部长,获 2016 年国家励志奖学金、2018 年北京市三好学生、2019 年北京市优秀毕业生,后考入中国农业大学观赏园艺专业继续深造。

用脚步丈量青春

陈馨蕊

　　一直生活在城市的我,在进入北京农学院之前,从未想过自己会与农业、与乡村产生如此深的羁绊。回首大学四年,各类学生工作精彩纷呈,如果说这些经历造就了现在这个完整的我,那么社会实践一定占据着举足轻重的地位。

　　2016年盛夏,我和北京农学院植物科学技术学院暑期实践团的十几位同学与老师一起走进河北丰宁开展社会实践调研,深入了解农村贫困现状,找到解决农村贫困问题的关键点。期间我们走访了许多人家,看到一个个鲜活的人在过着那样艰辛的生活,我们的心灵也一次又一次受到洗礼。

　　经过为期十天的调查,我们对村庄、村民与村委会的情况有了一定的了解。让我印象最深的,并不是自然资源、基础设施以及种植技术等一系列外在的客观现状及问题,而是农民的心理以及生活态度。在调研期间,大部分村民的态度都是比较平和可亲的,愿意配合我们完成问卷调查,有些村民还会与我们多聊几句,让我们了解到更多情况,从而帮助他们脱贫。而有一些村民在了解了我们的调研目的之后,态度却比较极端,一度认为我们改变不了现状,甚至还出现一些非贫困户(非建档立卡户)谎称自己是贫困户的现象,可以看出贫困心理根深蒂固,这导致他们产生过度依赖且不积极寻求改变的种种行为。他们习惯了依靠补助度日。所以,扶贫先扶志,贫困意识是束缚山区生产力发展的无形绳索,是横亘在贫困山区与富裕沿海之间的无形鸿沟。我们要帮助农户摒弃贫困心理,建立主动谋求发展的意识。使物质扶贫与精神扶贫相结合,补齐贫困这块"短板"。在调研期间,我们还发现,农民们极度缺乏种植技术及经验,甚至是当地的专业技术人员也非常缺乏技术支撑,导致农民看不到利益,产业调整困难。还有些种植经验并不可取,使得土地难以高产,虽然农户都有分得的土地,但大多只能解决温饱,并不能作为稳定的经济来源。产业是乡村的基础,可持续发展的乡村产业才是农民稳定的经济来源。授人以鱼,不如授人以渔,真正帮助贫困地区群众脱贫,就要从过去"输血式"扶贫向"造血式"扶贫转变。

那段日子我们一起走过,共同回忆,有太多难忘的回忆……忘不了村民热情邀请辛苦调研的我们进屋喝口热水,忘不了那坚信党的领导而努力生活的老奶奶,忘不了队友齐心协力克服种种困难完成调研任务的感动,也还能回忆起被拒之门外的心酸。还记得烈日当头,马路边自带饼干做午饭简单充饥后继续调研,通宵熬夜奋战整理调研数据直至疲倦不堪倒地稍做休息,时值河北地区暴雨,我们依旧打着雨伞,带着一沓沓问卷,卷起裤脚淌着水,坚持进行调研。调研中一切的一切,我们经历着,付出着,收获着,喜悦着,团结着……尽管一路挫折不断,但是方法总比困难多,收获总比付出多。实践教会了我不仅要理智面对调研现状,更要从自身思考问题,获得自身的历练与成长。农科学子应该走出校园,走向社会,面向基层,服务基层,经过历练更早地了解农村现状,尝试用自己的视角捕捉贫困乡村发展的症结,在实践活动进行中提高自己的综合能力,为将来更加成熟迅速地投入"三农"事业打好基础。

2017年夏天,我作为学院的学生会主席带队进入河北丰宁进行第二次社会实践,前一年的经历使得我对此次临行前的部署有了比较清晰的思路。在出发前,我首先与当地政府取得联系,了解调研村庄的现状以及主要产业,根据产业以及当地在技术方面的需求进行匹配,邀请学院相关专家老师与我们一同前往。到达之后,按照事先订好的日程计划开展每日的调研,我先组织村干部与我们进行会谈,之后同学们进行入户的调研并且直接进入田间地头,发现农作物在种植方面的问题并提供现场的指导帮助。整个调研过程结束后,我们像往常一样,对调研资料与数据进行整理分析。结合前一年的积累,我们对于丰宁这个地方有了更加深刻的认识,为了能够让我们的努力对当地脱贫真正起到一定作用,我们建立了微信帮扶群,农户有任何技术问题都可以随时在群内咨询专家老师与同学们,并且我们积极响应国家号召,跟随国家脚步,制订了学院对当地的五年帮扶计划,争取 2016—2020 年这五年在丰宁开展更深更广的社会实践,一步步巩固对丰宁的帮扶成果。

之所以这次实践给我的感受最为深刻,是因为我的身份从一个参与者变成了一个团队的领导者。这种转变不仅成就了我自身的提高,更重要的是,伴随着更大的责任,我所能体会到的细微之处也越来越多。在以前,我更关注的可能是我自身在这其中做了哪些工作,做到了怎样的程度。而现在,我更关注的则是我们所做的努力对于当地是否起到了真正的帮扶作用,对于我们又是否起到了实践育人作用,这种双向的互相促进是我更想达到的。在这次实践中,令我印象深刻的是有一次在入户访谈的过程中,农户在诉说他的不易与苦衷时流泪了,我们的实践队员受到了感触也流泪了。或许是心疼面前这位老爷爷,或许是代入了老爷爷的生活中感觉心酸,但我相信那个时刻,作为学生的我们做到感同身受了,我们做到了俯下身去,用心去体会乡村、聆听乡村。这种经历带给我们的,是我们永远无法从书本中得到的。在那一刻,我觉得我们实践的意义也得到了升华。

这两年的实践,让我从偌大的农业领域里找到了一方天地,我对这方天地充满了热血与敬畏,也希望自己的未来可以在这方天地发展。于是我考入中国农业大学"精准扶贫 乡村振兴"专项读研,先后在中国扶贫基金会的产业扶贫项目部和资源发展部展开实习工作,工作内容涉及品牌传播、会务会展、电商直播、公益项目的方案策划以及执行跟进等,相比于之前自己作为主体直接深入乡村去做一些力所能及的事,这段实习经历让我明白了在主体性减弱的同时,更多的时候我可以作为中间的一个桥梁,去链接捐赠端及受助端的需求,通过提供品牌公益项目策划来帮助企业等机构践行社会责任,同时汇聚更大的力量对贫困地区进行帮扶。如果说之前深入乡村更多的是发现问题,那在基金会的实习经历便是让我对这些问题有了更深一步的思考和解决思路,获得了更多的专业知识与实践经历。

经过了本科与研究生阶段社会实践工作的积累，我已经初步建立了对乡村的敏感认知，并且见证了我们国家脱贫攻坚取得的全面胜利，开启乡村振兴新征程，我更加为我作为一名在此领域做出努力的农科学子感到荣幸和骄傲，所以在就业时，我仍选择从农业领域一名记者做起，拓展对于整个农业行业的眼界，去到熟悉的田间地头，继续用心感受乡村，用脚步丈量青春。

如今，距离大学入学已经六年了。让我感到奇妙的是，当初在做那些社会实践的时候并没有期望它能给我带来什么回报，没有期望它可以带我找到努力的方向，只是因为喜欢因为想做就去做了，而现在回头看看，从那之后走的每一步都是因为社会实践时那个满腔热血的自己。所以若要问当时的我，对于社会实践是怎样的感觉，那可能是辛苦、忙碌却又感动等一系列复杂的情绪，而现在的我回想起来那段日子，只想说一句感激。是那些经历让我决定了考研与就业的方向，让我看到了我可以施展才华锻炼能力的舞台，让我在之后的人生道路上，继续拥有遵循内心的勇气。

　　陈馨蕊，女，中共党员，2015 级园艺专业，担任北京农学院植物科学技术学院学生会主席，获 2017 年北京市三好学生、2019 年北京市优秀毕业生，研究生就读于中国农业大学农艺与种业专业，现就职于中国化工报社农资导报，记者岗位。

苦乐丰宁　一路有你

金　添

　　我是金添，一个活泼开朗、积极向上、乐于助人的人。在大学和研究生的上学期间，不仅认真学习课堂知识，还坚持参与实践，做到学习与工作并驾齐驱。还记得 2016 年，我怀揣着"走进乡村乡土，助力精准扶贫"的信念，主动报名参加了北京农学院植物科学技术学院暑期实践，跟随实践团进行了十天苦中带甜的社会实践活动。在这次活动中，带队赵宇昕老师和队员们同吃同住，经历了各种艰难困苦，但是回想起来更多的是欢乐，是感动！

　　在实践中，我最有感触的是在调研中遇到的独居的兰景荣老奶奶，老奶奶今年 80 岁，生活在一个党员之家。兰奶奶有两个儿子，但因为家庭贫困的缘故，大儿子早就被招亲去外地女方家里生活，二儿子带着妻儿在北京打工。两个儿子都只有在每年过年时才回家看老人一眼，虽然二儿媳妇只有 50 岁，但身患癌症，身体还不如 80 岁的老奶奶健康，丧失了劳动力，只能在家调养身体，每个月要支付的高额医药费，又为这个本就不富裕的家庭添了一份负担。兰奶奶的丈夫是一名老党员，曾在村里当会计，老爷爷一辈子兢兢业业，但是 2015 年患上了肝癌，不幸在一个月前去世了，只留下兰奶奶一人生活。老爷爷去世后，村里为兰奶奶办了低保，但是每个月的低保补贴根本无法保证兰奶奶最基本的吃穿，于是她便自己动手编一些小篮子拿到村里的集市上去卖，当我们走进兰奶奶堆放编织材料的小屋时，大家的眼眶都禁不住泛起了泪花，奶奶的手因为编织时经常被绳子勒着，出现了许多深浅不一的伤口。每次下大雨时，兰奶奶居住的小屋都会漏水，自己又无能力改造。兰奶奶感动地对我们说："没想到你们这些大学生还能来看我，我没有别的需求，只希望村里能把我这房子给修了。"了解了兰奶奶的情况后，我们给奶奶送去了精心准备的种子和点心以及我们自己在学校种植的蔬菜，同时全员动手帮助奶奶修缮了房屋，我认为，亲眼去看用心去谈才会有如此震撼心灵的感受。为给五道营村贫苦农民带来更多的温暖，队员们愿意奉献出自己的微薄之力，帮助每一位贫困的村民，也希望通过队员们的努力，能让更多的人关注到，更多的人参与进来，打好脱贫攻坚这场战役。

在我们团队的努力下，团队成员顺利完成了对河北省承德市丰宁满族自治县五道营乡五道营村、波罗诺镇岔沟门村、汤河乡汤河村、大草坪村 4 个村贫困户和非贫困户基本家庭情况的抽样调研以及村干部的调研工作，同时也超额完成了"精准扶贫"调研问卷的任务，4 个村的村级问卷、农户问卷、精准扶贫问卷将近 2000 张，共计近 32800 道题。调研期间的每天晚上，团队成员都会坚持做好数据整理的基础工作，相互配合，坚持完成数据整理工作，奋战到深夜。记得一次连续下了两天的大雨，大家冒雨前进的画面深深地印在了每位队员的脑海里，为了帮助队友，我们不顾自己被淋湿，在大雨中互相搀扶；为了使调研数据更全面，我们不惧艰险，踏上泥泞的山路，向住在半山坡的村民走去；为了不耽误调研进度，即使雨后的山路十分难走，我们也从未停歇；车子不停地颠簸导致队员一下车便呕吐不止，但大家并没有抱怨。回到驻地，屋子里也到处漏水，队员们却丝毫没有受到影响，反而乐在其中，一边做饭，一边用大大小小的盆去接雨水，大家都笑着说："这下，咱也算住在水帘洞了！"雨中行走会孤独，但实践团有村民们的支持，有队友的互助，有无价的温暖，在十几天的实践途中，温暖、团结、友爱的集体给了我不懈的力量！

实践期间恰逢我的生日，植物科学技术学院党总支书记王绍辉老师还专门为我带来了生日蛋糕，在晚上的工作间隙我和大家一起过了一个难忘的生日，令我无比感动，仿佛打了一剂强心针，以更加饱满的热情去迎接明天的工作！实践团的队员们都收获满满，不仅感激它带给大家崭新的、从未接触过的世界，更感激它带给大家一个温暖团结的大家庭。

金添，男，中共党员，2015 级植物保护专业，担任北京农学院植物科学技术学院学生会文艺部、体育部部长，获北京市大学生社会实践优秀成果奖、第二十一届北京青年学术演讲比赛三等奖，后考入北京农学院资源利用与植物保护专业继续深造。

初入象牙塔　当知民间苦

张　旋

回想起那年暑假,只记得过得格外充实。

刚结束了为期两周的军训,返校当天下午北京农学院植物科学技术学院便召开了社会实践动员大会,从分组到任务分配再到安全培训,一切都在有条不紊地进行着。第二天我们便背好行囊,踏上了新的征程,我们满怀期待,信心满满,所有的未知都在等待着我们。

此次社会实践的地点是河北省承德市丰宁满族自治县五道营乡,这是一个完全陌生的环境。经过五六个小时的车程,实践团在五道营乡的一所小学落脚,出门就能看到被迷雾环绕的青山,来不及欣赏这里的景色,收拾好各自物品,吃完晚饭便开始准备第二天所需的工作。此后的每晚亦是如此,总结白天的工作,准备第二天的工作。

这次调研去了4个贫困村。第一个村子就是我们居住的五道营乡五道营村。这个村子让我很震惊,村子里几乎只有老人和儿童,稍微有一点儿劳动力的村民都外出务工了,家里年迈的老人因为无力务农不得不转让田地,靠着捡垃圾维持基本生活。他们还住着老旧的房子,用着烧柴火的炉灶,房子岌岌可危,饭菜简单得让人看了很是心酸。在进行问卷调查时,好几位老奶奶说到伤心处便满眼泪花,更是让人心生凉意。第一天结束的时候,内心很不是滋味,我们明明知道他们的生活存在这样、那样的问题,但是却束手无策,哪怕心里五味杂陈,我们也只能简简单单地在纸上记录下他们的生活状况。我们看到他们的眼里透露出对希望的渴求,他们总是会问我们,我们的调研能不能解决问题,有些人家干脆就不接受我们的调研,他们觉得我们根本不能帮到他们,可我们的确不能直接给他们的生活带来翻天覆地的变化。我们身为当代大学生,却不知民间疾苦,或许这才是这次调研真正的意义所在吧。

晚上大家坐在一起互相汇报一整天的情况,这个村子的家庭大多情况相似:没有劳动力,没有经济来源,只有留守老人和儿童。但至少他们对于我们的到来是充满期待的,期待着我们能够改变什么,能够帮助他们一点儿就好。当然也有少数同学吃了闭门羹,我们还没能做到让所有人喜欢,让所有人对我们期待。这正是我们需要反思的地方,我们相互交流如何进行调研,如何更高效地完成调研,初次调研总会有这样或那样的问题,只有多交流、多沟通才能继续往下进行。

第二个村子是距离五道营村车程一个半小时的波罗诺村。这个村子位于大山深处,刚下过雨的路变得异常泥泞,气温比别的地方低好几度。波罗诺村是有驻村干部的,他是大学生村官,在我们刚到达村子的时候就接待了我们,向我们详细介绍了村子的情况,给我们接下来的调研提供了便利。通过调研发现这个村子的情况比五道营村稍微好一点儿,我们去的一些人家都说村里已经有人跟他们说过我们今天要去调研,所以这次的调研还算是比较顺利的,至少没有吃那么多的闭门羹。这些人家该有的补贴都有,尤其是危房改造项目,大部分居民都受益了。加强村级班子建设是精准扶贫的关键,我觉得这个村子的改善离不开村干部的带领和支持,他们自身的作风直接会影响到整个村子的风气和经济发展,他们对政策的理解和落实对村民的发展至关重要。从贫困户脱贫到整个贫困村脱贫再到贫困县摘帽,这是一个漫长的过程,需要进一步发挥驻村干部的作用。精准扶贫的政策已经在逐渐落实,事情已经逐渐向着好的一面发展。

最后去的一个村情况甚是糟糕。好多人家都把我们当成骗子拒之门外,因为村里前一阵子出现了偷小孩的事情。淳朴的他们受到了来自外界的伤害,他们纯真的期望被别人恶意利用,我们只能对他们表示深切的同情,这是我先前没有遇到过的情况,在现在这个时代,还存在偷小孩的情况,他们辛辛苦苦养育的孩子被别人骗走,下落不明。

国家在帮助他们改善生活,帮助他们摆脱贫困户的影子,他们在危房改造、农田补贴等方面得到了国家的补助,生活有了一定的改善。在脱贫的同时,还要提升人民的幸福感,努力让每个人过上幸福美好的生活,在村委会的外面有一系列的健身器材,我们去的时候看到了好多村民在健身,脸上洋溢着幸福的喜悦,是国家给了他们幸福,给了他们安全感!作为农科学子,我们不仅要时刻关注国家动向,更要了解有关"三农"问题的相关政策,了解一系列和农业相关的知识,了解当前农村的真实现状,唯有这样才能真正成为一名合格的农科学子。

并不是每一天的调研都能顺利地进行,正值雨季,而且又在山区,一周中有两三天在下雨。延绵的小雨,泥泞的山路,实践团队员水土不服、晕车、感冒……一系列身体问题频频出现,但没有什么能够阻挡我们的脚步,我们继续前进,我们冒雨前行,只是因为我们是新生代的力量,这是作为一名大学生的使命,我们有责任有义务完成这一切。虽然身心疲惫,却依旧满怀欢喜。晚上结束一天的工作后,大家倒头就睡,第二天又早早起床赶往下一个村子,一切都在继续进行着……

中国的贫困村又何止这几个,贫困人家也不仅仅在贫困村,但有的事情是要我们用心去感受,亲身去体会的。一周,两周,一个月,两个月,虽然我们没办法逐村走完所有的贫困户,也许我们的调研并不能够给他们带来任何直接的实质性的东西,但是我们至少能够了解到他们的状况,倾听着他们内心最真切的想法和对国家、对世界的美好期待。他们从我们的行动中看到了希望,看到了我们新生一代的力量,我们在努力,在奋斗,希望在以后我们有能力的时候能够给予他们更多的帮助,让他们变得更好,人人一小步,世界一大步。

高中的时候,语文老师总是会给我们放很多励志的视频,其中有一句话至今印象深刻,在《超级演说家》中刘媛媛说:"我们这代人,在我们老去的路上一定一定不要变坏,不要变成你年轻时候最痛恨最厌恶的那种人。我更希望我们所有的90后们,你们都能成为那种难能可贵的年轻人,一辈子都疾恶如仇,绝不随波逐流,绝不趋炎附势,绝不摧眉折腰,你绝不放弃自己的原则,你绝不失望于人性。"我想说我们90后并不是垮掉的一代,我们有追求,有理想,只是我们对这个世界的了解还不够多,我们在努力,在拼搏,让这个世界变得更好。此次社会实践是我人生中一次重要的转折点,它教会了我太多太多,让我见识到了校园外的另一番景象,拉近了我与社会的距离,明确了作为大学生的责任和历史使命,人生价值观也在这次实践中得到提升,我们需要不断磨炼,不断进步,才能走向成功。

有些事单靠文字是体会不到的,自己的感受也只能写成这些文字,要想真正感受需要实实在在地去做,去体会。这是一种接力,是一种传承,是作为农科学子的使命,希望以后我们会做得更好。

张旋,女,中共党员,2015级园艺专业,任北京农学院植物科学技术学院学生会学业发展部副部长,获2019年北京市优秀毕业生、校级优秀学生干部,后考入英国诺丁汉大学继续深造。

脚印留在丰宁　更留在心里

赵桂莹

回想起我的大学四年,丰富多彩亦收获满满。其中,最浓墨重彩的一笔当是暑期社会实践了吧! 从我入校起,北京农学院植物科学技术学院每年暑期组织学生参加社会实践活动,我在四年大学生活里有三年都参与到了其中,在这一系列的实践活动中我收获了友情和成长,更是逐渐坚定了人生信念。

其实高考报志愿时并没有想过一定要学习什么专业,只是在自己分数可选择的范围内选择了几个志愿而已,那时对农科还没什么概念。初来北京农学院时,学校里宿舍旁的大片试验田就吸引了我的目光,使我对农学有了初步的好奇。但是大一期间,上的课大多是数、英、生、化等基础学科,那时我并没有感受到农科的独特。直到大一暑假,学院响应全国农联、北京市团委以及学校思政部的号召,组织了赴河北丰宁的"精准扶贫"暑期社会实践团,我积极报名参加。但是当时我还只是刚读完大一的学生,对于专业知识的学习还不太深入,还不太能在专业方面帮助到当地的农民,只是跟在学长学姐身后,做一些走访调研类的辅助工作,在这期间我初识了乡村百态。

我们发现建档立卡的贫困户大多是留守老人家庭,通过与留守老人的接触交谈,我们了解到了一些鲜为人知的故事:年迈的老奶奶无力务农不得不转让田地,靠捡垃圾维持基本生活;常年打工的老爷爷要一手撑起整个家,却在讨要工资的道路上劳心伤神;八旬老夫妇身体硬朗,自力更生,坚持不给子女添负担。在波罗诺镇岔沟门村,我们发现该村庄布局分散,贫困户多,建设落后,危房居多,农村交通、通信、农田水利等基础设施严重不足;文化、医疗、教育、卫生等社会事业发展滞后;以务农为主的家庭由于气候原因导致收成不好、经济收入受限;大多数青年外出打工以至于村庄严重缺乏劳动力……在这个物质条件严重受限的村庄,有着一心为村民服务的村干部们,还有着团结的村民们。该村正在建设的 4 个合作社均为拉动贫困家庭的经济发展起了重要作用,适合村民的产业扶贫、就业扶贫、经济扶贫等扶贫政策都在有序地进行。脱贫不仅仅是物质上的脱贫,更是精神上的脱贫,该村团结一心的奋斗精神是脱贫的核心,希望在村民的努力下,生活可以越来越好。

第一年参加暑期社会实践的时候,我学识尚浅,还没有能力在专业方面给村民们提供帮助。因此,从丰宁回来后,在大学第二学年的学习中,我更加努力,这一学年与专业技能相关的课变多了,我更有机会去向老师们学习相关知识了。不仅如此,我还参加了大学生化学实验竞赛、本科生科研项目等一系列专业相关活动,借此将知识加以灵活运用来提升我的专业技能。

第二年我再次参加了赴丰宁的精准扶贫暑期社会实践团,这次,不仅是我带着专业知识去的,也有更多的在专业领域具有权威的老师加入我们,将他们的专业知识带给当地的村民。我们走进了两间房村里的番茄大棚,对大棚的通风结构提出改良意见,与老师合力研究番茄的病虫害问题;我们考察了北片五村产业结构和光伏扶贫项目基本情况,带队老师对当地进一步的产业结构调整提出建议;我们考察了横河村的食用菌大棚,老师给农户讲解菌丝生长不够旺盛的解决措施,叮嘱原料要保持新鲜、干燥、无霉变,种植过程中要控温、控湿。

这一系列的田间地头亲身实践中,我认真聆听老师与农户的交谈,在实践中巩固课堂所学,有时遇到自己也解决不了的问题,我便积极查阅相关资料。这一过程,不仅帮助了村民,也使自己吸收了更多知识,提升了专业技能,使我在以后的专业学习中更有信心。

回望实践时光,有欢笑有泪水,但更多的是成员们井然有序的工作、收获感悟时的欣喜。还记得成员们在大棚里热得满头大汗却依旧孜孜不倦地与老师共同讨论种植问题;还记得成员们冒雨踩着泥泞的山路满怀热情地敲开一扇扇村民的家门;还记得成员们带着满身疲惫回到住处放下书包立刻聚集到会议室一同工作;还记得成员们在饭桌上狼吞虎咽,即使吃泡面也吃得津津有味的模样;还记得成员们拜访退伍军人,聆听抗战英雄故事时的崇拜眼神。

成功的果实,人们惊羡其丰硕耀眼,殊不知当初它的芽儿、它的花朵、它的幼果浸透了奋斗的汗水与牺牲的血泪。鲜花与掌声背后往往是一如既往的坚持。暑期社会实践再一次让我感受到这些言简却深刻的道理。有付出必有收获,收获是多方面的,有实际调查成果的展示,更有内心层次的历练与感悟。第一次的时候,经费紧张,条件艰苦,我们一行 19 人全部借住在五道营乡博拓小学,小学宿舍床铺比较拥挤,20 米^{2}的宿舍住了 10 位队员,实践团出发前,园艺专业的同学在大棚里采摘了自己种的各种蔬菜,队员们就用这些食材每天轮班在小学的食堂为大家做饭。第二次住的地方虽然好一些了,但是仍然避免不了夏季山里众多的蚊虫叮咬,遇到实践任务紧的时候,我们就自带泡面,中午借老乡家里的热水泡方便面。

面对大量的问卷调查,大家深知其中的艰难,而第二次的时候我正好负责此项工作,要安排好这项任务,每次出发之前我们都要做足准备,从按组分配任务到录入问卷信息,再到协调成员之间关系,确保各组有序地进行,我付出了大量精力,目的就是能够有一个更好的调研成果。走访调查时,在心理上要做好被别人拒绝的准备。虽然被拒绝的滋味不好受,但又是不可避免的,所以我们必须要有强大的抗压心理来确保完成任务。与人搭讪、交流是一件看起来简单,实际上又是很难却很锻炼人的事情。也许起初,你还没有勇气跨出主动与村民沟通的第一步,也许你会有词不达意、语句笨拙的情况。但是在我们做了一段时间问卷之后,体验了来自外界的忽视与拒绝之后,慢慢地自信了起来,遭到拒绝后依旧挂着微笑去迎接下一个挑战。虽然条件艰苦,但是作为农科学子,大家助力精准扶贫的那份热忱丝毫不减,这个过程,对我们每一位实践团成员都是一次磨砺,这份艰苦,让我们在以后的学习、工作中都更懂得坚持。

第三年我虽没有随实践团再次走入丰宁,但接受了另一个任务:伏案对所有做过的乡村实践工作进行回顾总结,并把它搬到首都大学生红色"1+1"活动的展台上。在这期间,我日夜收集过往材料,汇总实践成果,看着那一摞摞调研问卷,一张张田间照片,一点点乡村改变,我深知在这个过程中老师和同学们付出了多少。展示后,评委老师和首都各高校都对我们的乡村实践工作给予了高度评价,并对实践团日后为丰宁乡村的持续帮扶寄予期望。

活动期间,我也观看了其他几十所首都高校的展示,每个实践团体都在竭尽自己所能为服务社会做出努力:学设计的同学用环保材料做出了一件件手提袋、家具等生活用品,为节能减排尽一份力;学建筑的同学为老城区的改造规划方案,既保留原始建筑的美又使人们生活方便;学护理的同学志愿服务孤寡老人,进社区公益服务,为行动不便的老人进行日常护理……每一个团队的学生都用自己所学来回报社会,我们向大家展示着当代大学生的风貌,在众多高校学子的讲述中,我们更坚定了以服务社会为己任的信念。

当年和我一起参加社会实践的大多数同学继续读了农业相关的硕士,也有一部分直接投入到了农村工作中,而我却因为种种原因从事了与此无关的工作,但是,不管在哪里,不管是什么岗位,我们当初为了提升自我和促进社会发展而努力的初心都未曾改变,当初是我们几十颗初心,经过这一年年的积累,如今已经有上百颗,以后会有成千颗,上万颗……我们这一代青年学子在实现自我价值的同时更体现了社会价值。我相信,不久的将来,千千万万农科学子的心定会使农村变得更好,使祖国的农业迅猛发展,更使民族复兴得以实现!

相信在以后的几十年里,我应该会时常回忆起社会实践的那段时光,回忆起共同为乡村振兴努力过的那些时光。我想,丰宁这片土地也许没机会再去,但丰宁这个地方我一定会永远记得,在丰宁发生过的那些事也一定会是助我成长的宝贵财富。

脚印留在丰宁,更留在心里……

  赵桂莹，女，中共党员，2015 级农业资源与环境专业，任北京农学院植物科学技术学院学生会副主席，获 2017—2018 年度国家奖学金、国家励志奖学金、北京农学院优秀学生党员，现就职于济源市菁英教育初中部，数学教师。

奋斗驱萧索　不负少年时

梁晶晶

　　2016 年的夏天，有"培养艰苦奋斗，刻苦耐劳的坚强毅力和集体主义精神"的军训，有特大暴雨，有"中国女排不断创造奇迹，十二年后再夺奥运冠军"的里约奥运会，还有旨在"构建创新、活力、联动、包容的世界经济"的 G20 杭州峰会……而在我的成长轨迹中留下最浓墨重彩一笔的，是那年的暑期社会实践。

　　我出生在河北省承德市丰宁满族自治县，2015 年到北京农学院植物科学技术学院园艺专业就读。入学以后，在学院的教学安排下，我们进行了一系列的农业相关参观实习，让我接触到了农业的部分现状以及研究进展，加上各位老师专业的讲解，使我了解到我国农业的发展前景以及存在的一些问题。同时，我也更加意识到，自己家乡落后的农业发展水平。我知道只有树立正确人生方向，努力学习专业知识，才有可能将来为家乡的农业发展、改善"三农"问题献出自己的微薄之力。

　　经过大一一个学期的学习，我对自己的专业有了更加深刻的认识。因此，当我看到学院呼吁大学生积极参加社会实践的通知，我知道这次社会实践是引导我们农学在校学生走出校门，走向农村，深入了解农村的良好机会，是培养锻炼才干的好渠道；是提升思想的有效途径。通过参加社会实践活动，还有助于我们在校农科学子更新观念、吸收新的思想与知识。于是，我想积极参与暑期社会实践，尽自己的一份绵薄之力，我便向学院报名，希望能够尽快投身于社会实践活动中。

　　被学院批准参加活动后，大家一起讨论社会实践的目的地时，我从待选地点中发现了我家乡的名字——河北省承德市丰宁满族自治县。

我的家乡是一个国家级贫困县,因为地势较高,天气寒冷,农业一直比较落后,因此我立刻向学院提出了想去丰宁的建议,并且向老师讲述了丰宁满族自治县与北京和内蒙古相邻的独特地理位置,以及我所了解到的部分农业特点和现状。经过讨论,最终大家把目的地确定在河北省丰宁满族自治县,并且将社会实践的主题确定为"走进乡村乡土,助力精准扶贫"。

经过几个月的准备,2016 年 7 月 16 日 13 时,北京农学院植物科学技术学院暑期社会实践团队出征,带着执着的信念和热忱的心,开始为期 10 天的暑期社会实践。由于经费十分紧张,并且我们为了扶贫而去,更应该体验当地农民的生活,为了解决十几名队员的食宿问题,我提前联系了丰宁满族自治县五道营乡拓博小学的校长,他同意将寄宿制乡村小学作为大家的根据地。

在向大家介绍了当地的风俗习惯、语言特点等注意事项后,队员们很快融入进了村民中,通过每天与村民亲切聊天的方式,大家一起完成了上千份问卷,也了解到了许多农民迫切的需要帮助。"认识是行动的开始",我们相信,只有通过调研深入了解当地农业现状、挖掘贫困原因,只有知道当地农民需要什么,才能对症下药,更好地帮助当地农民,让他们更好地得到我们的帮助,提高自身能力,自己创收,做到"精准扶贫"。

然而,实践的路程不是一帆风顺的。我清楚地记得 2016 年 7 月 20 日,当天大雨瓢泼,冰冷的雨无情地拍打着车窗,但是我们调研热情丝毫未减,大巴车颠簸在坎坷的山路上,历经两小时的车程,实践团终于到达目的地,随即各小组成员不顾疲倦开始逐户访问调研,即使是晕车呕吐的队员,也立即调整状态跟随团队开始工作。团队成员都秉承着为村民服务的态度积极调研,更加深刻地理解了调研的目的和意义。无论大雨如何冲刷,无论冷风如何肆虐,小伙伴们蹚水前进的脚步始终未停。或许屡次被拒会无助,雨中行走会孤独,但实践团有村民们的支持,有队友的互助,都会感到无尽的温暖。20 人挤在不到 12 米^2 的中巴车里,你帮我泡面,我为你剥蛋,简陋的环境、简单的食物挡不住队友间暖暖的情意,一边聆听着雨水激情的歌唱,一边共享着队友有爱的午餐,即使浑身湿透也不觉寒冷。2016 年 7 月 21 日,雨仍在下着,但我们的实践团继续出发,山路难走,时落碎石,队员们冒着危险终于抵达了目的地村,经过前一天大雨中的奔波,不少队员感冒了,但为了不耽误团队的进程,我们仍然坚持走访调研。雨不停地敲打着手中的雨伞,队员们的衣服、鞋子早已湿透,由于天气原因,街道上看不见一个人影,团队成员一家又一家地挨着敲门,但是很少有村民愿意开门接受这一群来历不明的陌生人,这无疑给调研任务增加了困难,大家都知道自己肩上扛着的责任,知道手中被淋湿的数据可能为整个村子带来希望,因此大家抹干了脸颊的雨水,继续走向下一家。

入伏的夏季,除了下雨便是酷暑。调研的许多时候,伙伴们是顶着烈日走在村间不通车的小路上,中暑、晕车是常有的事,因劳累而腰酸腿疼也常常伴随着我们。住宿条件也十分简陋,大家一起住在狭窄的小学宿舍,雨天房子漏雨时,大家齐心协力、锅碗瓢盆全出动接雨水;带着自己在学校实践课种植的各种蔬菜,共同合作做出每一顿饭菜;卫生条件不好,大家一起想办法驱赶多得数不清的蚊蝇;上着农村的旱厕,用着泼盆的方法洗澡;在常有老鼠出没的教室里整理数据,惊悸之后仍然奋战到深夜……。我们没有一个队员嫌弃这种生活,更没有一个队员觉得因为辛苦而坚持不下去,我们都信心满满,相信自己能完成任务。有一种生活,没有经历过,就不知道其中的艰辛;有一种艰辛,没有体会过,就不知道其中的快乐;有一种快乐,没有感受过,就不知道其中的纯粹。

我们的实践团自抵达调研地后,一直井然有序地开展着调研工作,白天走访调研,晚上录入数据,随时发现问题,及时回访。在整个团队的合作下,团队成员顺利完成了对河北省承德市丰宁满族自治县五道营乡五道营村、波罗诺镇岔沟门村、汤河乡汤河村、大草坪村 4 个村贫困户和非贫困户基本家庭情况的抽样调研以及村干部的调研工作,同时也超额完成了"精准扶贫"调研问卷的任务,4 个村的村级问卷、农户问卷、精准扶贫问卷将近 2000 张,共计近 32800 道题。

有了这个良好开端后,我们的实践团队以后每年都会到丰宁开展社会实践活动。而我,知道自己只是为精准扶贫做了很小的一点儿贡献,也没有忘记自己的初心"学农爱农助农",考取了本校园艺学的硕士研究生继续学习专业知识,努力提高自己的能力,争取学好本领为农业农村发展贡献出自己的力量。

如今,随着我国脱贫攻坚战的进程,丰宁满族自治县彻底摘下了贫困县的帽子。这归功于我们伟大的党的领导,也离不开人民的艰苦奋斗,但我知道,这其中也得益于千千万万为了让同胞们摆脱贫穷而做出努力的人。而我们青年人,终将接过建设祖国的接力棒,每一代人都年轻过,年轻人必须有责任感,遇到一些事情的时候,必须有人去做。《觉醒年代》里的那代人的责任是什么,是用自己的血去唤醒民族和国家!70年前,一代年轻人用生命去捍卫国家的独立和尊严! 到了2021年,我们普通人承先辈恩泽,无须再抛头颅洒热血去搏命、去牺牲,但我们一代人有一代人的际遇,一代人也有一代人的奋斗。站在"两个一百年"的历史交汇点,我们要"为世界进文明,为人类造幸福,以青春之我,创建青春之家庭,青春之国家,青春之民族,青春之人类……"生逢其时,重任在肩。在祖国的万里长空放飞青春理想,在复兴的壮阔征程激扬青春力量。

梁晶晶,女,中共党员,2015级园艺专业,任"北京农学院青春红丝带社"社长,获世界园艺博览会突出贡献个人和北京农学院2017—2018年度优秀学生干部,硕士研究生就读北京农学院植物科学技术学院园艺学专业,现于中国农业大学攻读博士学位。

任重道远 继往开来

朱子豪

"全面建成小康社会已取得伟大历史性成就,决战脱贫攻坚取得决定性胜利",2021年新年,身处荷兰的我在习主席的新年贺词中听到这句话,心中不禁涌上一股暖流。我知道在这件人类历史进程的大事中,我是亲历者、见证者,更是这份神圣使命的接班人。

忆往昔,思绪纷飞。回忆良久,总想用一篇文章完全勾勒在北京农学院植物科学技术学院实践团中五年实践行动的全部经历体会、所思所想,但我却发现这可能永远无法实现。五年的直接参与,三年的实地实践,拜访近40个自然村,几乎走遍了丰宁满族自治县的全境。作为整个项目的亲历者、组织者和见证者,我有太多的想法、感受与情愫。甚至可以说支撑我继续进行农业领域研究生学习的信念,很大程度上也是源于这些年的实践经历。它们在我心中烙印下一个心系家国、心系"三农"的执念。

2016年,大一,是我第一次参与筹备团委暑期社会实践。那一年,丰宁对我来说是一个熟悉又陌生的存在。是一个在筹备期间重复了无数遍的词语,却又是一个披着神秘面纱的目的地。我透过学长学姐们留下的照片了解它,无数遍在地图上查找它。我向往入村实践,却又对自己心存一丝焦虑。之后的2017年暑期,我终于第一次随团前往丰宁。而那时的我绝对不会知道,那一次出行以及之后的经历,将彻底改变我的计划与人生。起初,我以为贫困村的贫困原因单纯是农业生产上的技术缺陷,但与村民、基层政府、合作社、企业多方交谈、观察并经过思考后,我深刻地意识到,造成贫困的原因不是单因素、单方面的,更是需要农村社会学、农业科学、社会经济学、管理学、教育学、政治学等学科综合解决的系统性问题。

和很多实践团成员一样,最初我抱着扶贫的目的来到丰宁,但贫困村却给我上了无比深刻的一课,所见所感是永远不可能从课本上学到的。在这样的过程中,收获最大的其实是我们实践团成员自己。这样的经历也使我逐渐明白了社会实践真正的奥义:储备阅历、发现问题、深入思考。在这之后,下乡实践的经历和发现的问题似乎给了我学习的目标与动力,让我得以带着实际问题去学习课本上的理论;让我每当在学业中遇到困难的时候总能想起那些亟待发展的村庄,并且总能引导我涉猎更多教纲中没有的宏微观理论知识。这直观地改变了我,使我不再将书本上的知识点定义为枯燥的文字。因为我会想到这背后一个个真实存在、鲜活的村庄和劳动者。在教授的建议下,我阅读了费孝通先生的《江村经济》《乡土中国》等书籍,自学了《农村社会学》《农村经济学》等高校教材,作为一些额外的知识补充。

2018年4月,我第二次随团来到丰宁,也正是从这一次开始,我的角色逐渐过渡到了实践活动的规划组织者。我们收集了部分代表性农业区位的土样,进行了预实验并且规划了后期的方案与活动设计。2018年暑期,我们有备而来,我与40余位实践团成员一起从最初的迷茫转变成决心要为这里做些什么、在这之中学习到什么。我们尽己所能协助解决现实问题,与不同专业领域教授商议制订当地供给侧结构性改革的作物耕作制度改革试点方案、新品种引进方案,帮助个体大户和专业合作社解决实际遇到的种植技术性问题。

在那一年后的2019年暑期,我们带着实践成果而来。我有幸再一次跟随实践团来到丰宁。通过几年来的数据积累与知识沉淀,我们设计并编撰了《丰宁地区作物种植手册》,印制发放给当地农民、合作社、政府,并计划通过不断升级与改版来优化这一本"绿皮书"。

短短的几段文字,承载了我无限难忘的回忆。白驹过隙,如今回首扶贫实践的点滴,还依稀记得那里每一个奋斗者的故事:希望小学里有着清华梦的小朋友、杨木栅子村自愿从大城市调到贫困村任教的年轻教师、九宫号村抗美援朝后返乡务农的老兵、北漂攒钱多年毅然返乡创业的青年、南关村带领大家突破创新搞循环农业的村主任……他们是努力创造美好生活的新时代基层奋斗者,更是给予我们社会实践生动一课的最朴实的老师们。听到这些人对未来生活的向往,看到这些人对美好生活的锲而不舍与努力奋斗,我似乎看到了丰宁的未来。我知道只要他们不断拼搏和奋斗,他们的家乡就一定有美好的前景。只要他们不断奋斗,美丽乡村就不仅仅是一句口号,所有的愿景终有一天会在这群可爱的奋斗者手中实现。

看今朝,任重道远。三年的下乡实践经历让我看到了中国农村存在着许多亟待解决的问题:生产效率、三留守、贫富差距等。我走过她的路、看过她的伤,但我却更加热爱她了,因为她在我心底变得越来越可爱、越来越清澈。所以我决定竭尽所能抚平她的痛,和她一起变得越来越好。这是一个中国当代农科学子的心愿。

历史证明,拿来主义救不了中国。中国的农业农村问题,出路在于上下求索、自主创新。而不了解农村、不了解贫困地区、不了解农民尤其是贫困农民,就不会真正了解中国,就不能真正懂得中国,更不能治理好中国。中国的乡村振兴问题是独特的,广大的农科学子更是要通过这种实践来真正了解我国乡村,特别是边远地区的现状、独特的城乡二元发展模式。清楚地认识到在实现"两个一百年"宏愿、完成高度城市化目标的道路上,目前出现的一切问题都是必然发生的,也是通往胜利的必由之路。

农业的发展越来越倾向于科技、产业、生态多目标的融合性发展领域,这就意味着中国未来的农科学子需要有更全局的视野、认知与知识储备。三下乡的社会实践为了解真实农村提供了一个最真实的环境。作为一名遗传育种的学生,实践使我深刻地认识到品种发掘与选育科研工作的急迫性。种业自主不仅是实现农业现代化的必由之路,更是我国国家安全、粮食安全的最基础保障。作为中国粮食安全和农业的"芯片",遗传育种专业的发展,任重道远、刻不容缓。

展未来,开拓创新。站在 2021 年,回首过往,展望未来,心中无限

的感慨。由衷希望母校的三下乡社会实践行动能继续发展下去，以更加专业化、系统化的模式培养更多国家所需的农业高质量人才。让更多当代农科学子可以有机会了解真实的中国、全面的中国，并在发现、思考和解决实际问题中增长阅历，积累经验，不断成长。

对于未来，可以在合适的时间加以适当注重培养数学计算工具、数学模型甚至编程语言来解决农业实际问题的能力。这是我们在农业人才培养上与发达国家呈现显著差距的重要一点。以瓦赫宁根大学为例，农科学子无论专业领域与研究方向，运用 R 语言、linux 的数学运算解决实际问题都是基本必备技能。农业终将面向现代化，农业人才也将会是生命科学领域的高精尖人才。面对这种大趋势，需要展现出前瞻性才能让我国农业领域的"弯道超车"不再遥不可及。

五年的实践经历让我深刻感受到，现行标准下的全面脱贫，是中华民族自古以来从未达成过的成就，也是人类发展史上的伟大奇迹。但扶贫、乡村振兴、民族振兴从未结束，还有很长的路要走。作为农业领域的学子、农业科学工作者，更应懂大局、明使命，脚踏实地地奋力向前。我憧憬着未来的无限美好，并会为自己的信念和心中的理想不断努力。相信多年以后，还会回忆起当年的点滴，依旧觉得这一切都

值得。

继往开来,开拓无前。我们的目标是星辰大海。

朱子豪,男,共青团员,2016 级作物遗传育种专业,任北京农学院植物科学技术学院团委副书记、学生会副主席。获 2018 年全国农科学子联合实践行动突出贡献个人、2020 年北京市优秀毕业生,后考入荷兰瓦赫宁根大学植物科学专业继续深造。

后继有故人

杜梦可

　　写这篇文章时,抬头望见的是晚上 11:00 的弯月。最深的夜,最适合回望来时的路。物是人非,月亮依然是那个月亮,我却不再是我。从那以后,已经过去三年多的时间,经历的事情说多不多,说少不少,有些我勉勉强强能消化,有些则被时间打磨,仿佛蚌壳里的珍珠,熠熠生辉。后继有故人这个标题,我想说明的就是这些——我已经在往前走,生长在心底的东西,会和我一起往前。我不再是我,我也还是我。

　　回望那段短暂的经历,有辛苦,有欢乐,虽然花费了几天暑假时间,但收获的却不是简单的假期能带来的。在这里的每一天,我们都能遇见不同的人,看到不同的景色,听到不同的故事。我们去实地调查,走村访户,爬山骑马。我们从北京农学院来到了河北省丰宁满族自治县,从繁华的都市来到偏僻的小乡村,我发现差的不是一星半点,这使我在心理上感到有些落差。

　　来到这里,我才知道,原来现在真的还有人家打井吃水,真的有步履蹒跚、无所依靠的老人,也真的有舍不得吃棒棒糖、玩具玩到退色、衣服穿到破损打补丁的孩子。如果不是走访途中亲眼见到,我或许不会相信,这里的生活是如何困难。

　　而我们来到这里的目的,就是为了改善这种状况。身为北京农学院植物科学技术学院的农科学子,助力乡村振兴是我的使命,或许我们的到来不能让这里一夜之间变得像都市一样繁华,但至少可以让这里向富裕迈出一小步。与我们同行的,除了有朝夕相伴的同学,还有有着专业知识的老师们。他们带着我们走到田间地头,能够传授给村民们防治不同害虫的方法;进入番茄大棚,能够用通俗易懂的语言科学指导村民们如何种出好番茄。他们用自己的真才实学,帮助着当地的村民,指导村民科学种植。同时,也让我们进一步加深了对专业的认知和扎根基层、助力乡村振兴的决心。也是在这次的暑期实践中,我第一次知道食用菌并不是长在土里,这也为我后来的食用菌课程打下了基础。这让我想去那句话:"人生没有白走的路,你走的每一步都算数。"

除了脑海中这些深刻的印象,还有一些日常生活中的琐碎片段也一并进入我的脑海里,像深浅不一的脚印印在地上那样,刻在我的心底,还不时泛起阵阵涟漪。

我们客居农家乐,老板热情好客,在我们走的前一天还举杯为我们践行,我们则以茶代酒回应。我还记得有一次到一个村子,村主任在家招待我们,尽管他们家的屋子小小的,连椅子都不够数,可站着吃饭的我们,却也吃得格外的香。谈话间,我们对在土地里弯腰耕耘、挺直腰板做人的农民多了几分理解,更增添了一丝崇敬之情,我们感慨他们的不易,也更加想要为"三农"事业而贡献一份自己的力量。

在来到这里之前,老师们为我们的衣食住行考虑很多,因为想到条件艰苦,怕我们吃饭都成问题,于是临行前带了很多泡面。但是来到这里,这里的人们很照顾我们,帮我们煮方便面,然后放到洗脸盆大小的盆里,很多同行的同学和我一样,从没这样吃过方便面,但却也觉得十分有趣。后来我也吃过很多次方便面,但没有哪次像那时候一样让我记忆深刻。实践过程中,老师就像父母照顾孩子那般,尽心尽力地照顾着我们的饮食起居。

这是一个将会持续多年的扶贫行动,而我有幸参与其中。我没有像电视剧里演的那样,通过与农民零距离接触后被深深震撼,然后毅然决然地走上了下乡帮扶,为乡村振兴奉献一生。但我的确有被触动到,有一天去一户老人家做调查问卷,问卷后我与老奶奶挥别再见,一只手攥着老奶奶给的甜瓜。那个画面依旧历历在目。或许我以后再也没有机会可以回到那里,再去看一看那位老奶奶,但我知道,我会在农业领域一直默默耕耘着。

后来呢？后来在火车上下定了考研的决心，我继续读书。不知道这里面是否有这趟实践旅途的启迪在里面。我认真准备、努力备考，最终考上了中国农业大学。这轻描淡写的一句话里，是只有考研人才能懂的艰难和欣慰。这段时间，我变化很大，因为有了时间静下来，去思考自己到底要什么，适合什么，该做什么。也就是这段时间，我知道自己不是一个知足的人，永远有想要的，也一直在路上。愿与我同行的伙伴可以一直保有少年心气，追赶心中的月亮。

蒋方舟说过一段话："我对社会的残酷，没有怨言，只有好奇。我想沿着'残酷'，去寻找它的苦难，寻找它的父辈，它粗大的根系，我要溯流而上，期待憧憬着巨大苦难之源如世间最壮丽之景扑面而来。你敢吗？你来吗？"我想说的是，对生活，我没有信心和足够的勇气，但我来。那些辉映冬雪、蝉鸣的日子，那些拼命长大的日子，成长出来的底气，已足够支撑我勇敢前行。

写到这里，想说的话大概都讲到了，没落在纸上的，字里行间也能透露出成长的闪光。这几年的大学时光，我努力成长着，努力让自己更加优秀，同时也一直坚信着只要是想做的事情就一定能做到。

实践的足迹
——北京农学院植物科学技术学院实践育人探索文集

杜梦可，女，中共党员，2016 级种子科学与工程专业，获 2016—2017 年首都大中专学生暑期社会实践百强团队队员和北京农学院 2019—2020 年度一等奖学金，后考入中国农业大学农艺与种业专业继续深造。

在实践中成长

杨雯婧

2017 年的暑假,作为园艺专业的学生,我有幸参加了北京农学院植物科学技术学院的社会实践活动。现在回想起那段艰苦却充实的日子,不禁感慨良多。

调研的目的地是位于河北省承德市丰宁满族自治县的南关蒙古族乡。在为期 8 天的精准扶贫实践活动中,我们实践团走访调研了南关乡的几个村子,主要针对村民的种植技术问题进行指导,同时也协助当地政府做了村级问卷调查,后期通过实践团成员的数据汇总和整理,得到了一份较为客观的反映扶贫成果的数据报告。

回想起来,我还清楚地记得,出发前天气预报说会有大到暴雨,但由于实践团团长早已详细规划好了每一天的行程,因此我们没有耽搁,在乌云密布的下午出发了。也许是天意的赞许,在下乡期间我们并没有遭到暴雨的突袭,反而经历了不少晴朗的好天气。

实践调研中,我主要负责的工作是编辑每天的新闻文稿,因此无论是座谈还是去田间调研,我都需要紧跟老师身后,详细记录下每一个交谈的细节,也着实体验了一把当记者的感觉。

走访调研过程中,我们从村干部、村民、村风村貌等多个层次了解到在精准扶贫的过程中大家所付出的努力和村子的改变:在干部层面,越来越多的返乡青年将新思想、新作风注入乡村振兴工作,通过引进投资、提高农产品生产质量和扩大销路等方式提高农民收入,改善农民生活水平;在村民层面,扶贫资金进一步落实,低保户生活切实得到了保障;在村风村貌方面,危房老房逐步被拆除翻新,村内泥泞的道路也逐步被改造,健身器材等已基本备齐,村里的生活垃圾等统一收集处理……在入户采访的过程中,有一户人家令我印象极为深刻,与沿街的房屋不同,这户的房屋坐落在盘曲的山路上,屋子是用大小不一的石块垒起来的,矮小破落,屋外的篱笆也满是岁月的印记——歪歪斜斜。我们轻声询问了两声"有人在家吗",一对老夫妇便走了出来。老夫妇行动迟缓,衣衫虽破旧却十分整洁,面容祥和地开始接受我们的采访。老人家中境况着实不好,女儿远嫁,儿子外出务工,勉强自给自足。两位老人均患病需要长期的药物维持,生活十分拮据……我们几个同行的伙伴听着老人的陈述后,眼睛都湿润了。老人还不忘叮嘱我们,一定要好好读书。我们在说了一些关怀和充满希冀的话后就告别离开了。更让我难忘的是,告别时,慈祥的老奶奶眼睛里闪烁着明亮的光彩——我能感受到那是她对幸福生活的期盼。在走访入户的过程中,我们细心聆听了每一家的故事。每家都有每家的难处,每家也有每家的小幸福,维系在这其中的是血浓于水的亲情,是恪尽职守的扶贫作风。

在社会实践结束后的一段时间里,我始终在思考,作为还未踏入社会的农科学子的我们,究竟能为这场脱贫攻坚战做些什么。也许对于我们来说,当务之急的就是不断提高自己的知识储备,并在飞速发展的大潮里紧随时代的步伐,不断提高自己的综合能力和素养,扎实基本功,发扬艰苦奋斗精神,树立终身学习观念和终身学习意识,培养团队精神、创新精神,争做学农的新一代精英,在科技助农的主力棒交到我们手中之前,随时做好承担重任的准备。

同时,在这段宝贵的实践经历中,我也深刻地意识到了团队合作的重要性。团队精神的发挥以及团队力量的凝聚都离不开组成团队的个人力量。团队就像一部结构精密的机器,每个人就像机器上的各个零件,有一个零件发生了故障,这部机器的运行就会不顺畅。因而,团队中的每个人都要像机器零件一样承担自己应有的责任,发挥自己应有的能力。这不仅需要领导运用合适的方法激发每个人的潜能,更需要我们自己树立团队意识,发挥最佳状态。在整个实践的过程中,我认为我们之所以取得了较好的成果,是与学院老师严密的计划制订和团队成员的通力合作分不开的。正因如此,我们实践团得以在短期内完成了几千份的问卷调查和数据统计,即使在恶劣天气不能外出的情况下,也能及时做好调整,充分利用实践过程中的宝贵时间。

实践日子的每一天过得着实辛苦,但那段宝贵的经历对我们每一位同学来说都弥足珍贵。从那次实践经历到现在已经过去了将近4年时间,我已从北京农学院毕业,成为中国农业大学园艺专业的研究生。社会实践为我提供了一个走出校园、踏入社会、展现自我的舞台,使我能够结合自身专业所学,以团队的方式深入社会之中展开形式多样的实践活动,锻炼了自身素质的同时,促进了我对社会的了解,实现了书本知识和实践内容的更好结合。帮助我树立正确的世界观、人生观和价值观,也让我更加坚定了学农助农的决心。从单纯懵懂的大学生到因疫情缘故的"云毕业"再到顶住毕业的压力二战考研,每一步都面临了重重挑战,但庆幸的是我并没有因此而停止爱农、学农的脚步。我要感谢我的母校北京农学院,感谢我的老师同学,感谢我大学的所有经历,是他们造就了现在的我,使我从一个山东小县城考到北京的新生,成长为一名自信稳重、勤奋踏实、有目标有追求的农科学子。

作为农科方向的研究生,我也在思考今后的就业问题。乡村振兴战略,为农业发展提供了更多机遇,也为农业院校大学生发展提供了新的机遇。乡村振兴战略与农业院校大学生择业有着密切关系,农村为大学生提供了就业渠道,拓展了择业途径,为展示个人才华提供了平台,帮助大学生实现人生价值。同时,农业院校大学生择业于农业为乡村振兴战略解决了人才需求问题,帮助改善"三农"问题,保障了农村人才支持。我认为,我们农业院校大学生应当树立正确的择业观,增强服务乡村振兴的意识。当代大学生大多数是"00后",思想方式和思维观念活跃,接受新鲜事物的能力超强,对自我认知强烈,但是合作意识相对比较欠缺。很多城市大学生对农业和农村的了解程度明显提高,更对农民的认知明显增强,这也是大学生愿意择业于农村的一个重要因素。因此,农业院校大学生要充分结合专业知识和就业形势,对自己的职业规划进行明确、合理的自我定位,树立正确的择业观。再加上社会观念的潜移默化,越来越多的大学生开始重视乡村振兴战略,重视农村变化,对择业农村的认知程度已有了明显提高,到农村择业的意愿有了显著提升。所以,大学生的个人成长要与社会发展进行有效结合,积极响应国家和政府部门的号召,服务于社会,服务于大众。

2020年,在疫情蔓延、全球经济衰退等诸多负面因素的影响下,我国如期实现了全面脱贫。正因为在精准扶贫的关键时期,通过学院为我提供的机会,我有幸参与到短暂扶贫的工作中,体验了工作的不易,因此当新闻中说我国贫困县全部脱贫时,我不禁热泪盈眶。作为一名学生党员,我为祖国深感自豪。脱贫摘帽不是终点,而是新生活、新奋斗的起点。我国作为农业生产大国,在增产增收、产业结构调整、提高机械化程度等方面还有很长的路要走。作为农科学子,我定将不负使命,砥砺前行!

杨雯婧,女,中共党员,2016级园艺专业,任北京农学院植物科学技术学院学生会副主席,获全国大中专学生志愿暑期"三下乡"社会实践活动优秀团队队员、2018—2019年度北京市三好学生、北京市大学生生物学知识竞赛三等奖,后考入中国农业大学农艺与种业专业继续深造。

炎炎夏日新疆之"旅"

古丽尼嘎尔·阿布德列依木

新疆是一片神奇的土地,周边与 8 个国家接壤,更是"丝绸之路"的重要通道。2018 年 8 月 24 日,北京农学院植物科学技术学院的实践团便来到了这片神奇的土地,作为实践团的一员,我们开始了新疆实践之旅。8 月份正值盛夏,天气炎热,但同学们对这次实践的热情却没有因炎热而减少。在经过简短的休息和调整之后,实践团就马不停蹄地出发了。

当天下午,实践团成员来到了乌鲁木齐市米东区三道坝镇,见到了桑梓斌书记,他向实践团成员们介绍了三道坝镇的农业种植情况。三道坝镇是优质米泉大米主产区,但由于水资源管理政策,水稻的种植面积正在逐渐减少。如何对三道坝镇的农业产业结构进行改进是实践团遇到的第一个问题,成员们也就此问题跟桑梓斌书记进行了深入的讨论。

中国自古以来就是一个以农耕为主的国家,过去农耕需要大量的人力,科技的不断发展,为如今的农业活动带来了许多改变,也解放了大量的劳动力。在幸福村绿色食品原料加工番茄生产基地,实践团成员们见到了生物降解膜,实践团随行的张杰教授介绍了生物降解膜具有保水、保肥、增加地温、防治杂草的作用,适宜新疆干旱的气候,而该降解膜有自动降解的特性,大大减少了白色污染,十分环保。而根据加工番茄果皮厚实的品种特性,该地运用大型机械收割的方法来降低生产成本。

实践团前往在昌吉回族自治州昌吉市二六工镇的农业种植基地,

那里通过企业土地流转,农户、合作社、企业三者对接实现生产加工销售一体化,并运用农业生产机械化减少了农业生产成本,进而增加该村棉花亩产经济效益。新疆地广人稀,气候干燥,适宜大规模的作业和统一管理,并且农业、企业和合作社流转土地面积大,应将生产步骤细致化。农业的机械化和规模化提高了新疆农业生产技术水平,推进了新疆农业经济增长,增强了新疆农业生产的生态效益,是贯彻落实十九大精神和新发展理念,实现农业经济效益最大化的重要支撑。在焉耆县天塞酒庄和乡都酒堡,实践团成员们了解到葡萄的种植管理情况、葡萄酒的制作过程,更是理解了"农业格局规模化提升农业效益,农业装备现代化提高产业效率,农业技术高新化开发农业潜能"的重要性。

除了对农业种植基地的调研,实践团还与新疆农业大学对有关下乡支农及学生培养进行了深入的交流。会上,双方分享了在教学教育方面的经验,其中新疆农业大学重点提到了"三进两联一交友"教育体系,即"进班级、进宿舍、进食堂;联系学生、联系家长;与学生交朋友"体系,从而建立家长—学生—老师沟通的桥梁。通过此次的交流,不仅仅是为北京农学院和新疆农业大学的友谊之桥添砖加瓦,更是让我们明白了在学习的道路上不能孤军奋战,要不断地与他人交流分享,拓宽自己的视野,丰富自己的知识,择其善者而从之。

"实践是检验真理的唯一标准。"对于学子来说,学习不能只在课堂里一味学习书本里的知识,还要到大自然里实践,而学农的我们更是应该到田间地头里去。实践团成员们在新疆生产建设兵团第三师二十二团辖区内骏枣枣庄进行考察调研时,张杰老师为我们讲解了有关骏枣知识及相关的果树专业内容。张杰老师以实物为教材,以果园为课堂,为我们上了一场别开生面的直观的专业实践课。不止是让我们对原本在书本上抽象的知识有了一个全新的、全面的、深刻的认识和掌握,还让我们体验了将理论与实践相结合、学以致用的乐趣。

通过这次实践,我们更加明白了"锲而不舍,金石可镂"的精神,即使在最基础的农业生产中,任何一项农业技能都有其被深究的价值,只要下定决心,钻研到极致就一定会有物尽其用之时。我们也更加深刻地体会到,深入农村、深入农民不应该只是一句空话,只有真正地深入农村,与农民近距离接触,切身体会,了解农民的需求,才能更好地为他们提供服务,促进农村经济发展。在我们为他们解决问题的同时也应大力推广相关的农业技术,让农业科技化,实现科技兴农。尽管实践活动已经结束,但这次的经历将会成为我们最珍贵的记忆,铭记在心。

古丽尼嘎尔·阿布德列依木,女,中共党员,2016 级作物遗传育种专业,担任北京农学院植物科学技术学院学生新闻文编部部长,获2018 年首都大中专学生暑期社会实践先进个人,现于新疆伊犁州霍尔果斯市"三支一扶"岗位工作。

走进阿瓦提

许茜茜

岁月荏苒，转眼间，距离那个最晴朗的 2018 年的夏天，已有 3 个春秋了。回忆起那年的暑假，印象最深刻的便是去新疆的阿瓦提乡进行社会实践。这个新疆维吾尔自治区巴音郭楞蒙古自治州库尔勒市下辖的乡镇，满足了我对新疆的期待，更让我收获了一次难得的学习机会。

当时即将迎来大三学期生活的我，怀揣着对新疆的期待，经过 30 个小时的长途颠簸，抵达新疆喀什市，开展暑期社会实践服务。我们只有真正深入社会、了解社会，结合实际情况，才能将所学知识服务于社会，才能及时并准确发现自身的不足，弥补课堂学习的疏漏，为走出校门奠定良好基础。更何况我学习的园艺专业，只有在实践中了解当地村民所需，与专业知识相结合，与专业老师进行更深层次的交流，才能帮助村民解决部分农作物种植问题，对当地经济作物的合理化种植进行指导，对农业产业结构调整进行分析并提出意见，使我对专业的学习更加深刻有感，村民也能使用更科学的种植技术，真正提高收益。随着人口的增加、人民生活水平的提高，人们对各种农产品的的数量和质量要求在不断提高，这给农业生产带来了一个极大的挑战，而我作为农学专业的学生，深感责任重大，希望能掌握过硬本领，希望能学以致用，希望能真正了解农民的需求，希望能切实解决农业生产问题，将这个挑战，转换成人民致富、农业生产发展的机遇。

我们去了优质米泉大米主产区米东区三道坝镇，了解了水资源管理政策使得水稻面积需要缩减的情况；去了昌吉回族自治州昌吉市二六工镇农业种植基地，了解了该镇农业种植改革方案实行的生产加工销售一体化;去了玉米绿色防控示范区,了解了物理防治虫害和水肥一体化技术的应用对生态环境污染的降低;去了幸福村绿色食品原料加工番茄生产基地,了解了生物降解膜的使用对减少白色污染的贡献;去了焉耆县天塞酒庄和乡都酒堡,了解了葡萄从种植、加工、观赏到葡萄酒品质把控的一体化。我们真正感受到了新疆地区的地广人稀,那里农业土地面积大,适宜机械大规模作业、统一管理,根据加工番茄果皮厚实的品种特性,运用大型机械收获方法降低生产成本,机械化、规模化提高了农业生产技术水平,推进了农业经济增长,增强了农业生产的生态效益。作物生产、加工、销售一体化,不仅促进了农业提质增效,也带动了相关技术产业合作发展。利用生物降解膜的自动降解特性减少白色污染,降低环境压力的同时也实现了保水、保肥、增加地温、防治杂草的功效。当地得天独厚的自然条件,使产出的辣椒具有单位面积产量高、产品性状优良、辣度适中等优点,产品销往世界各地,为当地带来了可观的经济收入。由此可见,农民是有智慧的,想要学好农业科学知识与技术,就要向农民学习,农民长年累月积累的经验是宝贵的,只有深入农民、深入田间地头,才能学有所成、学有所获。我们也意识到因地制宜的重要性,根据植物的不同生长特点,根据地区不同的自然环境条件,找到每个地方最适宜种植的植物,物尽其用,让普通作物创造尽可能大的经济效益。

我们不仅去实地了解生产状况,而且进行了学校之间的沟通交流,与新疆农业大学的老师们展开有关下乡支农及学生培养计划的交流座谈会。老师们表示,希望在两校社会实践活动中加强交流合作,实现优势互补和资源共享。新疆农业大学农学院副院长还向我们介绍了科研成果转化为当地带来的好处,这使我们更加深刻地认识到学农人身上肩负的责任,开阔的视野的同时,也激励了我们更要努力学习专业知识,投身到建设更美好的社会中去。

我们还去了阿瓦提乡中心学校,实践团师生带领孩子们在室外进行彩绘,每个人都认真地勾勒出自己心中梦想的家园,勾勒出对国家的热爱。通过绘画活动,孩子们备受鼓舞,纷纷表示要努力学习,奋发向

上,为建设更好的家乡和祖国贡献自己的一份力量。当地孩子们与外界接触较少,对大学生活的了解更是少之又少,我们希望通过这次支教,可以让孩子们对大学生活充满期待,对以后的生活充满期待,对北京充满期待。与孩子们一起活动的时候,他们可爱天真的笑脸、活泼开朗的行动力,也让我感动,我也变成受教育的一方,使我增强了社会责任感,渴望实现自我价值,拥有了一个充实又难忘的人生经历。通过这次活动,充分发挥农业高校的科研优势、专业优势,实现了大学与中小学的友好交流互动,也为我们提供了锻炼素质能力的机会,增加了社会实践经验,同时让我们认识到基层工作的含义和意义,增强了我们在毕业后深入基层就业的信心和决心。

　　这次的社会实践让我获益匪浅,见到祖国的大好河山,领略到新疆的独特魅力,更让我意识到与人沟通的重要性。在一个团队中离不开沟通交流,离不开大家合力做事,离不开融洽的氛围和谦虚谨慎的态度,别人给予的意见要虚心听取接受,对待工作要主动并保证质量、不打折扣地完成。实践也增添了我的自信心,不是狂妄自夸,而是对自己的能力做出肯定,克服胆怯的心态,自信地接受任务并尽全力去完成。社会是一个很好的锻炼基地,社会实践是大学生运用所学知识实现自我的最好途径,实现从理论到实践再到理论的飞跃,增强了认识问题、分析问题、解决问题的能力,为步入社会打下了良好的基础。所以我觉得社会实践是大学生的必修课,让我获益匪浅,我也希望它能让更多大学生从中获益。

许茜茜,女,中共党员,2016 级园艺专业,任北京农学院植物科学技术学院团委组织委员,2016 级园艺一班团支书,获 2018—2019 年度首都"先锋杯"优秀团干部、2020 年北京市优秀毕业生、北京农学院"十佳团支书",后考入北京林业大学生态与自然保护学院自然保护区学专业继续深造。

忆丰宁行

张　郑

　　暑期社会实践,是大学生利用暑期的时间,以各种方式深入社会之中展开形式多样的实践活动。积极地参加社会实践活动,能够促进当代大学生对社会的了解,提高自身对经济和社会发展现状的认识,实现书本知识和实践的更好结合。作为农科学子,我们应该积极参加此类实践活动,珍惜机会走进乡村,了解更多与专业有关的知识、农业的发展以及乡村的现状。

　　我有幸在2018年参与了北京农学院植物科学技术学院助力乡村振兴暑期社会实践,这次实践主要以奔赴河北省承德市丰宁满族自治县南关乡和杨木栅子乡调研农作物、果树、药材种植情况为主,辅助当地政府对村民生活、种植、收入等情况进行调查、填写问卷与数据整理。在这次实践中,以下三点对我影响深刻:守旧永远不能改变现状;目标和方向是成功的重要因子;因地制宜才能致富。这几点是我对这次实践的总结,也是我这两年来努力去改变、去实现的目标。

　　这次实践让我学到了很多农作物种植的知识,仅这一点就让我在这两年内受益不小。首先在2019年北京世界园艺博览会上,我作为百草园志愿者组长和讲解员,经常为游客讲解园区内的植物,有时也会和游客聊到家里一些蔬菜、花草种植的小要点和注意事项。我很感激我参加过社会实践,能够了解一些课本上没有接触到的知识,能够给游客一些实际的解决措施。另一件事情是在2020年6月,那时的我已经在我现在就职的体育公司实习半年了,我以前大二带研学活动时认识的一位老师忽然联系我,想让我帮她写一份关于小学生一个学期的农业大课堂内容,包括课程大纲、课程活动和知识点。我和另外两位朋友分别从果树、蔬菜、食用菌、茶艺、观赏园艺五个方面写出了一整套的课程计划,在这里面融入了不少社会实践知识和大学课程中的实操理念,这份兼职所得的 2000 元也正好缓解了我七月份刚毕业的经济压力。

而这次实践活动带给我的不仅是经济方面的收益,它对我的人生规划和处事态度也有一定的影响。在这次社会实践调查中,南关乡和杨木栅子乡大多数村民都是守旧地种植玉米。在种植玉米每亩地每年只能赚 1000 来块钱有时甚至不赚钱的情况下,被采访种植玉米的大部分村民也不愿意种植别的作物。被人戏称为"懒庄稼"的玉米销路本就不好,赚不到钱,也导致村民不愿花费大力在种植上,结果产量不高,最终形成恶性循环。而附近横河村种植食用菌、苏武庙村种植红薯、独立营村种植网纹瓜,他们的收入明显比种植玉米高,其中种植食用菌和网纹瓜的农户每年可向北京供销大量成品,他们以前也是从种庄稼开始的,但他们懂得改变。一味地守旧,通过几个人的几十亩地种植玉米是不会赚钱的,所以他们开始通过种植其他作物产生经济效益,并经过多年努力将其扩大。这一点又何尝不是提醒我们年轻人不要局限于自己的一方天地呢,走到社会上,才能多接触各式各样的人和事情,让自己快速成长。就像我,如果在大学期间没有经常外出兼职和参加实践活动,我一定不会对体育活动和研学教育有一定的了解,那现在就需要从头来接触体育活动这个行业。有了这些经验,我现在可以直接去对接客户,策划执行活动,也正是有了一定的基础能力,才能让我在这疫情期间可以找到一个较为适合我的职业。

在这次实践中,还有一点让我印象深刻。北黄土梁村赵姐家经营着红红火火的农家院和养羊场,她对未来几年内农家院的发展和规模都有着一定的计划。横河村种植食用菌的史先生,他对自己产业未来要走向机械化、自动化有着明确的规划;村里蒙丁演舞申请省级非遗,并且村民自发练习舞蹈,计划将其以村里独有的项目发扬光大。独立营村修缮九神庙,并且开始以映山红文化节为契机扩大本村影响,大力发展旅游业,对村庄未来规划明确。这几个村子正是有了这些人,才会比其他一些贫困村要过得好一些。因为他们有目标，知道自己应该往哪里使力，在自己富的同时也能带动周边经济，亦或者是村干部以明确的发展方向引领村庄致富。有目标的人会更容易成功，这对我们刚刚毕业走入社会中的人来说是非常重要的，我们可能很难知道自己到底想做什么，想到未来三年的规划时会感到心慌。以我自己的实际情况就是，我现在刚迈入体育赛事组织策划这个行业，大学期间的我对活动落地执行已经了解了很多，但是没有实操经验。此次的实践活动正是好机会让我去学习活动的策划、准备、对接等方面的工作。同时我还在为公司制作未来的赛事招商、活动执行方案，这对我来说都是锻炼。我先在这段时间学习好这些内容，疫情过后就可以到实际的赛事中去执行落地，了解一场完整的体育赛事是如何执行下来的。我的目标是今年一年中我可以熟练使用PS（图片编辑软件）、AI（矢量图形处理软件）和PR（视频剪辑软件），并且在赛事方面能够落地执行，在团建活动方面能够自行策划执行完整活动、对接营地客户，去实际自己策划落地团建活动。

　　总的来说，人生中所做的每一件事，无论大小，做了，就会有收获。暑期社会实践对于大学生们来说更是一个绝好的锻炼机会，可以让更多的学生脱离课堂，去实践中了解什么是"三农"，了解我国农业实际发展现状，可以对未来农业有着更清晰的认知。

张郑,男,中共党员,2016 级园艺专业,任 2016 级园艺一班班长,毕业后就职于北京远征探索体育文化传播有限公司。

千里之行　始于足下

生达尔·马力克

"艰辛知人生,实践长才干"。对于我来说,2018 年的暑假是我迄今为止最为充实的假期,在院领导的带领下,我们植物科学技术学院实践团先后来到了河北省承德市丰宁满族自治县、新疆乌鲁木齐市米东区、新疆巴州焉耆回族自治县进行暑期社会实践,其中新疆乌鲁木齐市米东区给我感受颇深。

米东区作为新疆地区农业发展重要地区,其自身的地理优势、自然优势十分突出,但是米东区农业产业化发展过程中,依然存在不少急需解决的问题。米东区农业自身生产基础条件较差,生产能力不足。最近几年,米东区利用国家项目加强了对农田基础设施的建设,特别是对产量不高地区进行的工程改造,使得当地的农业生产条件得到了一定改善。但是目前,米东区农业生产仍然主要依靠自然条件,农民在施肥管理过程中,重施化肥、轻施有机肥的观念没有被彻底改变。这就导致了农田的土壤肥力不断下降,其抵御自然灾害及病虫害的能力变差,基本处于靠天吃饭的生产环境中。米东区距乌鲁木齐中心仅仅 17 千米,作为乌鲁木齐市新成立的一个区和城市北扩的重点区域,将被规划建设为乌鲁木齐的城市副中心、新疆最大的制造业基地核心区、重要的化工工业城、出口加工基地和人居生态新区,其经济、生态地位非常重要。

对此,实践团希望能够借暑期实践项目开展与米东区的交流,走进农户生产生活,了解农民在农业生产实践中的困难;通过实地调研,利用植物保护等相关专业知识,为当地的病虫害防治提供技术支持。

在此次实践活动中,我们采取田间调研与走访调查相结合的形式,并通过科技讲座、专家答疑等方法,搭建起农民和农业专家的桥梁,以面对面的方式将病虫害防治技术输送给农民,争取最大限度地修补当地农民的知识漏洞,同时及时跟进当地的病虫害防治。

主要日程安排如下:第一天抵达新疆维吾尔自治区乌鲁木齐市米东区,对话当地政府和种粮大户,表明实践团此行志愿帮扶的目的,询问乡内需要的帮助。第二天走访农户,重点了解农田病虫害种类及防治手段及环境问题,针对主要问题进行田间考察。第三天下田调研,采集叶样并拍摄记录;与农户交谈,实地了解病虫害发生情况。采集图样,带回进行监测分析,后期将土壤的特性、适合施何种肥料、适宜耕作何种作物反馈给当地政府。第四至第九天,一方面到农户家中,开展问卷调查,了解贫困地区村民的基本情况,询问正在实施的扶贫政策及扶贫政策实施时遇到的困难;另一方面,在进行实地考察的同时,开展"病虫害防治"专题讲座,介绍虫害发生规律、发病症状等,详细讲解农业害虫的防治方法,尤其是结合当地生长环境,就产业发展中存在问题进行介绍,在细致分析各类病虫害的症状及发病原因的基础上,指导农户采取科学防御的措施,强调运用物理方法、生物方法及化学方法,全面防控病害。在考察过程中主动发现问题、解决问题。每天晚上录入调查问卷数据、对收获进行归纳总结,并与实践团的其他实践地联系对比寻找共性问题。第十天,对收回的有效调查问卷进行统计分析,整理所发现的问题,提出改进建议以及下一阶段调研目标。

通过此次实践活动,强化了当代大学生为"三农"及新农村建设服务的意识,发挥了农科大学生的专业优势,将专业理论和生产实践相结合,体现了当代大学生的高素质、高水平,以帮助促进农村更好更快发展。通过宣传教育,加深学生自身及农民群体对可持续发展农业的认识,把先进的科学技术送下乡。实践活动充分发挥了农业院校的优势,与当地农民共同讨论,将植保知识、实验成果结合生产实践,尽自己所能为农户们排忧解惑。运用所学,服务农村,建设农业,帮扶农民,不仅可以促进社会、学校、学生共同发展,共同获益,还能使学生得到锻炼,收获经验,有利于学生对社会的提前认识和适应。理论联系实际,实践收获真知,开展社会实践活动具有强烈的时代意义和现实意义。

生达尔·马力克,女,中共党员,2016 级作物遗传育种专业,任 2016 级农学班团支书,北京农学院植物科学技术学院学生会副主席,获 2018—2019 年度首都大中专学生暑期社会实践优秀团队队员和北京农学院 2017—2018 年度优秀团干部,现就职于新疆塔城市委组织部。

躬身实践　青春建功

刘　梦

　　四年的大学生活已经结束了,现在的我已经是一名研究生。回想起这四年中的点点滴滴,让我印象最深刻的就是 2018 年的那个夏天,很荣幸加入到了学院组织的两个暑期社会实践团,一个是"乡村稼穑情·振兴中国梦"赴丰宁实践团,另外一个就是"展望寄情三农,助力科技支农"赴新疆实践团。

　　实践的第一站是河北省丰宁满族自治县南关蒙古族乡和杨木栅子乡,这两个乡种植农作物的农户颇多,但是病虫害防治以及种植技术方面还很欠缺。为了提高农作物质量以及产量,学院邀请了多位专家针对甘薯、香菇、苹果梨、榛子、番茄以及玉米等农作物提出了防治建议及方法,并且进行了种植技术上的深入指导,开展农作物技术指导培训会,比如植物保护的专家从茄科的病毒病、晚疫病、灰霉病等病症的症状、发生规律、发病条件和防治方法进行讲解,种植户们收获颇丰。当然在这个过程中身为学生的我也是受益匪浅,聆听资源环境专业的老师讲解土壤、环境保护相关知识;农学专业的老师介绍不同品种玉米的生长习性、杂交种的优势、优势植株的特征等。此次实践活动让我认识到了"三农"问题的重要性,发展农业除了农民要有意识,政府要有支持,更重要的还是专业的技术指导,只有从根本上解决种植问题才能真正地提高农业生产水平,促进农村经济的发展,进而改善农民的生活水平,实现乡村振兴的美好前景。

　　实践的第二站是新疆维吾尔自治区乌鲁木齐市,但这次实践与丰宁之行有些不太一样,该地合理运用新疆地广人稀的特点,农业、企业和合作社流转土地面积大,适宜机械大规模作业、统一管理;生产步骤分工明确、专业性较强。让我感触最大的地方就是现在的新疆和我们印象当中的新疆完全是两个地方,现在的新兴农业已经不再是满足于当下的温饱,而是运用科技的力量提高农作物的质量、产量,更高级的是对于食品的深加工。比如棉花种植地采用了企业土地流转,农户、合作社、企业三者对接实现生产加工销售一体化,并运用农业生产机械化减少了农业生产成本,进而增加棉花亩产量,提高了经济效益;玉米绿色防控示范区应用物理防治虫害和水肥一体化技术进行种植,降低了对生态环境的污染,实现农业的可持续发展;番茄生产基地采用生物降解膜的自动降解特性减少白色污染,该降解膜还有保水、保肥、增加地温、防治杂草的作用,适宜新疆干旱的气候,还依据加工番茄果皮厚实的品种特性,运用大型机械收割的方法来降低生产成本。这次实践让我理解了"农业格局规模化提升农业效益,农业装备现代化提高产业效率,农业技术高新化开发农业潜能"的重要性。

扶贫先扶智,孩子是乡村的希望。我所参加的这两次实践团都与当地小学开展了支教帮扶活动。在活动中,实践团成员们除了分组给小学生们进行了生动的文化课教授之后,还结合专业所学,带领小学生们一起用种子和蝴蝶昆虫标本制作种子画和蝶翅画;带领小学生们在室外用彩笔在白布上描绘自己的梦想蓝图以及自己心中梦想的家园,激励着同学们奋发向上,为建设家乡和祖国而努力。活动的最后还采取了"结对子"的形式,留下彼此联系方式,为实现联谊的长期性、持久性而努力。通过这次支教,我第一次接触留守儿童,了解农村教育的现状。然而,我此行能做的只是给孩子们带来些快乐与新鲜,把外面的世界展示给他们看,并鼓励他们好好学习,将来能够过上更好的生活。

虽然一个月简短的实践活动很快结束了,但是我觉得这是我自己的一份宝贵的经历,因为我自己也是出身于农村,所以知道农民劳作耕收的不易,但是不同地方农业的发展还是有一定差别的。而此次实践活动是一次很好的机会,可以让我们走出校门,走进农村,走入农户,了解民生、民情、民意,让我们这些农科学子可以将课堂上学到的理论知识与实践相结合,同时提高与他人交流沟通的能力,不仅锻炼了自己,更切身地体会到作为农科学子所要承担的一份责任和担当。最后要十分感谢所有的带队老师以及教授我们知识的老师们,是你们不辞辛苦为我们奔波在活动一线,才能让我们不管在学习知识还是社会阅历上都收获颇丰,更为我们以后踏进社会奠定了良好的基础。

刘梦,女,中共党员,2016级农业资源与环境专业,任北京农学院植物科学技术学院学生会主席,获2018年全国农科学子联合实践行动先进工作者、2020年北京市普通高等学校优秀毕业生,后考入北京农学院资源利用与植物保护专业继续深造。

展望寄情三农　助力科技支农

李文君

现在是 2021 年 3 月 10 日,转眼间距离大学期间的新疆实践已过去两年半。想起大学期间和老师同学们一起进行的社会实践,现在仍然历历在目,成为大学生活中闪闪发光的记忆点。在那次新疆之行中,我不仅见识了祖国的大好河山,收获了师生情、同学情,也了解到了祖国边疆的变迁。

"展望寄情三农　助力科技支农",2018 年 8 月 24 日,我与实践团其他成员在新疆乌鲁木齐会合,随即开展社会实践,调研新疆维吾尔自治区农业生产现状。我们在乌鲁木齐市米东区三道坝镇调研,了解三道坝镇农业种植情况;在昌吉回族自治州昌吉市二六工镇棉花种植地,与当地镇长进行交流,了解当地农业种植改革方案,通过企业土地流转,农户、合作社、企业三者对接实现生产加工销售一体化,进而增加棉花亩产经济效益;在幸福村绿色食品原料加工番茄基地参观,看科技如何应用到农业生产中。经过两天的参观了解,推翻了曾经我对新疆的看法,原来我们总觉得新疆作为祖国的边陲,是封闭落后的,农业也是传统的,但通过这次社会实践,我们看到了新疆的现代化,看到了农业的现代化,大型的采收机械在田间作业,先进的农业材料应用到生产中,科学工作者深入农村指导现代化农业生产,将最前沿的技术和知识带到田间地头。在这种变化中,我们更加了解了国家对农业、对边疆地区人民生活的关心关切,也深深认识到农业作为第一产业的重要性,认识到"三农"问题的重要性。

"建立长期友谊,大手拉小手,助力边疆学生成长成才",实践团前往新疆生产建设兵团第二师二十二团中学支教。我们与小朋友们一起参加升国旗仪式,玩破冰游戏,在游戏中我们逐渐和小朋友们熟悉起来,小朋友们的活泼和快乐也感染着我们每一个人。在游戏中,小朋友们会主动拉起我们的手,虽然我们以前并不认识,但是经过一场游戏,大家很快成为亲密的"兄弟姐妹"。作为植物科学技术学院的学生,我们也带来了学校里的特色活动,教小朋友们学做种子画和蝶翅画,五颜六色的种子和五彩缤纷的蝴蝶翅膀在孩子们的手里似乎变成了画笔,变成了一幅幅生动的作品:用种子组装成的汽车、穿着蝴蝶翅膀做成的裙子的小姑娘……简单的材料成为无限的可能,看着小朋友们开心的笑容,我们也觉得小活动有了大意义。下午,我们与孩子们一起在室外用彩笔描绘自己心中的家国,小朋友们用稚嫩的笔触画出自己对国家、对家乡的爱。在画布上,我们看到了天安门广场,看到了蓝天白云,看到了小朋友喜欢的卡通人物,也看到了可爱的动物、好吃的水果,我想这可能就是小朋友心中的家乡,天蓝水清、瓜果飘香。在这次简短的支教活动中,我希望我们能够在边疆小朋友们的心中埋下一颗种子,这颗种子会随着时间生根发芽,助力边疆学子"走出去,走回来"。在支教活动的最后,我们也给小朋友们留下了联系方式,赠送了学院的明信片,希望明信片上的学校美景能够带给小朋友们一种激励,也让他们更加了解我们的生活,了解大学的美好。在临走之前,有个小女孩将她自己做的手工——一个毛线做成的小球送给我,虽然礼物简简单单,但记录了这次难忘的经历,也代表了小朋友对我们的欢迎和喜欢,这个礼物直到今天依旧系在我的行李箱上。这次支教,造就的是大学生的家国情怀,树立的是孩子们的爱国之心,体会到的是孩子们的天真烂漫,我想在这个过程中,我的收获或许比孩子们还多,这次支教也成为整个社会实践中最难忘的经历。

实践团成员来到焉耆县天塞酒庄和乡都酒堡。在学校时很多同学都学习过李德美老师的葡萄酒鉴赏课,这次来到酒庄,更深入了解葡萄酒的制造过程,感受葡萄酒的魅力。走进葡萄园,参观酒庄制作的土壤样本,切身体会葡萄种植的艺术,不同深度的土壤分层、采用滴灌方式灌溉、机械化的埋土起土过程都体现了现代农业的先进性。而后续的制作过程,从发酵到存储,每一个步骤都精心设计,以保证葡萄酒的优质品质。在参观中,也理解了"农业格局规模化提升产业效益,农业装备现代化提升产业效率,农业技术高新化开发农业潜能"的重要性。

　　在来到新疆之前,对新疆的认识仅仅停留在书本上所描绘的和身边朋友介绍的,这次真正走进新疆才真实了解了这个遥远而美丽的地方。通过这次的社会实践,我也对专业有了更深的认识。当看到老师用专业知识帮助农民解决生产难题,为病虫害防治提出方法建议,将平时在书本上枯燥的知识应用到田间地头,将所学的理论应用到生产实际中,这时就会感觉自己平时所学是多么有用,学农是一件多么有成就感的事情。在社会实践中,我们走出校园,真正地走进田间地头,走到生活中去,将自己所学的知识应用到实践中,不断提升自己,认识我们的祖国,认识祖国的边疆。新疆的变化、安宁离不开国家的支持、政策的支持、人民的支持,也深深认识到各族人民像石榴子一样团结在一起的巨大力量,这种力量将战胜一切困难。如今虽已毕业,但是在这次社会实践中的所学所思也将融入我的生活和工作中,以那些扎根基层,服务在"三农"一线的干部为学习榜样,努力成为一名合格的人民公仆。

李文君,女,中共党员,2014 级园艺专业,任北京农学院退役军人协会副政委,2014 级园艺一班团支书,获北京农学院 2014—2015 年度优秀团员和优秀军训指导员助理,连续三年获校级奖学金,后考入北京农学院农艺与种业专业继续深造。

扶贫实践路上 坚定学农初心

李鑫星

"天空下着淅淅沥沥的小雨,两间房村,实践团的成员们踩着泥泞的小路,挨个敲开村内的一扇扇大门,向乡亲们介绍着实践团扶贫助农的来意,仔细询问着村内的生产生活情况。"走访调查、实地考察、动手指导,无论天气好坏,这便是实践团的工作日常。虽然这段实践经历已经过去三年之久,但每每想起,我的内心都会有很大触动,同时这次实践也更坚定了自己那份学农的初心。

食为人天,农为正本。自党的十八大以来,习主席便不断深入农村进行考察,提出精准扶贫、科技下乡、服务"三农"等重要指示。2018年7月,北京农学院植物科学技术学院秉持着学农、助农、兴农的教学理念,组建了一支助农小分队,对河北省承德市丰宁满族自治县南关蒙古族乡的几个贫困村进行对口帮扶。

犹记得到达的第一站,两间房村,在这里我们见证了一只小羊的出生,看着它从初时羸弱得无法站立到可以顽强行走,我们备受感动与鼓舞,这也激励着我在之后的实践中遇到困难也要迎难而上,顽强克服。

白天我们到村内调研考察,了解村民们具体的生产生活情况;晚上对调研结果进行整理与分析,总结出重点难点,即使加班到深夜也不感到疲惫。

同时,为了更好地帮助村民解决种植技术上的问题,学院的专业老师特意赶来,跟着村民走进田地里、大棚内,一对一进行技术上的指导,并结合当地的生态条件给出具体的产业结构调整建议。对于发现的虫害、病害,老师们也进行了采样、留样,以便回去后进行专业检验并向村民们进行反馈。"我们的西红柿没有固定的供销点,由于每年产量不一,丰收时很可能会面临滞销的问题,尽管低价卖出,但也会出现烂在棚里的情况。"一位老乡看着满棚的西红柿秧叹息到。对于地区偏僻,农产品存在销售阻碍等问题,老师们积极帮忙联系渠道,解决村民们心头的一个又一个难题。看着村民们脸上露出朴实而又充满谢意的笑容,一股满足感充盈着我的内心,激励着我要更加努力学习专业知识,担负起身上农科学子的责任。

在北黄土梁村走访调研时,我们了解到村内有两位曾经参加过抗美援朝战役的志愿军老战士。为了表达对老战士的敬意,我们去拜访了两位老战士,为他们带去了蔬菜种子和牛奶。通过与两位老战士的交谈,我们了解到他们都经历过几场重大战役,如今已进入耄耋之年的他们,虽身患重病、需要大量药物才能维持正常生活,但他们在讲述当初浴血奋战的场景时,眼中仍充满了坚定的光。听着他们的讲述,我们的眼睛都湿润了,由衷敬佩两位老战士的英勇,并希望此次拜访可以为他们带来一丝温暖。此次拜访,也在我心里埋下了要当兵入伍的种子,激励着我也要奉献我的热血青春,成为一名保家卫国的战士。

经过8天的调研,在整个实践团的通力协作下,我们顺利完成了两间房、横河、独立营、南关、北黄土梁、云雾山6个村村民基本家庭情况的抽样调研、实地考察。同时对2000张"精准扶贫"调研问卷,共计25000道题进行了精确的统计与整理。尽管工作量大、条件艰苦,成员们仍相互鼓励,共同完成每项工作,希望自己的努力可以为乡亲们的生产生活带来一点儿好的改变。返程时我们坐在大巴车上,还看到乡亲们脸上带着笑意,向我们挥手送别。

扶贫工作不是一蹴而就的,虽然我们返回了学校,但学院与几个村都建立了线上扶贫渠道。老师们会通过线上对村民们遇到的问题进行解答,帮其慢慢调整产业结构,改善生产生活质量。这短短8天的实践活动,我内心有着深深的体会与感悟。通过跟着老师们实地进行考察,我学到了很多专业技术知识,更体会到通过自己所学帮助他人的快乐与满足,同时我也深刻认识到作为一名农科学子身上所肩负的学农助农的责任。

农业是国家发展之本。一次社会实践,不仅为村民们带来了技术上的指导,更体现了农科学子对农业的关注、对农民的关注。

一次实践,坚定了我学农的本心。现在,我仍走在学农路上,在这条充满未知与乐趣的路上不断探索。如今,我不再局限于课堂上的听课,而是会自己主动思考;不再局限于课本所学的知识,而是会亲自到田里深入实践;不再局限于仅仅说自己是一名农科学生,而是用自己所学知识,告诉身边人一些种植的技术与方法,以行动来证明自己。

学农路上有我,实践路上有我。

李鑫星,女,共青团员,2016 级作物遗传育种专业,任北京农学院植物科学技术学院新闻中心美编部副部长。2018 年入伍,其间获优秀义务兵嘉奖一次。退伍后继续学业,现考入北京农学院农艺与种业专业继续深造。

时光流水即逝　回忆翻涌成海

袁　梦

今天是 2021 年 3 月 12 日,天气小雨。没有拿伞的我被雨淋成了"落汤鸡",我用最快的速度冲回家,打开储物柜想要找找家里还有些什么速食品,想着简单弄点晚饭。找了找,我翻到了在柜子角落的几包泡面,"决定了! 今晚就吃泡面!"我捧着煮好的泡面把它放到餐桌上,看着这一碗热腾腾的泡面,我竟然有些恍惚,回想起了三年前的暑期社会实践,出发时也下着雨,那个时候条件有些艰苦,泡面成了我们最喜欢的食物。

2018 年 7 月 23 日,小雨淅淅沥沥,北京农学院植物科学技术学院实践团成员在校门口集结。雨水并没有阻挡我们前进的脚步,大家反而觉得这是老天在偏爱我们。因为前几天都是烈日当空,炎热的天气会让人变得昏昏沉沉的,提不起劲儿,没精神可不利于我们干活! 可突如其来的小雨洗去炎热带来凉爽,这正好有利于我们搬运实践活动的物资。

承载着 50 人的大巴车在公路上奔驰,雨滴打在车窗上留下自己的痕迹,似乎在证明着自己的存在。几个小时后我们到达了河北省丰宁满族自治县南关蒙古族乡(以下简称南关乡),开启了为期 11 天的暑期社会实践。

作为学农的我们,实践是必不可少的一件事,除了学校的实验室、大棚,生活中每一寸土地也都是我们重要的实践基地。在这 11 天里,我们走进了南关乡大大小小的村落,与村民们亲切交流,在田间地头听专业老师讲课。我们每个人都是实践的重要参与者,也都是农业知识

的传播者。

调研组成员手拿调查问卷,沿路询问村民的基本生活情况,了解农作物生产情况。在苏武庙村,甘薯是该村的主要农作物,但出现了品种单一、产量不高的问题。一同随行的甘薯专家赵波老师走到甘薯种植地,他以种植户王瑞强的种植地为例,讲解了甘薯的主要特性,也针对甘薯出现的问题给种植户提出了相应的解决办法。我们听后受益匪浅,这些书本上生硬的文字一下子在田间地头活跃了起来,使我对这些专业知识有了更深刻的理解与认识。

"脚踏实地"是我们学农人常说的词语,这里的脚踏实地不仅仅指的是研究学术要认真严谨,更重要的是要真正去到田间,将书本知识与实际情况结合起来,针对作物出现的不同问题提出行之有效的解决方法。我们用双脚丈量土地,走过的每一步皆是收获。

实践的最后阶段恰逢八一建军节,我们先后去了学校的爱国主义教育基地——怀柔道德坑村后方医院遗址,在这里缅怀先烈,感受先辈爱国之情。后方医院遗址的纪念馆里记载了许许多多普通农民的事迹。他们在那个炮火纷飞的年代,转换身份,纷纷投入到后方医院的工作当中,男女老少齐上阵,为保家卫国贡献自己的一份力量。

我们在烈士陵园的"光荣烈士永垂不朽"碑前驻足,一同缅怀革命先烈,感受革命精神。和平来之不易,无数先辈前仆后继、浴血奋战才换来今天的幸福生活,作为当代青年的我们要铭记历史,自强不息。

科技助力,彰显新时代青年本色。我们的实践团中有很多"高手",他们被分到了新媒体组,用自己掌握的技能记录这次实践之旅,宣传新时代新农村的新样貌。朱子豪用无人机拍摄了许多南关乡的景色,也拍摄了许多我们在村中走过的身影。杨秉宥用视频剪辑软件将拍好的视频、图片加工成为一部宣传片发布到网络上,记录实践团在这十几天中的活动。杜慕辰和段诗瑶拥有熟练的绘画技术,她们把沿途的景色用数位板描绘下来,制作成明信片,以此作为这段经历的纪念。

每一位成员都用自己的技能让这次的实践活动变得更加丰富多彩,紧跟时代潮流,展现着当代青年的优秀本色。

　　11 天的社会实践活动期间，实践团成员不仅工作在一起，也生活在一起。各个工作组的成员每天晚上都会在一起总结整理当日工作，会一同分享一大锅泡面，在休息时会一起看电影、玩游戏，也会在其他成员遇到困难时伸出援手，互相帮助。大家还为在此期间过生日的成员一起庆祝，分享喜悦。带队的牛奔、郝娜老师不仅在工作上指导着我们，也在生活中照顾着我们，给予我们温暖和关怀。

　　这段经历不知不觉已经是三年前的事了，三年间我经历了很多，但这次的实践活动还深深地印在我的脑海里。这个名为"北京农学院植物科学技术学院学子聚力乡村振兴"的实践团不仅仅让我学到了很多知识，也让我与实践团的团员成为很好的朋友。不畏艰苦、脚踏实地、认真负责、礼貌待人、互帮互助等精神都是我在这次社会实践中收获到的。这些品质也成为现在我在工作中所遵循的原则、所要达到的准则。

　　再次回忆起这段经历，心中有万千感慨。感谢是我想对这段经历所要表达的最大感受。感谢这段经历教会了我一些做事做人、作为农科学子的道理和标准；感谢这段经历带给我的友情与温情；感谢这段经历让我成长，让我更想要为社会贡献一份自己的力量。

眼前的这碗泡面也早在我回忆中见底。虽然是这一碗简简单单的泡面，但它却在饥饿时填饱了我的肚子，短暂的社会实践也在我人生中给予了我不少的"精神食粮"。

喝下面汤，温暖流入心间，这段在我大学生活中颇为重要的实践经历也同这碗汤一样温暖了我，也将永远铭记于我的心间。

袁梦，女，中共党员，2016 级农业资源与环境专业，任北京农学院植物科学技术学院学生会新闻中心主任，获北京农学院 2017—2018 年度优秀学生干部和北京农学院优秀毕业生，后考入北京农学院继续深造。

读万卷书　行万里路

王晓晨

　　还记得大学时的暑期社会实践是与扶贫工作相关的。扶贫工作的开展有利于缩小城乡差距,实现国家的经济协调发展,让人民生活更加幸福,在全面脱贫任务的号召下,作为大学生也要贡献自己的力量,为国家的发展和强盛不懈努力。

　　暑期实践中,我们调查了许多村庄和村民,调查各家庭脱贫情况。通过调查,我深入地了解到村民们的生活和最真实的需求。调查过程中,我逐渐了解到,造成家庭贫困的原因中有一部分是由于家庭缺乏劳动力,家庭成员身体健康问题,而医疗费用负担又很重,这也让本就贫困的家庭雪上加霜,导致贫困程度日益加深。而对于一部分老人来说,他们本身劳动能力有限,加上有些子女不能尽到赡养父母的义务,也让这些老人的晚年生活过得很艰苦。

　　在调查过程中,有位老人的经历给我留下了非常深刻的印象。那位老爷爷孤身一人生活,而他其实有两个儿子,一个儿子在外地生活,没办法照顾到他的生活,他的另一个儿子就在他的隔壁,但两个房子却被一堵高墙隔开。老人跟我们说,虽然彼此距离这么近,但父子俩几乎没有来往,即使是过年的时候也不来问候,就像是陌生人一样。老人说起此事也感到很伤心,自己从小养到大的儿子却这么不孝。平时老人也很孤独,我们去到他家的时候,他正一个人坐在院子里,看到有人去他家的时候非常热情,可能是平时没有太多的人能够聊天吧,想到这里我也感觉很心酸。

　　这位老人之所以给我留下深刻的印象,不光是因为他个人的经历和与他交谈时的慈祥,更重要的是他让我感受到老人在晚年得不到帮助的无奈和无助。在当地的调查过程中了解到,部分老年人的生活过得很艰苦,而农村的劳动力基本都外出务工,留下的基本是没有劳动能力的老年人,所以要解决农村贫困问题,安顿好老人的生活,给予他们更多的生活保障应该是必不可少的。通过对村民们的调查,让我更加了解到"三农"问题需要最真实地反映出农村、农业、农民的现实情况才是有意义的,不是仅停留在课本上,而是需要通过真正的接触才能解决实际的问题。

在暑期社会实践过程中,我们不仅要了解村民们的生活情况,更重要的是要了解村民们的经济问题,而只有有效地发展经济,才能从根本上改善村民的生活。在我们所到的一些村落里,村民的经济来源主要是年轻人外出务工,而孩子由老人来照顾,这又带来了另一个问题,就是农村的留守儿童。我们在社会实践期间还做了支教,也就是通过这样的活动,让我们了解到孩子们的真实生活情况。我们一起上课,一起聊天,通过聊天我了解到了这些孩子的纯真、善良和热情。记得当时我们开设了一些不同的课程,孩子们根据自己的喜好选择班级,上课的过程中,能够感觉到孩子们很认真,也很投入,感觉得到他们很珍惜这样的学习机会。我们还举行了升旗仪式,并且和孩子们一起画了一幅画,一起畅想自己未来的生活以及梦想。我们还通过"一对一"帮扶的形式给孩子们留下联系方式,希望之后也可以保持联系,能够帮他们做一些力所能及的事情。我也感谢这段经历,能够认识到这些善良的孩子。

造成年轻劳动力外出务工的主要原因是,农民通过农业劳作获得的收入不足以满足家庭的支出。另外如果农作物遇到一些病虫害,收成就寥寥无几。所以这些年无论是国家还是村委会,都希望通过不断改进来提高农作物的生产率及机械化水平,有许多地方的土地都承包出去,让土地发挥更大的价值。我们也遇到一些村民,承包土地之后种植一些经济作物,也可以有不错的收入。记得当时有一户村民,承包土地后,用大棚种植番茄、大蒜之类的作物,之前也遇到过一些病虫害,村里有时候会来一些农业方面的专家,专门帮他们解决一些问题,同时也

做一些科普,给这些村民带来了不少的便利。

在调查过程中我也发现,现在农村发展也越来越好,跟我之前想象的样子不太一样,现在农村也在不断改进和发展,经济条件也越来越好。在一些地方,虽然经济条件不太好,但周围的环境很好,依山傍水,有很大发展的空间,只是还没有被发掘。正所谓:绿水青山就是金山银山。拥有好的环境是村民们巨大的财富,如果能够合理利用,一定可以给村民的生活带来很大改善。当然村民们也非常有远见,在调查的村庄中,已经有部分村庄认识到环境的重要性,并利用村落天然的地理优势和环境优势开始发展旅游业,有一些村落的旅游业已经发展到一定水平,这也是值得其他村庄学习的地方,当然这也要根据不同的情况,因地制宜地发展才是关键。

通过这次实践活动,调查了不同的村落,让我深刻认识到贫困村之间以及不同群体之间的差异性问题。虽然不同的贫困村存在共性问题,但每个村庄最主要的问题及急需解决的问题还是有些差异的。这就需要将外在的扶贫资源和方法与贫困村的特点结合起来,寻找合适的脱贫模式,这也正是我们调查这些村落的意义所在。最终脱贫需要我们各方的努力,汲取群众的力量,充分征求群众的意见,同时更要将扶贫工作落实到行动中去。

王晓晨,女,共青团员,2017 级植物保护专业,任北京农学院植物科学技术学院团委宣传部副部长,获北京农学院 2017—2018 年度一等奖学金和 2018—2019 年度特等奖学金,后考入北京农学院植物保护专业继续深造。

青春之行　绽放于年华

邓　婴

2018年夏天,伴随着冉冉升起的太阳,河北省承德市丰宁满族自治县实地调研的青春之行就这样启程了。9天的北京农学院植物科学技术学院的暑期社会实践似道光,一闪而过,却深深烙在我脑海中,仿佛昨日刚刚发生。因为在这里我们欣赏到平日不同的风景,品味着不同的人生哲理。青春是一道彩虹,绽放着不同的色彩!

正所谓:夏隐林荫人欲饮,一方寸土一方情;他乡夏阳知故怀,一同行乐遇景林。行乐于实践,徜徉于景林,我们在实践过程中的每一天都领略着不同的风景,这些景色让人流连忘返。首先是草原乡,一望无际的草原,牛、羊欢快地吃着草、玩耍着、追赶着。小山村四周被草原、山坡、山峰环绕着,显得娇小、可爱;规模种植的松林在草坡上延伸,和蓝天白云形成一幅色彩饱和度极高的画卷;大规模排布在山坡上的风力发电机和太阳能板也是这里独特的风景,充分利用草原地区丰富的风力资源和充足的日照,以及"风吹草低见牛羊"的惬意。紧接着是东窝铺村,清晨明媚的阳光普照着大地,远处的山峰泛着绿色的油光,一闪一闪的,平原上草儿生机勃勃,平整的泥路通向远方,那是草原乡,是东窝铺村离云最近的通道,令人惊喜万分。茸茸的绿草,随着地形的连绵起伏,直达天际,与蓝天白云融为一体,时而被云儿遮盖的太阳,越发显得娇羞。最后是林场,静是林场给我的第一印象。一眼望去,一座座村落整齐地排列着,一座座矗立着的山上长着高大的树木,非常茂盛,细小的河流,流淌着一眼见底的水,几条小鱼在河里边欢快地游玩。夜晚的林场,是如此的热闹。你看,数不清的星星在眨眼;你听,无数的昆虫

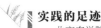

在奏乐;你闻,盛夏里花朵在跳舞,散发出阵阵芳香。

在这次实践中,我主要负责访谈,我们这个访谈小组由 3 人组成,我很幸运能成为其中的一员。访谈对象有村民、退役老兵、村干部,他们给我留下不一样的印象,时刻激励、鞭策着我们。

劳动创造了世界,劳动创造了人类,劳动最光荣。于爷爷 74 岁,36 岁时因工作使用柴油机而重度烧伤,他的手掌已被烧没,鼻子、眼睛、嘴巴、耳朵、面部、身体都有重度烧伤的痕迹,烧伤后就失去了劳动能力,生活几乎不能自理。事故发生已有 38 年,于爷爷不抱怨、不哀叹命运的不公,依然乐观地生活。谈到当年,于爷爷满脸自豪,告诉我们:劳动最光荣,乐于劳动,忠于劳动,劳动高于一切!

"只要国家需要,我们便时刻准备着"。抱着这样的理念,76 岁的老党员李爷爷 1964 年在呼和浩特市参军入伍,加入公安部队,时刻准备着保卫国家。参军第二年,加入中国共产党,成为一名党员。后来由于家庭原因,李爷爷选择光荣退役,退役后由国家分配到地方邮局工作,但是因正逢"文化大革命"期间,岳父是右派,李爷爷在邮局只工作了五天。之后通过申请,在交通局工作。直到改革开放,土地政策逐渐放宽,李爷爷便租赁土地,依靠土地生活。他说,直到现在他也时常回想起当年参军的日子,那是一段永不褪色的记忆,部队里的日子是最开心幸福的时光,参军入党,是他的骄傲!

"为革命而死,重于泰山",这是来自 89 岁高龄的张爷爷的话,说出了他这几十年坚定的信仰,令人十分敬佩。1948 年为支援解放战争,18 岁的他参了军,在冀热辽野战医院当卫生员,担起"救死扶伤,死而后已"的重任。张爷爷在炮火中抛头颅,洒热血,将青春年华献给了战场,献给了祖国。张爷爷参加了辽沈战役,战争胜利后调入华北军区医院工作。张爷爷入伍 7 年,退伍回到家乡后,仍积极地为人民贡献自己的力量,担任了 30 多年的生产队长。直到现在,他仍然关注国家大事,仍然以一颗饱满的心关注祖国的未来。张爷爷这一生都在为家乡和祖国做奉献,是让我们一生都铭记的人。

"没有国就没有家",这是 67 岁的赵爷爷含着泪说出来的。赵爷爷,

17岁参军,在那个什么都不懂的年纪,便背负起拯救民族、拯救国家的重担。赵爷爷是抗美援朝的伟大战士,曾是野战20军823师248军团的一员,在那个激烈、炮灰满天飞的战争中,两颗子弹从赵爷爷的头皮飞过,脚也中过弹,一度与死神擦肩而过,但是赵爷爷说只要还能走,还能打,就继续打下去,因为有国才有家。谈到过去,赵爷爷一度哽咽,他说:当年参军的有将近4万多人,现在剩下不到三分之一,非常想念那些跟自己一起并肩作战的战友,很怀念以前的部队生活。他嘱咐我们:一定要好好学习,报效国家,你们是民族的希望,国家的未来。赵爷爷不忘祖国,一心一意为祖国着想,他是民族英雄,国家的英雄!

"苦干、实干、加油干",这是从一位退休22年的老书记口中说出来的。任书记,76岁,是一位老书记,也是一位老党员,在任职时总共花了5年时间向农民普及化肥,推广优良品种。那时,由于普遍使用农家肥,所以村民们都不相信使用化肥的作用。任书记挨家挨户做宣传,仍然没有人相信。直到有一次,有户农家玉米倒伏严重,任书记建议使用化肥,因此拯救了五分之四的玉米,玉米结实率也提高了,大家这才意识到化肥对农业的重要性。在经济困难的年代,对于要求收取的税费和教育附加费,任书记对特困农户采取缓交政策。对于蛮不讲理的人,则耐心地讲解,国家收税是为了广大人民群众,一切从人民群众出发……任书记退休后也总会惦记着村里的建设问题和农民生活问题。现在,任书记通过看电视、报纸等来了解国家对农业、农民的重视。现任书记也经常找任书记交流经验,希望任书记为农村现代化建设出谋划策,提出建议,可见,任书记在人民心目中的重要位置。

路行足下,一览沿途之景,别有一番风味,别有一番风情。草原乡的风吹草低见牛羊、东窝铺村的离云最近的山坡、林场的夜,那是我驻足过的最美风景。青春之际,社会实践活动带我深入乡村,了解"三农",服务"三农",让我不负青春,不负韶华,一路前行,书写人生华丽的篇章。

  邓婴,女,共青团员,2017级种子科学与工程专业,任辅导员助理,获北京农学院2019—2020年度优秀团干部,现就职于广西钦州市灵山县行政审批局。

助力乡村振兴　我们在行动

吉亚洁

　　2018 年的暑假对于我来说是意义非凡的一个暑假。7 月份刚结束了为期半个月的军训生活,我们便开启了为期 11 天的暑期社会实践,我们的实践目的地是河北省承德市丰宁满族自治县南关蒙古族乡。在这 11 天的社会实践中,我们深入到农户家中走访调研、走进田间地头进行技术指导、去乡镇小学支教、到爱国教育基地接受爱国主义教育。这次短暂的社会实践经历是我们每位成员终生难忘的回忆,在实践中,我们学到了很多课堂上学不到的知识和技能,感受到农户的淳朴热情,认识到乡村发展过程中存在的问题,体会到脱贫攻坚和乡村振兴对于乡村发展的重要性。

　　我清楚地记得,社会实践开始的第一天,下着淅淅沥沥的小雨,但这丝毫影响不了我们激动的心,实践团的成员们冒着雨将本次实践活动的物资和装备搬上车,好多同学的鞋在搬东西的过程中已经湿透了,但并没有人抱怨,就这样穿着湿透的鞋出发了。车子一直行走在山路上,到达目的地时已是中午,简单地安顿好住处和行李物资后,便开始了我们的调研工作。我们走访调研的第一个村子是我们居住的北黄土梁村,这是一个贫困落后的山村,这里没有楼房,整个村庄大多是土房和砖房,村中唯一的娱乐场所就是一个有着几个健身器材的极小的广场。刚开始入户调研,难免会有被拒之门外的尴尬,但多数农户是很乐意接受我们调研的。在调研过程中,我们发现在村子里见到的大多是上了年纪的老人,由于种植农作物的收入低,仅靠田里的农作物很难维持正常的生活,所以村子里大部分的青年劳动力都选择了外出务工,而村中留下的则是年迈的老人和年幼的儿童。在入户调研过程中,我们发现当地村民的院子有一个共同的特点,就是种满了各种蔬菜,村民说这样可以节省一个夏天的蔬菜支出,同时也能将自家的院子合理地运用起来。

在社会实践过程中,我们还跟随老师一起走进田间地头,对农户种植的作物进行技术指导。受地形和天气的影响,他们的农田只能种一季的玉米,但是他们因地制宜,利用大棚种植番茄、食用菌来增加收入。食用菌种植大户向我们介绍了食用菌种植规模、生长属性以及病虫害防治。我校老师就香菇菌棒生长青霉、毛霉的问题,提出了防治建议和方法;针对番茄的病虫害问题、生产模式等给农户提出意见和建议。在这个过程中,农户不仅获得了更多的作物种植和管理知识,我们也学到了在课本上所学不到的专业知识和实践经验。

在走访调研的过程中,我们也发现了农村发展存在着一些短板。让我记忆深刻的是我们在与一位五十多岁的大婶交谈的过程中,她对我们说,你们能不能向上级反映反映,给我多争取一些补助。我听到这句话的时候很吃惊也很疑惑,因为在交谈过后,我发现她的家庭条件并不贫困,相反,在村里算得上是还可以的经济水平,而且身体健康有劳动能力。我在想,其实像这位大婶这样的想法我们都能理解,农户们总是希望付出最少的劳动获得最大的利益,得到更多的补助和补贴来提高生活水平,但是这种只顾眼前利益而不顾长远发展的想法也是有碍农村发展的。村子脱贫致富靠的是村民和政府的共同努力,仅仅依靠政府的资助,而自身无作为是无法实现真正的全面小康生活。村民要有发展的眼光,要有创造美好生活的动力,政府要为需要帮助的人提供帮助,只有村民与政府共同发力,才能真正促进农村发展,提高农村经济水平,助力脱贫攻坚和乡村振兴。在走访过程中,我们也听到了许多村民反映的问题,比如村子里的环境问题,垃圾乱扔乱倒,严重污染环境,但是却找不到相关的部门管理,问题长时间得不到解决。在这些问题的背后反映出来的是农村发展所存在的短板,是日后乡村振兴过程中需要注意和改进的地方。

　　在整个社会实践过程中,我们除了深入农户家中走访调研、走进田间地头进行技术指导之外,还到乡镇中心小学进行支教,在这里我们看到的是未来的希望。这里的学生有很多是留守儿童,在和他们交流的过程中,我可以感受到他们对大学生活充满了向往和期待。他们有人希望成为一名军人;有人希望通过自己的努力考上清华;有人希望成为电子竞技高手……他们的梦想各种各样,希望他们可以努力学习,不断向自己的梦想靠拢,总有一天他们的梦想会成真。我们与学校部分师生一同参加了庄严的升旗仪式,通过互动,彼此熟悉,并带领学生在室外用白布描绘自己梦想的蓝图,之后我们又发挥专业特长带领学生在地里种上了爱的种子。同一片蓝天,同一个世界,拥有的是不同的梦想,不同的境遇。他们是乡村振兴的中坚力量,是祖国的未来,是民族的希望。

　　八一建军节,我们前往爱国教育基地——道德坑村的冀热察军区后方医院遗址接受爱国主义教育,到弘德烈士陵园缅怀先烈,正是他们用生命才换来了今天繁荣强大的中国。同时,我们还对抗美援朝退伍军人进行了采访,听了老人的英雄事迹,我们更加认识到英雄们的伟大。

　　本次实践过程中,我们走访的十几个村落都与大山相连,有的村庄交通非常不便,一条窄窄的小公路就是村子与外界的联系的通道,地理位置和交通不便是阻碍农村发展的重要因素。这些村子虽然贫穷,但却有着较好的环境优势,因为没有工厂的污染,空气环境较好。村中的垃圾处理问题急需解决,大部分村庄存在垃圾到处乱扔乱倒的现象。在2018年调研时,我们调研的很多村庄都在进行改造,因为国家的"美丽乡村"政策的扶持,当时有的村子已经改造完成,面貌焕然一新,有的村子正在改造进行中。而2020年我国已完成全面脱贫的目标,相信那些贫困的村子也已经摘掉了贫困的帽子,焕然一新,实现了真正的脱贫致富。

　　这次为期11天的社会实践活动,让我们走出校门,走进农村。通过走访调研、填写问卷、采访、进入田间地头、支教等活动,我们充分发挥专业优势,锻炼了自己的各项能力。我也认识到,作为农科学子,我们要认真学习科学文化知识,理论联系实际,为乡村振兴贡献自己的力量。同时在实践过程中,我们也发现了农村存在的一系列问题,我对于"三农"问题以及乡村振兴有了更深刻的认识,政策落实不到位、医疗保障不全面、农民思想不先进等问题都是阻碍乡村振兴的绊脚石。如何解决这些问题,改变这样的现状,是我们每一位农科学子应考虑的问题。

吉亚洁,女,中共党员,2017 级作物遗传育种专业,任新生班主任助理,获 2017—2018 年度国家奖学金、巨鹿县"燕归巢"暑期实习活动优秀实习生和北京农学院 2017—2018 年度三好学生,现于河北省邢台市巨鹿县乡政府工作。

2018 年世园会暑期社会实践

刘 丽

2018 年 8 月 20~25 日,我们 6 个人开始了计划已久的北京农学院植物科学技术学院的暑期社会实践活动——北京世园会的宣传工作。

2019 年中国北京世界园艺博览会(简称:2019 北京世园会或北京世园会),是经国际园艺生产者协会批准,由中国政府主办、北京市承办的最高级别的世界园艺博览会,是继云南昆明后第二个获得国际园艺生产者协会批准及国际展览局认证授权举办的 A1 级国际园艺博览会。2019 年 4 月 29 日至 10 月 7 日,主题为"绿色生活 美好家园"的北京世园会在延庆区举行,展期 162 天。

作为一名农科学子,我对北京世园会产生了极大的好奇,十分有幸能够参加这次暑期社会实践,成为世园会的宣传志愿者。通过宣传世园会,还能提升自己的专业素养,更多地了解植物科学方面的知识与运用。

在踏上实践之旅之前,我们先聚在一起,相互认识对方。然后一起规划了实践之旅的行程,明确了每个人的分工。那时我还没有意识到,短短 5 天的实践会发生怎样有趣的事情,又会有怎样的记忆将永远萦绕在我们心间。怀着无比激动又欣喜的心情,我们的暑期社会实践活动便开始了。

活动的第一天,我们跟随队长,经过多次换乘终于抵达北京世园会。没能进入园区采访使我们感到有些遗憾,但仅仅在外面远远地望了望,看到施工队正在井然有序地工作着,也已经心满意足。就在这时,突如其来的暴雨让我们无处躲避。在满是泥泞的路上,我们共享两把雨伞,甚至还有人不小心摔倒在泥泞中,但是没有人抱怨,只是用幽默的笑声和更加搞笑的语言来调节气氛。就在我们刚刚找到了避雨之处后，天却悄悄地放晴了，大大的太阳在头顶，散发出温暖的阳光，不一会儿就把刚才被雨水浇透的衣服和鞋子晒干了。留在我们腿上和脚上的泥巴，是我们共同经历风雨的见证，也是一起奋斗的标记，更是徽章。第一天的同风共雨，让我们之间更加默契，让我们之间的友情也更加牢固，更让我们对未来的挑战充满了信心，我们坚信只要我们团结一致，就没有什么事情可以击倒我们。同时也让我们明白，困难不会使我们退缩，只会使我们迎难而上。这是第一天的社会实践活动给我们的启示，也是给我们人生路上的鼓舞，不管遇到多大困难，阳光总在风雨后，风雨后的阳光会更加温暖明媚。

为了能够更形象生动地宣传世园会，切实提升宣传效果。我们不仅制作和发放调查问卷，了解来世园会参观的游客的满意度和建议，还以世园会吉祥物为主题制作种子画。种子画是我们农学专业的一大特色，既展现了五颜六色的种子，也通过色彩形象搭配，形成特殊的画作以达到宣传的效果。为了能在更大范围宣传世园会，我们带着制作好的种子画，分为两队前往客流量大的玉渊潭公园和地坛公园进行宣传，同时让感兴趣的人们一起参与到我们的种子画制作中，在体会亲手制作种子画快乐的同时，也进一步加深对世园会的印象和了解。

通过种子画宣传世园会的方式，不仅使我们收获了赞美与鼓励，也让更多的人了解了世园会的基本知识，特别是提高了与我们一起制作种子画的家长和小朋友们对种子的认识与了解，激发了他们去世园会参观学习的兴趣。我们还和小朋友们一起拍摄了很多有意思的照片，这些照片记录了我们团队合作的默契，将是我们记忆中浓墨重彩的一笔。让我们感到欣喜的是，在宣传过程中还遇到了年长我们很多年的校友，他们希望我们充分发挥专业知识，为北京农业做贡献。我们心中除了完成宣传任务的欣喜以外，也为能更多地为大家带去快乐而欣慰。同时，我们也为能够成为小小宣传者，向更多的人宣传北京世园会而感到骄傲和自豪。

此次的暑期社会实践活动，不仅发挥了我们的专业优势，锻炼了动手能力,提高了合作能力,还收获了亲密无间的友谊和无限的快乐,更增加了我们身为一名大学生的使命感和民族自豪感。这不仅是一次暑期活动,不仅是一次宣传任务,更是我们人生道路上的宝贵经验。实践活动中,使我印象最深的瞬间,有突然下起大暴雨时我们躲在两把伞下的情景,也有摔倒在泥潭里却依然笑对前方的勇气,更有一起制作种子画,拍照留念时的画面,还有面对困难互相扶持的情谊。

宣传世园会,是这次实践活动的主要内容,在完成宣传任务的同时,我结识了新的伙伴,学习了新的技能,提升了发现问题和解决问题的能力,同时也收获了成长。希望下一次的重逢,我们都变成更好的自己,也都在为我们祖国的繁荣富强而努力奋斗着!

刘丽,女,中共党员,2017级植物保护专业,任2017级植物保护一班组织委员,获2018—2019年度中国体操节全国啦啦操联赛花球冠军、北京农学院第38届运动会"突出贡献奖",后考入北京农学院资源利用与植物保护专业继续深造。

一份农科学子的自述

吕伟兴

时隔近三年的时间,再次回味 2018 年丰宁实践活动,真的感慨颇多。我感慨光阴似箭,一晃神便到了与我在北京的第一个家说再见的时候;我感慨收获良多,古人云,"读万卷书,行万里路",对于农业或者说对于与"三农"相关的任何事情,行万里路才是行之有效的提升手段;我感慨中国发展之快,脱贫攻坚之准,2020 年,中国打赢了脱贫攻坚战,实现了全国范围内的摘帽,任谁提到中国,提到中国特色社会主义道路,都会由衷地说一句"牛啊牛啊"。

这份实践感悟我早该写出来,说是日记也好,或者随笔也罢,总是要留给自己一些回忆的余地,而不至于现在愁眉苦脸地看着电脑屏幕发呆近一个小时才憋出寥寥几个字。真的,我现在真心地佩服史铁生先生的智慧,《我与地坛》写的不是情怀不是兴趣,而是记忆。

言归正传,我脑海里浮现了好多种方式来描写我的收获,最后思来想去,还是愿意以一种诙谐的语气、自述的方式来对这份迟来的感悟进行分享或者说回忆。首先我想分享的是有关我个人对自身成长和对这段实践经历的感悟。对于这次实践活动,很浅显的一份感悟便是我对"三农"的理解加深了,我本身是在农村长大的孩子,但是由于村子坐落在城中,所以也未曾真正体验过面朝黄土背朝天的正儿八经的农村生活,因此这份河北丰宁的实践经历让我初次对"三农"二字有了初步且浅显的理解。"三农"即指农业、农村、农民,该问题关系到国民素质、经济发展和社会稳定,是我国需要解决与发展的重要问题。在奔赴河北省之前,我对"三农"的理解仅仅是停留在知道这两个字上,然而真正地接触村民、接触农村后我才明白，"三农"不只是一种简简单单的农业、农村、农民，它更多的是具有战略发展性的，也是村民对美好生活的向往，更是我国人民对国家发展加速的希冀。记得当时去丰宁前，我带着一种去体验生活甚至是去玩的想法，然而经历近半个月的磨炼后，我获得的是责任感，是对未来我国农业发展的希望。说起对农业的责任感，我个人是很自豪的，相信部分的农科学子并不是因为真正了解这个专业而选择它，而是怀着试一试的想法选择农科专业，而我自己可以很自豪地说，我是为了学农而学农，为了农业而学农。记得当初填报志愿时，我父亲告诉我，选择自己喜欢的道路并且持之以恒地努力，总会有一份建树的。所以我毅然选择了冷门的农业，当初我想得很简单，那就是未来为中国的农业发展贡献自己的力量，如果因为我的贡献能有一丁点儿的改变，那对我来说也是莫大的荣幸与幸福。所以，这次的实践活动也增加了我的责任感，同时也让我未来的道路越来越清晰。有句诗是这样写的：随风潜入夜，润物细无声。这份实践经历也正如初春的一场雨，催生着我内心对农业有所付出的渴望。在这近半个月的经历中，有一种经历是我到现在才明白它的意义，那便是支教活动，当时我内心十分困惑，我们是作为农科学子来农村调研作物种植以及精准扶贫情况的，为什么要对小学的教育情况进行了解，并且有所付出，这难道不是偏离任务的航线？今天我算是想明白了这份活动的真谛，那便是扶贫不返贫，关键在于其思想有没有脱贫，而国家的未来便在少年身上，我们走进学校才能切身地感受到当地教育的发展，同时对当地的教育水平与发展方向做出自己的判断。少年强则国强，少年自由则国自由，这份感悟也是这场实践活动给我带来的，我视之如珍宝并且愿意与身边朋友、与这份文章的读者分享。既然提到了思想上的脱贫，那我便继续说一说我的另一个感悟，那就是"三农"当中的农民。从我的调研活动当中，我认识到了形形色色的农民，听到了精彩纷呈的故事。我看到了在同一个环境下的贫富差距，我了解到了真的有人浑浑噩噩、得过且过，从中我悟出一个道理，思想上的贫困才是真正的贫困，思想上的脱贫才是真脱贫。让我记忆很深的一个场景便是一户人家是红墙绿瓦,家里种着生机勃勃的当季蔬菜,我们一敲门,一位和蔼的大娘便拿着竹篮出门,笑眯眯地分享国家发布脱贫攻坚任务后她的生活有什么改变,她对我们说,她很期待未来中国的发展,并嘱咐我们今后为中国的发展贡献出自己的力量。而她家邻居的生活显然很惨淡,家里是老旧的土房子,屋外堆着灰色的石子,有位大爷正躺在石子堆上打盹。当我们过去时,他的言语中都是对社会、对政府的抱怨,当然在我们调查之后发现,这纯粹是一家之谈。所以说,农村想要发展,农业想要发展,其关键点便在于人们的思想需要发展。

零零散散说了很多自己的感悟,但我觉得和我真正想表达的还差些距离,但是篇幅太长的话,下面的一些经历分享的空间便会少很多,因此关于实践的个人成长部分便到此结束,下面我想分享的是实践经历。有关实践经历的事情有很多可以说,有队友间的情谊,有带队老师的负责,有村民温暖热情的问候,有拒之门外的伤心……但是我最想分享的是关于空巢老人的事情。所谓百善孝为先,孝道一直是中国人民的一种传承,同时也是我们乐于学习与分享的事情。在这次的实践活动中,让我感受到了空巢老人的一种对亲情的渴望,同时有对新鲜事物的好奇与向往。记得调研时我误打误撞闯进了一户人家的院子,屋里走出来一位年过古稀的老人。我记忆中他耳朵有点儿背,我俩像隔了一堵墙一样,吼着对话。他简单询问我的来意之后,便热情地把我带进了屋子,他拉着我的手坐下,转身拿了根黄瓜,他说:"小伙子,不着急,咱们多拉会儿呱,吃根黄瓜再走。"通过跟老人的聊天,我了解到他已经两年没见到自己的孩子了,孩子具体在哪儿他也说不清,一句话总结便是思念。与老人的交谈中,时间一分一秒流逝,不觉间便到了离开的时候,记得当时我给他拍了照片,说回到学校洗出来给他寄回来,然而之后我却忘记了这件事,照片也随着摔坏的手机消失在了数据流中。我个人总结来看,这份实践活动给予我了很多感动,同时我也明白了,农民的幸福感也是需要解决的"三农"问题之一。

这篇文字写到这里也快到了结束的时候,最后我想分享的是我对未来的展望和对农业发展的预想。今年是 2021 年,我国发展的目标由全面实现小康社会变成发展成为世界现代化强国,这是质的飞跃,也是我们这一代人要为之奋斗的。作为农科学子,我愿意付出我的一切,为祖国的发展,为我热爱的这片土地的强盛做出我的贡献,未来我将会用所学的专业知识助力农业农村的发展。未来中国的农业一定是高新技术产业的集合、智能玻璃温室、5G 云系统检测、实时监测系统等,未来的农业将是充满着可能性与科技含量的产业,届时我国农民生活富裕,人们对农产品的需求丰富多样,同时人们对农民的看法改变,社会变得更加和谐。所以未来可期,我们农科学子未来要在某个位置继续发光发热,砥砺前行。

吕伟兴,男,中共党员,2017 级园艺专业,任 2017 级园艺一班学习委员,获北京农学院 2017—2018 年度二等奖学金和北京农学院 2018—2019 年度优秀团干部,后考入中国农业大学蔬菜学专业继续深造。

知行合一　躬行实践

宋文然

中国是一个农业大国,自古以来就非常重视农业、农村问题,人民能不能吃饱饭是关系到国家发展和稳定的大问题。乡村是中国十分重要的一个部分,而现实情况是,乡村相比于城镇来说往往是发展得比较慢的,乡村的设施、医疗卫生、教育等全方位落后于城镇,但实现全体人民共同富裕的伟大目标必须要攻克这一难关。2017 年 10 月 18 日,习近平总书记在党的十九大报告中指出,必须始终把解决好"三农"问题作为全党工作的重中之重,实施乡村振兴战略。

振兴乡村,与我们农科学子的学习方向息息相关,我相信所有农科学子对乡村、对土地都有着特殊情怀。我们在大学校园里学习理论知识和专业基础知识,也学习种植果蔬花卉。然而理论与实践是要相结合的,田间地头、走家入户地和农民们进行交流,得到的收获颇多。

2018 年 7 月末,我有幸加入"北京农学院植物科学技术学院学子聚力乡村振兴"暑期社会实践团,与带队老师和同学们一起来到了河北省承德市丰宁满族自治县,进行了为期 11 天的社会实践活动。

我还清楚地记得调研入户的第一天,我们三人一组,一人为组长,带着厚厚的一摞调研问卷和袋装种子,摸索着深入南关乡苏武庙村和南关村里,挨家挨户地进行调研。一开始我们确实不熟练,但经过一天磨合下来的结果也是令人欣慰的,询问问题也由一开始的不好张口,变成了落落大方地与人交谈,有来有往,确实能聊出点儿信息。其实走访的农户多了,也能摸出点儿规律,同一个村子里种植的作物、年亩产量基本差不了多少,收入也基本都在一个水平。就第一天走访的两个村庄来说,南关村的收入水平、设施等明显好于苏武庙村。这两个村落种植模式的区别在于南关村的种植产业和商品经济有一些结合,这或许可以给只采用落后的农业生产模式的村庄提供一些参考。

在那期间,走家串户和农户们唠唠嗑,以小见大,从他们的生活琐事和言行之中,我也仿佛勾勒出这一片农民的日常生活。可以说,基本上村子里有半数以上的青壮年劳动力外出打工,这其实反映了如今社会的一个普遍现象:乡村人才的流失。无可厚非,大城市十分发达,百姓们也是想追求更好的生活,寻求机遇,给后代创收,于是都拼命地想在外闯出一番天地。城市把人才都吸引走了,乡村留不住人才,自然也很难发展,只能成为留守的空壳。

其实我个人更关心乡村的情感、文化方面的问题。这就不得不提到一个词"留守"。留守儿童、孤寡老人的问题这些年来也受到热议。我还记得我们抽出了一天的时间去了一所小学进行支教活动。我们一起排练了一支舞蹈并拍了视频,一起画画、上课。说到上课,我其实有很深的感触,这些孩子们年纪还很小,我们选择的内容其实是偏向生活和未来的,我们用自己在外求学的所见所闻努力地为孩子们答疑解惑,努力向他们勾勒我们所看到的世界,当然也鼓励他们自己努力走出去,毕竟脚下的土地,还是要自己丈量。孩子们对外面的世界确实是很好奇,活泼的孩子七嘴八舌地问,问纯真的质朴的未来,问想象中的大学。这些孩子们的家长很多是在外打工的,有些是父母一方在外,这个其实不好评价,但我觉得还是有遗憾的吧,看着一张张可爱的笑脸,我是真心希望他们能有美好的未来,走出去,学有所成,回报家乡。其实我的家乡也是河北的一个小村庄,但因为在市区边缘位置,所以大家都会就近在市区找工作,基本就是爷爷奶奶那一辈的闲不下来会种点蔬菜,不靠农养家糊口,于是农业也就并不是很发达。我还记得我小时候也只有零星的一些人家的孩子在村子里上小学,之后大家在外求学,回来的次数也不多,对村庄模糊的记忆也在不断地更新。走访丰宁的这些村子,听到他们口中讲述变化的同时,也不禁让我又仔细审视了一下我的家乡,不知道什么时候村子里全都修成了水泥路,很多村改的居民楼也建了起来,路灯一排排地亮着,卫生所的医疗环境越来越好,老乡的新房子盖起了一座又一座,下水道治理越来越成规模,垃圾点也固定有人来收拾(说着说着又怀念起附近的小卖部和小吃街)。在我还未发觉的时候,国家已经从上到下地施行了很多十分有用的政策。我们有不足、有缺点,但我们确实在慢慢地进步着。我切身地感受到了这十年来家乡的变化,所以坚信只要我们在正确的道路上一直走下去,一切都会越来越好。

走在一条条的乡间小路上,看着三两结伴而坐的老人们在交谈着什么,我又想到了一个问题。在国家政策由上到下传达的过程中,怎样保证这些政策确实地被农户们理解,而不只是纸上知识呢?乡村发展的这些年,基本上涉及了我们这辈、父母辈、爷爷奶奶辈这三代,这些政策只要被我们这些人都弄懂了,那就达到了目的。从我的观察来讲,其实村委会外部是设有公告栏的,一些信息也会及时公示在上面,但其实从我个人的体会来说,有很多老人或是视力有问题、或是识字不多,中年劳动力又大多在外打工或是劳累一天,基本不会及时关注这些,而有认知能力和思考能力的大中学生又大多常年在外求学,这些现实情况就导致很多时候都是大家了解基层干部做了什么(具体的事件),却并不知晓为何这么做,自己能怎么配合,怎么样自己能最大地受益。我觉得很多时候双方信息接收不对等不及时会造成一些障碍或是矛盾。我有那么一点小小的建议,在开村民代表会的时候,把为什么做的原因都讲透了,应该会对双方工作有所助益。毕竟,大家有一个共同的看得到未来的目标,并且取得了一点点成果,这带给双方的心理支持是巨大的。

再者,我感觉到村子里的信息确实是会有一些闭塞,大家上上网也可能会被繁杂的网络带偏,吸收不到有效的信息。有很大一部分农户们的思想还是需要有一些转变,当然,这并不能强求,我在思考的是,是不是能给有接受新信息能力但却没有信息筛选能力的这部分农户一个平台,让他们自己也能进一步地学到知识。我的切身体会是,了解一些国家的政治、基本局势对自己的思想确实大有裨益,长此以往,或许人民的大局观也会潜移默化地被影响,这对之后政策的上行下效可能会有一些益处。其实我还是挺佩服一些农民伯伯/婶婶的,他们与这块土地相处了一辈子,而我们能做的,就是把一些理论知识传授给他们,所以技术人员的支持也是不可或缺的。

这十几天与队友们的相处、合作,与村民们的交流、沟通,实实在在地磨炼了我。行万里路,用脚步丈量土地,用真诚感受现实。在这个过程中,我好像摸到了现实的轮廓,感受到了理论与实践之间的那一点联系和相互作用。我的逻辑思考能力、共情能力、换位思考能力、大局观、小家与大国之间的平衡能力似乎都有了很大的不同。而这些,都是在学校里、在书本知识中得不到的。

感谢国家、学校和老师们,让我得以在青春年少时有过这么一段难忘的经历,不是有这么一句话吗,一个人所有的经历终会融入成他的一部分,影响一生。走进丰宁的村庄里调研、支教,将我们了解的知识和技术传播到每一寸土地上,让我们的书本知识有现实之迹可循,真正做到了知行合一、躬行实践。新时代,新征程,乡村振兴的道路上少不了艰难险阻,但前途光明,未来可期!

　　宋文然,女,共青团员,2017 级园艺专业,获 2018 年首都大中专学生暑期社会实践活动优秀团队队员、北京农学院第十二届"农林杯"大学生课外学术科技作品竞赛二等奖,连续三年获北京农学院校级二等奖学金,后考入上海交通大学园艺专业继续深造。

画意乡村　治愈宣展

段诗瑶

结束了大二的课程学习,期末考、军训接踵而来,而在这些之后的那个暑假,我加入北京农学院植物科学技术学院暑期社会实践团踏上了前往丰宁的实践路程。一个月后,我又参与了世园会相关的宣传活动。紧凑的行程,充实的生活,让我的那个暑假显得格外多彩。因为我曾学过美术,拥有美术功底,所以主动承担了绘画宣传工作,主要负责寻找乡村中的美并用画笔记录下来。

丰宁,隶属河北省承德市,南邻北京市怀柔区,是一个拥有 13 个民族,少数民族尤其是满族人口占大多数的自治县。我们先后去到了南关乡和杨木栅子乡两个乡,体会到了那里特色的风土人情。

鸭、鹅、羊、猪、驴等在城市里几乎见不到的动物,在这里随处可见。它们充满生机,乖巧又单纯。在此之前,我未曾想过鸭子可以在没有人的拘束下列队前进又整齐地返回;未曾想过羊群会被我们的无人机惊扰,执着地只围着一根棚柱绕圈圈。

有着独特民族风采和历史痕迹的戏台子、娘娘庙、三官殿、龙王庙被完好保存下来,成为我们笔下最绚丽的一抹色彩。五色的三角彩巾交错排列,悬挂在前往娘娘庙道路的上方,在灰白的砖墙背景下随风飘扬;三官殿的木制结构上贴着红纸,上面写着"国泰民安";已经废弃的龙王庙藏在离村庄不远处的小河对岸,茂密的枝叶为它披上了一件绿色的外套……

虽然在去丰宁实践前我们做了一些准备,也在老师和学长学姐们的带领下圆满完成了任务,但我还是感到有一丝遗憾。每每回想起丰宁实践之行,我常常遗憾为什么当时没有再多做一些准备。当然,事后能看到的问题不是准备时能够预料的,只是想如果可以,再多准备一些就更好了,如果下一次再多准备一些,或许会取得更好的效果。比如,我想我那时的笔应当下得再重些,和那群用整只手的力量描绘梦想的孩子们一样。

还记得去杨木栅子小学之前,我同队长和其他几位组长聚在一起商讨接下来的安排。当队长提出希望我这一组带领孩子们做命题画画"我的梦想"的时候,我感到了忧虑。抱着一摞厚实干净的素描纸的时候,我试问自己,"我的梦想"是什么?可是许久没有结果。我担忧这样"官方"的命题,对于孩子们来说是个无从下笔的负担。这种担忧持续到了准备大横幅的时候,我半跪在地板上,面前是数米长的白布,我提着铅笔,小心翼翼地框出几个大字:"我—的—中—国—梦"。

第二天的天气一如往常的好,也就是两个小时的样子,色彩充满了所有的空隙。一笔一笔勾勒着孩子们的梦想,又一点一点聚成了我们的中国梦。

而我的忧虑已经在孩子们毫不犹豫下笔的瞬间逐渐模糊,等到画作完成时已然寻不到一丁点儿的忧虑碎片,只剩一个虚无囹圄的样子连同惊喜而坚定的反差还留在担忧者我的记忆里。

我不是个特别出众的人,印象中的自己好像也没有过什么惊天动地的梦想。我原以为我所期待的安安稳稳的生活只是再普通不过的念想,算不得什么梦想。可是杨木栅子小学的孩子们告诉我,有爸爸妈妈、有家、有阳光、有花有草……这些琐碎而平凡的事物都可以是梦想,这些聚在一起是一个完整的家、一个和谐的社会、一个富强的国家,千千万万个小梦想汇成了中国梦。

我想人向来是喜欢美景和友人。幼时的我在幻想《青铜葵花》里的草垛、小溪、萤火,少年时的我在感慨《平凡的世界》里的命运多舛、劳动和奋斗,而来这里之前,我在军训宿舍的窄床上,微蹙着眉,一页一页翻着《江村经济》。与自然相关的描述令人神往,涉及人的故事多是感同身受的激昂与神伤,而调查数据又让人冷静专注于问题的发展与前进。

可是太不同了,我是说我的实际体验和书里写的太不同了。

我的时间只允许我完成好自己的工作,我没有参与其他小组的调研任务,也没有和村民进行交流,两周的实践时光却在我的记忆中留下了很多细碎而美好的景色。

可能是有刚经历的军训做对比,也或许那时的丰宁已经处在脱贫摘帽的最后阶段,我所见到的丰宁并没有想象中如同影视剧里一样的夸张到多么的贫困。我还记得我们在宽阔的山坡上奔跑,湿漉漉的泥土、鲜绿的草地、娇嫩的小花,那是我前二十年的生命里不曾有过的经历。

那只是再平凡不过的一个小山坡,有着自由生长的小草和几乎没有人去观赏的被称之为野花的植物。那一天的我,却像是第一次见到雪的南方孩子一样,第一次切实地感受到这样质朴的快乐,只有在乡村才能感受到的快乐。那一瞬间,我特别想在草地上打个滚,深深地嗅一嗅混合着绿意的泥土的味道。我想那可能是会永久印刻在记忆的味道,像是存在我脑中十年有余的那个夏天里阳光下油柏的味道,至今回忆仍觉得嗓子发紧。

一个月后,为了宣传次年将在北京延庆举办的世界园艺博览会,我再一次参加实践活动。一行 6 人从昌平出发,走过延庆,再到东城、西城,最终再一次回到昌平。我们选择了"种子画"作为宣展的主要形式,具有农林特色的同时又便于移动,操作简单又美观多样。

说来我是个会事前忧虑的人,也因此习惯性地为实践活动做了计划。起初我认为 6 个人的小队并不能起到多么好的宣传效果,所以也就没有设定宏大的目标,但是一切却自然而然地完成了,大大超过预期。我想,这是因为我们小队的凝聚力很强,团队关系和谐,每个人都发挥了自己的优势和作用。因此,尽管是 6 人小队却拥有了大于 6 人的力量。

我们选择北京市内的各大公园作为宣传地点,将有着充裕时间的老人和孩子作为主要宣传群体。在与爷爷奶奶和小朋友们相处时,让我沉溺其中。说实话,我向来是不喜欢阳光的人,尤其是夏日里正午时

分的太阳,但我却在那个午后,从公园的小亭里乘着一小片的荫凉,喜欢上了石桌上的半片温暖,屋檐下散落的碎光,和不远处小池塘里宝石一样的波光粼粼更是让我感到惬意。而这个瞬间我一直珍藏至今。

世园会的宣传活动对于我更像是一场治愈的旅程。没有过度的压力,虽然连日奔波的身体是疲惫的,但团队的合作、听众的亲切和那炙热又夺目的阳光都让我倍感放松。

回忆起来,总是感慨良多。尤其是在疫情还在继续的当下,那个暑假的记忆愈发珍贵。现在的我终于可以大声地告诉所有人,我还留在这个领域,还在试图为我们伟大的中国梦贡献一点力量。我还是喜欢花、喜欢草,喜欢大自然的一切,还是脚下踏着我那平凡的小梦想,心里却怀着一个大梦想。

不足两个月的暑假,我将它的一半时光交付给了专业相关的实践活动。我还想在园艺领域做得更久更多,这两份经历无疑是我整个专业生涯中闪闪发光的存在。真心地感激这两次实践经历,让我受益颇深,它们将长久地存留在我的记忆里,伴随着我之后的学习与工作。

　　段诗瑶,女,共青团员,2017 级园艺专业,任北京农学院植物科学技术学院学生会新闻中心美编部部长、班级心理委员,获 2018 年首都大中专学生暑期社会实践优秀团队队员和北京农学院 2017—2018 年度优秀学生干部,后考入北京农学院农艺与种业专业继续深造。

农科学子　助力振兴

钱百蕙

回想 2018 年的夏天,在结束紧张忙碌的考试周和严酷环境的军训之后,我并没有选择开始我舒适的暑假生活,而是和学校的老师同学们一起前往了河北省一个叫丰宁的地方开始了为期 11 天的社会实践活动,使我的暑假生活变得充实快乐。我很感谢自己做的这个决定,给了自己一个锻炼的机会。

7 月 23 日早上,我们 40 多位同学和老师们,顶着毛毛细雨搬着我们的行李和其他所需物品从学校等车出发,经过 4 个多小时的车程,到达了丰宁的北黄土梁村,暂住在当地的一个农家小院。招待我们的是赵姐,因为学院之前就曾住过这里,所以能够感受到老师和学长学姐们对赵姐也是十分熟络和亲切。赵姐说:"就把这儿当成自己的家,有什么需要帮助的就跟我说。"因为也是第一次参加实践活动,出来这么远,这句话让当时的我心里突然踏实下来,也让接下来几天的生活、工作顺利开展。时光流逝,不知不觉已经过去了这么久,不知赵姐的小院生意怎样,还有没有像我们这群调皮毛孩一样的人再去打扰,希望以后有机会还能见到赵姐,好感谢当年的照顾。

到达的当天下午,我们就去走访了所在村落——北黄土梁村,熟悉了一下我们的工作流程。我是被分配到调研组的,所以我们的工作基本上就是走街串巷地去采访当地人家。刚开始的时候,对于这个工作真的是无从下手,甚至不敢敲门,不知道如何开口去跟村民们沟通,如何解释自己是来干什么的。当我们小组处于尴尬境地的时候,看到其他小组已经开始和村民们聊天,我们就过去观察了一下,最后发现也没有我们想象得那么复杂。于是,我们小组 3 个人也照猫画虎、挨家挨户地敲门走访,在门口大喊"请问家里有人吗?",前几户基本上我们都吃了闭门羹,让我们甚至怀疑村里还有没有人住。直到我们在街上遇到一个老爷爷,他特别和蔼地跟我们打招呼,让我们的心情瞬间缓解了许多,聊天也顺畅了起来。不过刚开始问问题的时候还是有些生涩,对于问卷还不算特别熟悉,提问的时候不知道该从哪里开始。随着跟村民的聊天逐渐深入,我们也不断了解到了很多情况。也明白了不是让我们跟着问卷走,而是让问卷跟着我们的脚步走,这样调研就变成了一段一段的聊天,畅聊家长里短和风土人情,聊庄稼收成的同时也让我们更加了解村民们的生活日常和琐碎。这也不断地使我们不知不觉中成为了一个有"套路"的调研人,我们开始了更高效、更准确、更具体的工作。

在前 10 天的时间里,我们走访了 2 个乡镇的 12 个自然村:北黄土梁村、苏武庙村、高栅子村、侯栅子村、杨木栅子村、南关村、长阁村、九宫号村、富贵山村等。但是也有遗憾,其中有一个村子由于下雨,大桥冲毁,道路阻塞,我们无法到达。在下乡调研的日子里我们见到了当地最长寿的老人、当地最贫穷的家庭、当地最具贫富差距的村落等。见到了太多自己从没接触过的社会现实,让自己感受颇深,在当地最普遍的现象便是家里只有老人、孩子和孩子妈妈,青壮年男士大多在外打工来维持一个家庭的生活。其中最令我印象深刻的是一位全村最长寿的老人,我们进村经过几番询问问到了长寿老人的家庭住址,记忆中刚刚看到他家的屋子时我的内心是震惊的,破败的石头房,窄小的木门,一进去便有一位老奶奶坐在那儿干农活,她很瘦弱但眉目慈祥,见到我们便赶忙站起来迎接,听说我们是大学生下乡来实践的,更是激动不已,记忆里她紧紧握住我的双手,激动地说:"很希望有人来看看我们。"眼中满是泪痕,她热情地在菜园里给我们挑选当季新鲜的蔬果,她淳朴、慈祥的模样让人久久不能忘记。据我们了解,老人家已经 90 多岁了,儿女也在为自己的生活打拼,没有太多时间陪伴她们,更没法亲自照顾她们。现在老两口的岁数都很大,田地也无法耕种,全部都给了儿女。我深刻感受了她们的生活之后,现在想一想都不觉让人泪目。

  在这十几天的实践活动中,我们收获了太多太多的感动,也收获了村民们的热情、朋友们的友情、老师们的温情,在这其中的每一件小事都能成为我们的动力,让我们在前进的道路上越走越远。随着时间的推移,我见到了更多的农民,听到了更多的故事,也渐渐了解到他们生活的一角。从刚开始觉得他们很"傻",因为他们只在庄稼地里种玉米,也不种些经济效益高的农作物。在这几天里,我也无数次地问过当地村民,"为什么?"可到后来才明白,是我太傻,想得太简单,因为他们的技术的确无法支持种植其他农作物,最重要的是没有销路。当地的土壤是沙土地,也不宜种植果树等。通过这件事也让我明白了什么是"纸上谈兵",有些事情只有当你设身处地的时候才明白事实到底是怎样的。感谢这次经历,也更要感谢来到实践团的专家老师们,他们专业细致的讲解,让我更加明确了自己的目标,他们让我更了解"三农",更加明白扶农、助农脱贫是多么重要的一件事。

  在这次行程中,我们还来到了杨木栅子乡中心小学,进行了一天的支教。在和孩子们交流的过程中了解到,其实除了这个镇中的中心小学,其他的村中只有三个年级,在四年级的时候,孩子们就需要离开家,在学校中寄宿,一个村中只有一个老师是常有的事情。他们在这么小的年纪就要学会自己生活。父母对人生的教育是十分重要的,多么希望他们也可以在父母身边快乐地长大。我们此次的支教活动也是大家策划了许久的,我们分组协作,绘画、书法、国防、舞蹈,每一样都有着独特的风采,只是希望孩子们可以选到自己喜欢的项目。当我踏进校园的时候,不知心情为何如此激动,就感觉自己仿佛回到了小时候,熟悉而又陌生的感觉笼罩着自己,我看到阳光洒进教室的窗户,看到操场的沙砾在闪着耀眼的光,看到孩子们青涩的脸庞,突然觉得自己不再是学生这个身份,从那刻起自己便是他们眼中的老师。想起一起升旗看到国旗高高飘扬时内心的激动,不知为何流下了眼泪,就在一瞬间,我觉得自己不仅是给予者更是收获者。在升国旗后,我们按照分组进入班级,首先进行了自我介绍,打破了拘谨,孩子们从刚开始拘束不安的样子到后来放声大笑,我觉得那一幕对我来说是快乐而幸福的。下午我们在一块巨大的画布上用五颜六色的彩笔画出自己的梦想；记得那一双双稚嫩的手画出的可爱图案，感觉自己也好像回到了小时候再次拥有了童真。大家都是大手牵小手，小孩子有小孩子的梦想，大孩子同样也有属于自己的梦想，我们一起合作，一起画出代表自己梦想的事物，然后附上自己的名字；更记得最后我们的师生共舞，我们上百人在那所小学的操场上跳了孩子们教我们跳的课间操，真的是超级开心，那天真的是最累的一天，但也是让我感到最幸福的一天。我们还互相交换了联系方式，我相信我们这一天的相处会给他们的童年带来一束光亮，哪怕是一点点。感谢这一天与他们的相遇，也感谢那群可爱的小朋友让我在那天收获了和你们的友谊。

还记得在实践活动的最后一天，我们围坐成一个圆环，再次进行自我介绍，聊一聊大家的感悟。听了一圈下来，更是给我很大的触动，感受到了身为农科学子的责任，对于一个从小在农村长大的孩子来说，这次入户调研给我最大的感受不是农村如何贫困，需要我们的帮助，而是感同身受。我感觉这个实践活动真的是不虚此行，平时的我基本都是

学校和家两点一线的生活,学习的是书本上的知识,了解的是死板的内容,但是深入乡村基层让我明白了什么是真正意义上的乡村,什么是淳朴的民风,什么是积极的生活,也让我感受到生活的魅力。

通过这次的实践活动我真的学到了很多,也成长了很多。真的很想感谢那些可爱的村民们愿意把故事讲给我们听,感谢老师们给予的机会,感谢在生活上给予我们很大帮助的赵姐和实践基地的老师们,感谢工作中小伙伴们的照顾和鼓励。最后,希望曾经遇到过的你们生活顺利,身体健康,都一起变得越来越好吧。

钱百蕙,女,中共党员,2017 级农业资源与环境专业,任北京农学院植物科学技术学院团委组织部部长,班长,获北京农学院 2017—2018 年度优秀团干部和 2019 年度京津冀农业精英版优秀学生,后考入北京农学院资源利用与植物保护专业继续深造。

情在路上

王 越

　　回望 2018 年,那是中华人民共和国成立第 69 周年,学校响应国家号召,助力脱贫攻坚开展了"温情服务三农,助力乡村振兴"系列实践活动。这是北京农学院植物科学技术学院暑期社会实践五年精准扶贫计划的第四年,我们去到河北省丰宁满族自治县,走访了草原乡、四岔口乡、南关乡等 5 个乡镇,争取帮助每一个贫困乡在技术上、教育上、精神上脱贫。现在动笔的这篇实践心得其实我觉得更像是回忆录,因为距离那个鲜活的夏天已经快两年了,但是再次回想起 2018 年的暑期社会实践活动,各种场景依然历历在目。那是我来到大学后第一次如此近距离地感受到自己所学的专业对国家是多么的重要。2018 年 7 月 23 日,小雨连绵,那时我刚刚结束了大学的军训生活,拉着小小的行李箱伴着细雨,我们在学校的正门集合拍了一张集体照便乘上大巴车前往河北丰宁,开启了下乡的实践生活。我被分在了调研组和访谈组,我清楚地记得自己走进第一户人家时的场景,木板做的门,小院里有两棵李子树,没有水泥路而是我只在电影里面见过的黄土路,瘦弱年迈的一对老夫妻,他们很热情地邀请我们去屋里坐,屋子里光线很弱,进门便看见一个简陋的灶台,旁边散乱地堆着一些树枝,那应该是用来烧火的柴。进门右手边有一个小门,里面是老夫妻住的地方,一个土炕,一扇窗户,一张桌子这便是全部了。其实在没来这儿之前,我是从没有真正了解过贫困农村的样子的,我出生在一个小城不算特别发达但也绝不落后,小时候我也常在外婆和奶奶家农村的老房子里玩耍,姥姥家的院子是石砖铺就的,有一个大花园,里面什么都有,进屋便是瓷砖地,主屋和其他厢房都是地板,明亮的大窗户,家电一应俱全,虽然道路没有城市那样四通八达,也没有车水马龙,但怡然自得,这便是我记忆中的农村。但当 19 岁的我踏入这户农家时,我见到了另一种样子的农村,它和我记忆中的农村相去甚远,我第一次认识到了中国贫困农村的样子,第一次觉得我们的实践活动意义非凡,第一次感受到了国家脱贫攻坚战的重要。质朴热情是我对那对老夫妻的印象,他们招呼我们 3 个学生进屋去坐,奶奶去院子里摘果子来给我们吃。第一次做调研工作,拿着调研表的我有些紧张,爷爷笑着问我们是从哪来的,为什么来这里,我们一一回答了,这对热情的老夫妻让我们觉得很亲切,爷爷的话打破了我们的拘谨,我们开始试着交流,从我们的身份到爷爷奶奶的生活,到他们地里收成,在谈话中调研表上的问题竟然也一一都有了答案。我们留了两包种子表示感谢,第一次的调研一切顺利。接下来我们又走了 10 多户农家进行调研,一一了解他们的情况。那几天的生活都是如此,进入农户家中走访调查,与他们亲切地交谈,交谈中我发现那些我在课本上所遇到的问题其实他们有更好的解决方式,他们在某些方面比我们更了解土地,那几天的走访让我对自己的专业知识有了更深刻的认识。原来自己所学的东西并不是那么遥不可及,哪怕当时的我并没有多大的能力去帮助他们解决问题,但是通过与他们交流将问题反映给老师,让老师来帮助农户解决这些难题,从而帮他们在技术上脱贫,也让我感到荣幸和骄傲。

在这次实践中我们走访了 5 个乡,调研了许多农户。走在乡间的小路上,虽然天气炎热,但是心中却是欢愉的,因为我们去了那些抗战老兵的家中。这些老兵们不愧是民族英雄,耄耋之年仍存军人的刚毅正气,他们对生活充满希望,对党对国家充满感激之情,他们见到我们后,亲切地拉着我们的手说:“我们给党给国家添麻烦了,还要你们来亲自探望,我们受之有愧。”看着他们住在简陋的房子里,听着他们说自己现在都不能再为这个国家做贡献很愧疚,其实那时我的心里是真的感觉到难受的,他们如今的境遇,让人感到的不仅是酸楚,还有感动、自省、敬佩,甚至自责自己没有任何能力立即改变他们的生活,但值得庆幸的是我可以参与植物科学技术学院五年精准扶贫计划,在这场帮助他们脱贫的工作中献出自己的一份力量。这些可爱的抗战老兵们,他们那种吃苦耐劳、默默奉献的高尚品格震撼着我,也激励着我。采访这些老兵,他们都会讲起那段独属于他们的历史,那些电影上的情节是他们的真实写照,他们是推动历史发展的人,他们曾参与过的战争因为有了他们的存在,我们得以窥见鲜活的历史,然而他们没有为他们自己、儿孙留下任何丰厚的财产,耄耋之年他们在这个小村子中安静地生活着,他们没有因自己生活的拮据而打扰国家,反而一直感激着党和国家让他们得到了解放,有了自己的生活,他们一直铭记着这份恩情。前事不忘,后事之师。我们铭记着这段历史,是为了更好地拥抱未来,听着老兵的故事,传承老兵心中的精神。

我们去了一所小学支教,那天的我很兴奋,山里的孩子们,当你见第一眼的时候就会喜爱上,因为他们的眼睛干净清澈,是真的会吸引你。他们童真且快乐,鲜活美好的感觉是人人都会向往的。那天我是负责来教他们舞蹈的,孩子们稚气的脸,天真的笑容,我们一起跳舞,那是段快乐的时光,我至今还记得,最后我们实践团所有的团员和带队老师都参与进来一起跳了那支舞蹈,那是我第一次感受到了同伴战友的感觉。我们与孩子们一起在洁白的画布上落笔彩绘,画着属于我们的中国梦。我至今还与其中的几位孩子保持着联系,他们向往外面的世界,期待着走出那个地方,然后回去改变那个地方。我很开心我们的到来给了那个地方新的机会,给了孩子们新的希望,我们尽全力给他们技术上的支持,进而改变他们的教育,让他们真正做到从精神上脱贫。

路漫漫其修远兮,吾将上下而求索。大学就是一座象牙塔,我们能从这里收获很多知识,却不能体会到社会里的现实。而这次社会实践活动却让我将自己所学的知识运用到实践中去,并从实践中获得更多的东西,它不仅仅只包含知识,还有其他我们在这个世界中社会中所运用到的技能和能力。在这次实践活动中,我更深刻地认识到了知识改变命运,思想决定高度。这些贫困乡村有个共同的问题便是农民们认为眼前的利益要比长远的计划更重要,他们更希望直接从政府那里得

到优惠政策，而不是学习新的技能来致富，他们并不是特别重视下一代的教育，只是靠山吃山靠水吃水，这形成了一个恶性循环，致使他们一直无法摆脱贫困。下乡与老党员的交流让我感受到了党员与群众的不同，他们更讲求"奉献"，他们的一生也都围绕着奉献，他们认为国家一直在努力地改变现状朝着更好的未来努力奋斗，各级领导干部都在尽自己的所能帮助贫困乡村打赢脱贫攻坚战，他们对自己的生活很满意，有的还认为自己付出的还不够，给党和国家添了麻烦。身为一名共产党员的我听到这些话不禁有些羞愧，仔细想想我又为了这个国家这个时代奉献了什么呢？我只有不断提高自己的技能水平与知识水平，在未来步入社会岗位后为国家做出贡献，只有我们这群青年人积极地响应国家的号召，到基层发挥自己的专业优势，才能更好地为祖国发展贡献力量。在这十多天的实践中，我们走访调研，从农户的家中到辽阔的农田中，从破败的乡村土路到美丽新农村的柏油路，从孩子们天真稚嫩的笑脸到老人们饱经风霜的面容。我见到了许多，也听到了许多，更收获了许多，在那里所经历的一切都是我生命中宝贵的精神财富，很感谢能有机会参与到实践团的活动中,感谢我遇见的每一个人,能让我一点点成长,愿离开校园走向社会的我能成为一个对社会有用之人。

王越,女,中共党员,2017 级农业资源与环境专业,任北京农学院植物科学技术学院团委实践部副部长,班长,获北京农学院 2018—2019 年度一等奖学金,2018—2019 年度优秀团干部、优秀学生干部,考入北京农学院农业资源与环境专业继续深造。

凝心聚力　任重道远

朱雪骐

　　2018 年的暑假,我有幸参加了北京农学院植物科学技术学院实践团社会实践活动,成为"北京农学院植物科学技术学院学子聚力乡村振兴"暑期社会实践团中的一员。参加此次实践活动,让我能够走入真正的乡村,探访当地的农民。这次社会实践活动给生活在都市中的我提供了能够接触乡村、了解乡村的机会。

　　深入乡村,同当地的农民谈心交流。乡村振兴,不仅需要政策、资金的支持,更加需要每一位农民的共同努力,此次社会实践活动,对于乡村扶贫振兴,任重而道远。虽然 11 天的社会实践活动时间非常短暂,但我从中锻炼了自己,并且学到了很多课堂中学不到的知识,汲取了丰富的营养。通过这 11 天的时间,也使我对乡村振兴有了更多的心得体会,认识到只有到实践中去、到基层去,把个人的命运同社会、同国家的命运联系起来,才是青年成长成才的正确之路。

　　在此次活动中,我有幸被分到了采访组。在 11 天的社会实践中,走访当地的村民,探访当地的民风民俗。我与当地不同的农民谈心交流,他们中有的是耕种的农民,有的是小卖部老板,有的是当地的种植大户,有的是村中的领导干部。在他们身上,我看到了庄稼人的朴实、好客、憨厚以及对于脱贫的迫切希望。

　　采访组的工作,培养与增强了我与人相处、交流的能力。在走访的第一天,我面对村民非常紧张,不知道应该从何开口、如何问问题,但是经过短短几天的入户走访,我已经可以自如地与人交流,在交流的同时思考并提出问题,敢于与别人交流,说出自己的观点和意见。在烈日下,我们进行入户访问,在这次活动中我得到了成长并有些许感悟。

在采访中,我们也发现了当地的很多问题。当地种植作物单一,农民选择玉米为主要种植作物。我们曾经就这个问题做出过具体的探讨,不少村民告诉我们种植玉米仅仅因为产量高、适应性强、栽种难度较小。当地大部分农民选择在农忙时种地,农闲时外出务工,所以村中大多是无法外出的老人及留守儿童。每个村的情况都各不相同,有的村民反映因为水利设施简陋导致作物供水不足,有的村民反映因为各家的地都挨着导致无法改变种植的作物,只能选择种植玉米。有些村民经常会向我们提出一些种植方面及病虫害防治方面的问题,因此通过这次实践,我在大一所学的知识得到了巩固和提高,原来理论上模糊和印象不深的知识都得到了巩固,加深了对知识的认识和理解,同时也激励了我要更加努力地学习专业知识,做到学以致用。我们现在学习的知识应该在今后的生活中加以运用,让我们能够在面对一些更加实际的问题时可以更好地实践。知识犹如人的血液,人缺少了血液,身体将会衰弱,同样人缺少了知识,头脑将会枯竭。知识的积累是随着学习时间的增加而增加,所谓学无止境,我们今天的努力学习就是为了今后的实践。

学院的老师也在此次活动中给我们讲解了许多专业的知识。农学系副教授赵波讲述的"三农"问题让我印象深刻,"三农"问题指的是农村、农业、农民这三大问题。我们要精准扶贫就要理解"三农"问题的基本含义及主要涵盖的问题。通过赵波老师通俗易懂的讲述,我了解了何为"三农"问题并将其中的问题加以概述。在采访过程中,许多农户向我们提出了关于玉米种植的一些问题,实践团里的农学专业教师详细的讲解使我们更加清楚玉米种植的过程和需要注意的一些问题。土壤营养学专业教师为我们解析了现在关于土地利用的政策方针,由此解释了村中畜牧业为什么不发达的原因。通过这些老师的耐心解答和讲解,我在课堂之外又收获了新知识。这些知识是课堂中难以涉及的,将这些问题与现实情况连接起来才能够更加充分的解释。理论结合实际,实践结合专业,老师们还与我们分享了种植经验。

在采访种植大户的过程中,种植大户向我们反映了他们遇到的一些亟待解决的问题。在他们看来最主要的问题就是技术支持,虽然这些大户选择了新的作物品种来种植,但是他们的种植方法仍然是老一辈留下的土办法。这些方法有的是适用的,还有一些因为当地水土资源等原因已经不适用了,但是由于没有人讲解,没有相应的技术支持,导致产量并不能达到预期。我们在苏武庙村采访的种植大户,他种植的主要作物是甘薯。在农学系赵波教授的指导下,针对甘薯起垄情况、土壤条件等实际问题提出改良意见,种植户从中得到了很大的启发,来年将尝试改良种植模式,引进优良品种。同时销路问题也影响着种植户们的收益情况,很多种植户由于没有销路导致种植出的作物只能低价贱卖或者送人。其中的几个大户是返乡青年,他们本着对家乡的热爱放弃在外务工的机会,回乡推动脱贫,当地政府给予了大力的支持。

村民对蔬菜种植的信心不足也是阻碍扶贫的一大问题。在走访中我们发现依然有村民宁愿种植利润低下的玉米也不愿尝试种植大棚蔬菜。在他们的叙述中我们得知,缺乏资金是其中一方面的原因,更多的是村民对于种植大棚蔬菜这种新鲜蔬菜的不信任,缺乏销路也是其中一大重要的原因。村民缺乏种植蔬菜的相关知识,也没有相关经验,我们应该尽力在技术和种植知识上提供相关支持,鼓励村民完成产业调整。

在此次走访中,我们采访到了几位退伍老兵。他们中有的多次负伤,由于伤病已无法独自生活,全靠儿女赡养,有的因为没有儿女只能靠亲戚救济。在走访中,我们意外采访到了董存瑞生前的一位战友,老人已经90多岁,在解放战争中多次负伤,最终因残复员回家。

我们还参观了爱国主义教育基地——道德坑村后方医院遗址,接受了爱国主义教育。通过这次活动,我们对那段难忘的历史进行了回忆并且有了新的认识。正如习近平总书记所强调:"铭记历史的目的就是为了开创未来,我们不能忘记,忘记它就意味着背叛。"我们要牢记由鲜血和生命铸就的中国人民抗日战争和解放战争的伟大历史,牢记中国人民维护民族独立和自由、捍卫祖国主权和尊严建立的伟大功勋。

在此次社会实践中,我们还运用了多种高科技进行高效、创新的实践活动。我们将无人机、绘图板等现代化技术融入助力乡村振兴的实践活动中。新媒体技术的运用,为我们的实践成果增添了许多现代化色彩。

此次社会实践活动,是我们农科学子走出校园、走向社会、面向基层、服务基层的一个过程。其中的历练让我们学会理智面对调研与采访工作,从自身思考问题,在实践活动中直面问题,敢于提出问题、解决问题。同时,更早地了解了我国农村的现状,尝试用自己的视角捕捉贫困村发展的症结,在社会实践活动中提高了自己的综合能力,为将来更加成熟迅速地融入社会,投入"三农"事业打好了坚实的基础。党的十九大提出乡村振兴发展战略,描绘了推进新农村建设的宏伟蓝图。落实党的政策是取得乡村振兴阶段性胜利的必要条件之一,贯彻党的制度是开创乡村振兴新局面的基本要求之一,传承党的精神是顺利进行乡村振兴工作的充分条件之一。在乡村振兴的道路上,青年人更应承担起自己的责任,发挥自己的作用。作为新时代的大学生,作为新时代的农科学子,我们应继承发扬红色精神,不怕苦、不怕累、不怕受到挫折,将所学知识应用于实践,用青春热血助力乡村振兴。

作为一名当代大学生,参加此次活动使我深深地感到社会实践的重要性。我希望以后能够经常参加实践,只有在真正的社会实践活动中体验生活,亲身地接触社会、了解社会,才能使自己得到锻炼,才能使自己所学的理论知识得以运用到实践,才能使自己成为真正有用于社会的人。社会实践弥补了理论与实际的差距和不足,社会实践的意义也在于此。社会实践活动不仅使我的各方面能力得到了提高,也使我增强了扎根实践吃苦耐劳的精神。

2021年2月25日,我国召开了脱贫攻坚总结表彰大会,大会上,习近平总书记宣布中国已消除绝对贫困,在这场历经无数代人的伟大斗争中,无数中国扶贫人走在脱贫攻坚的第一线,用他们的努力换来了我国脱贫攻坚工作的胜利。能够参与其中是一个农科学子的荣幸,同时也在激励着我努力变得更好,能够为党和国家贡献出自己的一份力量。

朱雪骐，女，中共党员，2017 级农业资源与环境专业，任北京农学院校团委秘书长，获北京农学院 2019—2020 年度优秀团干部，后考入中国科学院大学继续深造。

深入基层　付诸实践

王莹莹

2019 年夏天,在老师和团长的带领下与实践团经历了几天的社会实践,我感慨颇多,我们见到了社会的真实一面,实践生活中每一天遇到的情况还在我脑海里回旋,它给我们带来了意想不到的效果,社会实践活动给生活在都市象牙塔中的我们提供了广泛接触社会、了解社会的机会。

"千里之行,始于足下",这短暂而又充实的实践,我认为对我走向社会起到了一个桥梁的作用,是我人生的一段重要的经历,也是一个重要过程,对将来走上工作岗位也有着很大帮助。向他人虚心求教,与人文明交往等一些为人处世的基本原则都要在实际生活中认真地贯彻,好的习惯也要在实际生活中不断培养。这一段时间所学到的经验和知识是我一生中的一笔宝贵财富。这次实习也让我深刻了解到,和团体保持良好的关系是很重要的。做事首先要学做人,要明白做人的道理,如何与人相处是现代社会做人的一个最基本的问题。对于自己这样一个即将步入社会的毕业生来说,需要学习的东西很多,实践团里的队员就是最好的老师,正所谓"三人行,必有我师",我们可以向他们学习很多知识、道理。实践是学生接触社会、了解社会、服务社会的最好途径。亲身实践,而不是闭门造车,实现了从理论到实践再到理论的飞跃。增强了认识问题、分析问题、解决问题的能力。为认识社会、了解社会、步入社会打下了良好的基础。同时还需我们在以后的学习中用知识武装自己,用书本充实自己,为以后服务社会打下更坚固的基础!

艰辛知人生,实践长才干。通过这次的社会实践活动,我们逐步了解了社会,开阔了视野,增长了才干,并在社会实践活动中认清了自己的位置,发现了自己的不足,对自身价值能够进行客观评价,这无形中使我们对自己的未来有了一个明确的定位,增强了自身努力学习知识并将之与社会相结合的信心和毅力。对于即将走入社会的大学生们,更应该提早走进社会、认识社会、适应社会。大学生暑期社会实践是大学生磨炼品格、增长才干、实现全面发展的重要舞台。在这里我们真正地锻炼了自己,为以后踏入社会做了更好的铺垫,以后如果有机会,我会更加积极地参加这样的活动。

从群众中来,到群众中去。在本次的社会实践中,我们还同很多群众谈心交流,思想碰撞出了新的火花。从中学到了很多书本上学不到的东西,汲取了丰富的营养,理解了"从群众中来,到群众中去"的真正含义,认识到只有到实践中去、到基层去,把个人的命运同社会、同国家的命运联系起来,才是大学生成长成才的正确之路。

扶贫攻坚,更需要当代青年人多一些担当、多一些办法、多一些接地气的思路,用换位思考的方法,来解决群众遇到的实际困难。我们要在消除痛点上亮真招,在攻克难点上用准招。党的十八大以来,以习近平同志为核心的党中央站在全面建成小康社会、实现中华民族伟大复兴中国梦的战略高度,把脱贫攻坚摆到治国理政突出位置,着力在真扶贫、扶真贫、真脱贫上下功夫。贫困地区群众出行难、用电难、上学难、看病难、通信难,是长期存在的老大难问题。我们要坚持因人因地施策,因贫困类型施策,区别不同情况,做到对症下药、精准滴灌、靶向治疗。

在走访困难户方面,我们要细心走访,做到有的放矢。走访前,要认真了解全村的基本情况以及走访的群众类型(五保、低保、扶贫户)、劳动力情况、群众对政策的知晓了解情况等。

我们要诚心走访,做到将心比心。在走访过程中,尽可能地到村民家中看一看,看到部分村民生活相当艰苦,尤其是一些因病残导致家庭贫困的现实情况(年老、身边无人照料、房屋破旧、生活贫苦),要在走访时一一进行了解并记录。

在走访困难农户的时候,要将村民当成自己的亲人、朋友,以诚相待。在处理困难村民问题时候,在结合有关政策的基础下,要有耐心,动之以情、晓之以理。走访村庄时,很多村民都积极配合,他们对我们的工作都十分理解和支持,又是倒茶,又是拿凳子让座。感谢村民对我们工作的理解和配合。在制定帮扶措施时候,我们要勤于思考,充分研究实际情景,因地制宜,合理进行调整。

1.持之以恒开展帮扶。精准扶贫是一项长期系统工程,需要长期的努力。应根据实际,制订长期计划,给予扶贫对象长期、持续跟踪的帮扶。

2.结合被帮扶对象的实际特点开展帮扶。在帮扶对象中,因病致贫、因贫返病现象相当普遍。应立足实际,创新帮扶措施,增强其脱贫本事,使之早日脱贫致富。

3.加强与村、镇、县沟通联系,给予困难群众适宜的就业机会、致富途径,使其增强造血本领。进一步采取措施,克服困难,切实解决其生产、生活中的困难,力求从根本上提高困难群众的生活水平。

在走访群众时,大部分是与家中老人交谈,见到的年轻人不多。经了解,大部分年轻人在外面打工(做杂活),老人一般在家里都以种田为主,而一般留守在家的老人是年老体弱的,无经济来源,很多老人有自己给家庭带来负担的想法。在走访时,除了要多体谅他们之外,我们还要多鼓励他们要树立信心、振奋精神、自力更生、争取早日脱贫。

国家正大力支持农业,给予更多的帮助。消除贫困、改善民生、实现共同富裕,是社会主义的本质要求,是改革开放和社会主义现代化建设的重大任务,是全党全国各族人民始终不渝的奋斗目标。2020年我国已经实现了全部脱贫,全面进入小康社会。将来国家的政策会更好,农民的生活也会越来越幸福。

我相信,任何困难都是暂时的,虽然目前经济生活条件较差,但大家首先要有脱贫致富的勇气和决心,要认真学习致富技能,拓宽增收渠道,提高家庭收入。相信在党和政府的带领下,经过自我的勤劳双手一定会创造出完美幸福生活。

努力地去认识他人,从别人身上发掘出你可以学习的地方,体会每一句睿智的语言,学习别人的优良品行。在这么短的时间内,我学到了很多,村民的朴实和热心、环境的恶劣锻炼了我的意志,心更加坦荡。生活就像一种修行,只有行万里路,亲身体验实践才能有所感受。

这次实践活动,丰富了我们的实践经验,提高了我们的团队合作能力,使我们通过这次实践更加了解社会。这次实践活动意义深远,可以让我们享用一生。作为一名 21 世纪的大学生,社会实践是引导我们走出校门、步入社会并投身社会的良好方式。我们要抓住培养锻炼才干的好机会,提升我们的修养,树立服务社会的思想与意识。同时,我们要树立远大的理想,明确自己的目标,为祖国的发展贡献自己的一份力量!

王莹莹,女,共青团员,2017 级园艺专业,任北京农学院定向越野社宣传部部长,获北京农学院 2019 年大学生物理实验竞赛二等奖和北京农学院 2017—2018 年度优秀团干部,后考入北京农学院园艺专业继续深造。

脚步丈量土地 用心助力脱贫

王禹桐

怀着一份激情与求知的渴望,2019年暑假,我们一行32人组成了一个团队,在学院老师的带领下,开展了一次十分有意义的暑期社会实践活动。社会实践使我受益颇多,它可以锻炼每位成员自身能力,提高其综合素质,积累更多的社会实践经验,为其走向社会奠定基础。同时,作为实践中的我们也提高了思想素质,为积极投身于社会主义现代化建设做了良好的铺垫。

实践团成员利用两天时间对河北省承德市丰宁满族自治县草原乡的草原村和东窝铺村进行了调研。草原乡有凉爽的风、广阔的草原,还有一下车就扑面而来的清新空气。我们分组进行了调研工作,走访了附近的村民。一切都很顺利,很幸运得到了走访户的热情接待,我们对部分村民的家庭收入、生活状况以及村庄的乡村建设、农业发展情况以问卷的形式进行了调查。我们小组在草原村走访调研了3户人家,人们对于降水的依赖性特别大,听到最多的一句话就是"靠天吃饭",每年的收成全看降水的多少。草原村的收入差距很大,我们走访的第一户人家年收入不到3000元,而第二户人家年收入将近4万元。

第二天,我们去到了草原乡的东窝铺村。与草原村相比,东窝铺村的基础建设比较完备,村风村貌更加美丽。幼儿园、广场、卫生所等基础设施位于村中心,对于村民都很方便。但是东窝铺村里很少能见到年轻人,很多是50岁以上的老人,村里老龄化严重。

第三天,我们来到了四岔口乡调研。上午,我们跟随乡里书记来到了种植荷兰豆、甘蓝的地里。书记说这片地有123.6亩,全部种植着荷兰豆。但是放眼望去,大片的荷兰豆枯黄了,经过专业老师的观察,是由于荷兰豆普遍得了根腐病。这种病害在发生早期通过喷药便可以预防,但是由于种植人员没有发现是何种病害,就导致根腐病在荷兰豆田间传播,导致了大面积枯黄。随后我们跟随村民去采收了甘蓝,看到一个个的甘蓝被我们采摘下来,然后被包装好,心中充满了丰收的喜悦。

下午我们在李起龙村进行调研,突如其来的一场大雨打断了我们的调研进程,我们便驱车赶往下一个地点。在路上我们遇到了许多困难,但是经过实践团成员的共同努力,团结一心,困难迎刃而解。风雨过后,风光无限,四岔口乡书记带领我们到了千松坝林场,这里的景色美不胜收。

实践第四天,上午由老师带领我们去了黄土梁村旁边的山坡,我们在那里拍了照片,这是植物科学技术学院实践团的传统。我们摆出了"BUA""ZK"、心形等造型。下午我们去了南关村调研,通过调研,我们知道了村里的人们对于近年来村里的建设都十分满意。村里的垃圾由专门的负责人统一处理,村貌发生了巨大的变化。但是没有改变的是,南关村的村民对于自家土地的种植依然是靠天吃饭,收成好不好全看老天降水多少。

第五天,我们去到了王营村,炎热的天气并不能阻挡我们前进的步伐。上午一共调研了6户人家,通过走访得知王营村近年来的美丽乡村建设工作十分全面,村民对于国家的这项政策也十分支持,都说村子有现在的面貌全靠国家政策好。调研结束后,实践团成员在村里的邮局里寄了明信片,有给家人的,也有给朋友的,希望这些明信片能载着我们的祝福送到他们的手中。

第六天,我们去到了范营村,我印象最深刻的就是横穿范营村的宽阔的马路,道路两边房屋的建设整齐有致,完全得益于政府的美丽乡村建设政策。但是在我们调研过程中,我们了解到范营村的村民对于村务公开这一方面并不是很了解。中午我们回到县城,午饭后就启程到了北京农学院林场。久仰北京农学院林场的大名,今天得此一见,只不过林场的飞蛾有点儿过于热情,让我招架不住。

实践团来到了北京农学院林场附近的杨木栅子乡调研,通过走访调研发现,杨木栅子乡的发展比之前走访的乡好。最明显的是农产品的种植,之前走访的乡每亩玉米产量只有 400 千克左右,而杨木栅子乡玉米亩产量能达到 500 千克,村民的幸福感普遍较高。

下午实践团在当地村支书的带领下参观了抗日烈士陵园,我感触很深。今天的幸福生活来之不易,我们要珍惜现在的生活。晚上,实践团进行了团建,我们围在一起包饺子,分工明确,有人擀面皮,有人捏饺子,不一会儿就捏满了四大盘饺子。今天的团建使大家关系更近了一层。

实践的最后一天,我们来到了杨木栅子乡小学支教。上午我们先和小朋友们见了面,互相做了自我介绍,随后我们进行了破冰游戏。实践团成员和小朋友们分成三组。首先是手指撑竹竿下落的游戏,在竹竿下落过程中,手指不能离开竹竿,若有人失误就要重新开始。这个游戏比较难,但是通过我们一次次的努力,我们组最先完成,获得第一名。第二个游戏是接力传纸球,我们组再次获得第一名。下午实践团和小朋友们分成了两队表演小合唱,为中华人民共和国成立 70 周年献礼,每组都演唱了两首歌曲,专业老师也给予了我们很高的评价。

此次实践的成功开展,离不开各位实践成员的共同努力,特别是实践前期的准备十分充分。主要表现在以下几个方面。

1. 每项活动能够按时按点开展,没有出现浪费时间的现象。就时间效率来说,可以算得上是百分之百的高效率。我想这一点对我们以后的学习与工作来说,显得极其重要。在实践团的行程安排手册上,团长对于每天的工作进行了细致的划分,每项工作开始和结束的时间精确到分,保证了每项活动的按时开展与实时推进。

2. 活动的材料各个方面准备充分,没有出现材料缺乏,或者是材料的不科学选择与搭配现象。此次实践的活动材料符合实践活动地方的客观实际,如实践团成员在前期准备时,合作完成了一份农产品种植手册,调研组每调研一户人家,便送其一份种植手册和一袋种子;实践团根据去年到丰宁满族自治县调研照片手绘完成了一组明信片,调研组也会将明信片送给调研的人家,村民们看到自己家门口就能看到的风景被做成了漂亮的明信片,都十分惊喜。

3.活动的人员安排上恰到好处。实践开始前,团长根据每个人擅长的方向进行了分组。白天实践活动推进与晚上实践结果整理分组各不相同。白天的分组有媒体组、调研组、访谈组等。媒体组主要是对当地人文、风景进行拍照录像;调研组是深入每家每户,根据问卷调研当地情况;访谈组虽也是深入各户人家,但与调研组工作有所不同的是要与村民有更进一步的沟通。晚上实践结果整理分组有媒体组、文字组、汇编组、录入组等。媒体组根据白天拍摄的照片录像进行修图和剪辑,剪辑成一段视频后便发布到实践团的微博上;文字组是根据白天的工作写成一份新闻,并发布到植物科学技术学院的微信公众号上;汇编组根据每人每天的感想进行整理,并且整理白天拍摄的照片;录入组是将调研组调研来的问卷录入到电脑里。这些工作保证每天都要完成,做到今日事今日毕,这一点大大提高了工作效率。

4.本团队成员与当地乡政府的沟通安排上恰到好处,收到了良好的效果。团长在实践前与当地乡书记积极沟通,实践活动能够顺利进行离不开当地乡政府的大力支持与帮助。

5.实践活动的食宿管理十分明确。实践团成员刘中甲与邓明月全权负责食宿,吃饭上尽量满足大多数成员的要求,让每个人都能在一个陌生的环境中感到家的温暖,也没有出现水土不服的现象。实践活动进行到第五天时,成员们给魏传敏同学准备了一个生日惊喜,这大大拉近了团员之间的关系,此次实践活动收获的不只是知识,还有深厚的友情。

6.药物准备十分充分。此次实践活动共准备了对晕车、感冒、腹泻、蚊虫叮咬等10多个症状的20多种药物,也准备了消毒棉球、酒精、碘伏等10几种外用药物。药箱有专人负责管理。

社会才是学习和受教育的大课堂,在那片广阔的天地里,我们的人生价值得到了体现,为将来激烈的竞争打下了更为坚实的基础。希望以后还有这样的机会,让我从实践中得到锻炼。虽然付出了不少汗水,也感觉有些辛苦,但我意志力得到了不少的磨炼的同时也感受到了工作的快乐。

这一次的社会实践使我明白:大学生只有通过自身的不断努力,拿出百尺竿头的干劲,胸怀会当凌绝顶的状态,不断提高自身的能力,才能在与社会的接触过程中,减少磨合期的碰撞,更快跟上社会的步伐,才能在人才高地上站稳脚跟,才能扬起理想的风帆,驶向成功的彼岸。

王禹桐,女,共青团员,2017 级种子科学与工程专业,任北京农学院植物科学技术学院团委组织常委,获北京农学院 2018—2019 年度优秀学生干部和 2019—2020 年度优秀团干部,后考入河北农业大学继续深造。

学以致用　为乡村振兴赋能

史建楠

2019 年 7 月 23 日从学校出发,31 日返回学校,"温情服务三农,助力乡村振兴"暑期社会实践活动正式结束,我们历经 9 天,走过 5 个乡,感受到了不同的乡土人情。这一路有欢笑、有感动,大家一起移过沙、熬过夜,一起走进村中访谈、调研,夜晚聚在一起互相配合工作,这一路走来我们不仅收获了知识,还收获了友情。

7 月 23 日我们从学校出发,经过 6 小时的车程,我们来到了河北省承德市丰宁县草原乡草原村。进入草原村,首先映入眼帘的是一望无际的草原,规模种植的松林在山坡上蔓延,触手可及的云与山坡上的牛羊构成了一幅美丽的画卷。当地利用其地理环境优势,大力修建风车进行发电,村庄建于山坡脚下,地势较为缓和。下午我们走入村中进行调研,行走过程中,我们观察到当地人烟稀少,村中多处房屋荒废已久,院内长满杂草。村中道路鲜有人迹,除主路外多为土路,卫生并不是很好,垃圾乱堆乱放现象比较常见,村中房屋建设也不是很好,新装修的房屋较少,多为老旧房屋。经过一下午的入户调查,我们了解到,当地农户多外出打工,长期居住在村里的大多是 50 岁以上的老人,老人大多没有劳动能力,土地多被承包出去。当地的主要作物是土豆,但种地收入少,土豆 0.56 元/斤都无法销售出去,其售价低于成本,农民难以靠种地为生,大多住户靠养猪来维持生活。草原村离丰宁县城 30 多千米,交通不是很方便,近几年已经逐渐修通大部分道路,也建立了公交站,虽然暂时还未通车,但出行问题已得到初步改善。村民如果要外出购物,大多会选择去较近的内蒙古多伦县城,但外出并不经常,村中娱乐活动也较少。当地农民在种植过程中农机具利用得较好,但缺乏科技指导。农民在种植中遇到的最大的问题就是干旱,当地气候干旱少雨,村民家中取水多靠泵,但水也时有时无,水资源匮乏,田间没有灌溉取水设施,只能靠天吃饭,庄稼收成不好。村中手机信号较弱,网络还可以,但村中老年人较多,大多不会使用手机网络,因此与外界联系并不是很方便。村中有学校有邮局,教育和邮政业较好。村中整体状况近些年虽有所改善,但仍存在较大的问题。第一天地调查,让我们真正地感受到了贫困农村与城市的巨大差距,认识到此次调研的重要性。

第二天,我们前往草原乡东窝铺村,东窝铺村环境与地理条件与草原村相似,两个村落都坐落于山坡脚下,地势较为平坦,凭借地理优势利用风力发电。村中多为留守老人和留守儿童,行走在村落间时常可见小朋友奔跑在乡间的小路上。东窝铺村距县城 50 多千米路,大约 3 小时车程,村民不经常出门,一般家中都会种有一小片蔬菜,自给自足。留守的老人们大多身体不太好,患有疾病,种地的收入不足以满足生活的支出,因此大多数人家将地承包出去,每亩地一年收入约 300 元。大多数虽年岁已高且身体不太好,但仍需外出打工,以维持正常的生活。由于务工人员年岁较高,工作效率不高,难找工作,即使找到工作收入也不是很高,一般为 10 元/小时,生活艰辛。我曾采访过一户老奶奶,家中只有老两口带着年幼的孙子,儿子常年在外打工,收入也不高,没有充足的钱来赡养老人抚养孩子,两位老人都患有疾病需要常年的药物治疗,爷爷每个月都需要外出打工,有时身体实在坚持不住就休息一天,依靠搬砖、挖土等体力劳动赚钱,村中只有幼儿园,孙子就近上学也比较困难。村中环境近些年有所改善,但村民普遍对环境卫生不太满意,垃圾现在虽然已经是由村中统一处理,但道路卫生仍无人打扫,环境需要继续改善。村中的主要农作物是莜麦、土豆,由于气候干旱,收成不是很好,承包土地的人也少,土地很多都被荒废了。经过一天的调研,我们认为当地需要发展科技,村中老人居多,种地为生已经无法满足生活的需求,村中需要开展一些其他产业来留住年轻人,从而更好地

建设村庄。

第三天,我们走访了四岔口乡李起龙村,村中大多数人都务农,主要种植作物为荷兰豆,作物普遍存在病虫害,但农民不具有专业知识,且少有专家指导,农民渴望得到专业的指导,以缓解病害,提高收入。村中农民收入的主要来源是种地,但近些年来,粮食作物的价钱并不是很好,农民收入并不多。农民收入最大花销就是供孩子上学,故大多数人家一年到头几乎没有存款。在环境方面,农户家里大多没有厕所,都是去村里的公厕,公厕均为旱厕,粪便垃圾都是由村中统一处理,村中设有多个垃圾箱,垃圾都集中处理,街道卫生虽暂时无专人打扫但也较为干净,大部分村民对村中的环境卫生较为满意。路况方面,村中路面虽修筑时间不长,但大多已经被车轧得不是很好,坑多,路不好走,交通不是很好,出行不太方便,村民建议应重修路面,使车辆出行更加方便。在当天下午的调研中,我们实践团偶遇暴雨、冰雹,只好提前返回宾馆,在返途过程中,由于刚刚下过雨,大巴车多次面临拖底的危险,老师同学们一起下车垫石头,雨后的丰宁十分寒冷,大家在车下互相取暖。在排除水坑的阻碍后,大巴车又被堆在路中央的沙土阻挡,大家齐心协力,将沙子移走,这一路虽然艰辛但经过我们的共同努力,还是成功地度过。这一路的经历,加深了我们之间的感情,让我们感受到团结的力量。

第四天,我们来到了南关乡,南关乡环境相对前两天所到的草原乡和四岔口乡来说较好。我们调研的第一户是一位抗美援朝的伤残老战士老党员赵爷爷家,赵爷爷无儿无女,老两口仅靠国家的一些补贴勉强维持着生活。赵爷爷说,近些年来当地的污染越来越严重,水质、土壤均受到了不同程度的污染,对人们的健康造成了不同程度的威胁。他认为乡政府和村委会应积极响应习近平总书记的号召,注重生态环境的保护,保护我们的青山绿水,共建美好家园。随后我们又走访了一些农户,通过调查了解到,当地的土地多施用农药,对土壤造成了污染。近些年来村里建设比较不错,环境卫生也有所提高,村民出行方便,当地虽然干旱严重,但大多有灌溉系统,作物收成还可以,村民大多有养老金等,虽然年收入不是很高,但能够基本生活。

第五天,我们坐车来到了王营乡,在与乡里书记简单会面后,我们便开始了调研活动,我们走访了王营乡的两个村庄——王营村和新营村。上午我们主要调查了王营村的情况,初入王营村,我们看到了宽敞的道路、整洁的环境,感受到了美丽乡村建设的初步成效,通过调研我们了解到,近几年政府出资将家家户户的护栏整体翻修过一遍,道路也进行了修整,村中主路已经铺上了柏油,村民出行较为方便。但村中仍存在很多问题,如村中主路上车辆较多,且多为大型货车,车速极快,给村民的日常出行造成困扰,道路交通事故发生频繁,这是村民最为担心的问题。村中贫困人口仍在多数,村民在种植过程中很少能得到技术指导,村中土地干旱缺水,虽然前两年政府出资为各家各户都打了井,但由于当地干旱十分严重,井在一段时间后就无法再泵出水来,村民取水成了大问题。今年村委会提出修建水库,这个方法可以解决农民饮水问题,可花费较大,一些农户家里经济条件无法支出此项费用,饮水问题仍亟待解决。下午,我们走访了新营村,通过与农户交谈,我们感到当地住户幸福感较高,人们对政府和环境都比较满意。村中近期为村民修建了新院门,村中道路整体干净整洁,但村中主路大车数量多、速度快,村中老年人行动不方便,危险系数较高,村民建议,应该对道路进行限速,以保证村民出行安全。

第六天,我们走访了范营满族民俗村,通过一天的调研,我们了解到当地干旱情况也十分严重,农民只能种植玉米,田间没有灌溉系统,无法给作物浇水灌溉。农民只能靠天吃饭,那年天气干旱严重,玉米长势不好,植株矮小,预计收成不好,村民对通过种植农作物富裕起来并不抱有希望,他们希望村中可以多发展其他产业,让人们可以通过其他收入来提高生活水平。尽管当地农民收入并不是很高,但大多数村民对目前的生活情况较为满意,对村中近些年来的发展也很满意,他们能够感受到近些年来村里的改变,他们的生活条件在逐渐提升。

第七天,上午我们来到了杨木栅子村,通过半天的调研,我们了解到当地干旱情况严重,玉米收成较低,村民普遍渴望得到专家的指导,

使作物收成有所改善。下午我们去了弘德烈士陵园，聆听了先烈的事迹，被先辈们英勇无畏的精神所感动，在纪念碑前我们重温了入党誓词，并默哀三分钟。身为大学生的我们应时刻牢记革命先辈的光荣事迹，不忘初心，牢记使命，我们应承担起责任，为国家未来建设发展贡献出自己的一份力量。下午回到学校我们进行了团建活动——一起包饺子，大家各尽所能，有的和面，有的擀皮，有的包，不会的同学也尽自己所能干点儿力所能及的事，食堂里充满了欢声笑语。

实践的最后一天，我们来到了杨木栅子小学进行支教，上午的活动从简单的自我介绍开始，随着简短的自我介绍，大家逐渐地熟悉起来，没有那么矜持了。随后我们开始竹竿着地游戏，增强了大家团结的意识，最后我们为学生们讲了一些回乡创业的小故事，鼓励学生们将来可以回乡创业。下午我们与学生们共同练歌，进行了歌曲比赛，虽然准备并不是很充分，但每一个人都积极地融入这个过程中，即使唱歌并不是很好的孩子也大声地唱，尽自己一份力，整个过程中大家十分开心，此次经历令人十分难忘。

　　实践虽然只有短短的 9 天,但我们每个人都收获颇丰,实践过程虽然很累但更多的是快乐,大家相聚一起共同努力,体会到了团结就是力量。通过这几天的调研,我们也对现在的乡村有了更深入的了解,发现自己现在所拥有的知识是远远不够的,我们应该更加努力地学习专业知识,只有这样才能为国家建设和发展做出更大的贡献!

　　史建楠,女,中共党员,2017 级种子科学与工程专业,任农学本科生党支部组织委员,班级学习委员,获北京农学院 2019—2020 年度优秀团干部和 2018—2019 年度一等奖学金,后考入北京农学院园艺学专业继续深造。

农科学子为乡村振兴献力

邓明月

2019 年是中华人民共和国成立 70 周年,是打赢脱贫攻坚战、攻坚克难关键年。为积极响应党和国家的号召,践行当代青年的社会责任,助力脱贫攻坚,2019 年 7 月 23—31 日,北京农学院植物科学技术学院党总支联合学院团委,带领园艺、农学和种子科学与工程专业共 25 名学生前往河北省承德市丰宁县草原乡、四岔口乡、南关乡等 5 个乡开展"温情服务三农,助力乡村振兴"系列实践活动。

学院制订了暑期社会实践五年精准扶贫计划,在五年内走访调研丰宁满族自治县的所有贫困乡,助力脱贫。今年是暑期社会实践团前往河北省承德市丰宁满族自治县的第四年,前三年的丰宁脱贫攻坚实践团帮助贫困乡优化农作物品种、实施病虫害防治、制作农作物种植手册和美丽乡村宣传片等,取得了优异的成果。通过总结经验,第四年,学院制订了更加完善的扶贫计划,将会在扶贫、扶志、扶智、宣传乡村特色上做得更好。今年的计划是将前三年没去过的贫困乡——走访,争取帮助丰宁每一个乡镇,每一个乡村都做到技术脱贫、教育脱贫、精神脱贫,为祖国 70 周年华诞献礼。

在实践期间,我们实践团分成多个调研小组与访谈小组分头行动,挨家挨户走访,与农户进行了亲切友好的交谈,了解草原乡各家农户的收入来源、种植业和畜牧业发展情况。通过调查走访得知劳动力减少、种植资源等方面问题影响着农户生活水平与收入状况。亲眼看见农村近几年"美丽乡村"建设取得的成果,村里铺上了水泥马路,新建了生态园和健身设施供村民休闲和锻炼,丰富了村民的生活。"美丽庭院"评选活动更是调动起村民的热情,大家积极参与,共同建设美丽乡村。每天晚上,实践团成员们带着收获返回住所,互相交流调研与访谈情况和工作开展中遇到的问题,发表自己的感想和体会,并进行书面整理汇总,总结当天工作情况。

由带队老师郝娜、果树专家王建文和园艺专家谷建田组成的技术指导组去到各村田地,就虫害和杂草较多的问题在现场进行了相应的技术指导,找出了这些蔬菜产生虫害和生理性病害的原因,并为种植户提供了相应病虫害防治的方法。技术指导增长了同学们在农业实地操作方面的知识,并将所学知识运用到实践中来,帮助农民扫除了一些农作物种植盲区,为各村技术脱贫奉献力量。

通过参与这次实践,我深刻地意识到,大学生在乡村振兴的道路上有着不容忽视的青春力量。通过参与调研小组——走访调研的形式,我发现一个普遍而真实的现象:各村里的年轻人大多外出务工,只剩下老人和小孩留村"看家";老人们大多因为文化水平有限且身体条件有限,也只能做一些基本的农活;多数家庭因为缺乏技术指导和规范种植思维,很难做到科学种植;科学的种植品种和种植模式未被深入推广利用到乡村农业种植中;老人们需要得到"更新"能力,孩童们需要发展"创新"能力,而基层工作中却鲜少发现青年人的身影。

乡村振兴渴望新鲜血液。国家出台相应政策、基层干部的辛勤工作、各乡村村民的积极配合,全民参与脱贫攻坚,使得乡村振兴逐步走上正轨。而如今,成果的维护与发展,不正是需要人才、需要新鲜而充满活力的血液吗?乡村振兴需要跟得上时代发展的"新模式""新思想",这条道路迫切需要广大青年投身其中。

人才是乡村振兴道路上的第一资源,而大学生则是人才当中最主要的力量。大学生都是接受了高等教育的人,其素质和能力是经得起考验的。很多农村地区,长年难以摆脱贫困,关键还是在于人才方面的不少问题。很多地区的贫穷和落后与人才匮乏密切相关。对于大学生引才工作上的缺失,直接造成了偏远农村人才缺乏,而大城市往往又人才过剩,这就是长期以来困扰偏远农村发展的重要障碍。因此,加强引才工作,让大学生不断在乡村振兴上助力,能破解很多制约乡村振兴的关键问题。

新时代是知识经济时代。尊重知识、尊重人才早已深入人心。很多经济发达的地区,之所以能够保持快速且高质量发展,人才的作用不言而喻。没有大量具有能力和高素质的大学生不断助力当地发展,经济想要实现突飞猛进难以为继。因此,破解偏远农村发展的瓶颈,就要不断发挥大学生的作用,让大学生助力实现乡村振兴。

提升农村地区的基础设施条件,打造有意义的、看得见的事业平台,提升"硬件"水平,才是引进人才的垫脚石。只有良好的发展条件,让大学生有条件、有地方、有平台"施展拳脚",才能激发大学生创新、实干的热情,才能为人才引进这条道路点上一盏明灯。

让大学生助力实现乡村振兴,要积极打造可以让大学生施展才能的平台。很多农村地区,受限于诸多的客观条件,产业大多比较落后甚至很缺乏,加上基础设施也比较落后,导致很多大学生即使去了农村也难以有所作为。这样的情况如果不解决,就会导致农村地区与城市的贫富差距越来越大,人才匮乏问题也不会得到解决。因此,真正要破解农村地区人才的问题,还是要不断发展事业平台,让大学生来到农村不会觉得是"游一游"。

大学生,是社会改革发展的财富,更是社会精英人才的重要组成部分。干事创业,需要人才的不懈奋斗,更是需要大学生在干事创业中不断努力。乡村振兴是党的十九大报告中国家的战略部署,是保证广大农村人民群众实现脱贫致富的关键。这一重大战略的实施,需要大学生的不断助力,为乡村振兴保驾护航。

推进乡村振兴,人才是基本保障,乡村振兴战略的发展离不开强有力的人才支撑,人才振兴是乡村振兴的基础和关键。致天下之治者在人才,成天下之才者在教化,人才振兴实施正确方向是实现乡村稳、农业兴的重要因素,乡村振兴是新时代"三农"工作的关键目标指向,拥有一支深刻了解农村生产生活的多元化、高素质"三农"工作保障队伍尤为关键。

人兴则乡村兴,人旺则乡村旺。选拔培优乡村振兴的人才要着力从眼下的本土去挖掘"千里马"。留住乡村人才,助力乡村振兴好发展。乡村"土著"才是最了解当地情况的"本土人才"。土生土长的本地人,在家乡生活、成长,必然是省下了"外地人才"为了解当地情况所需耗费的大量精力和时间。

制定并完善好本土人才成长发展机制,充分激发乡村人才的积极性、创造性,发挥乡村人才的技术优势,进而带动各个产业快速发展,带动致富。我相信,本土乡村人才能更好地助推乡村振兴。

新时代的乡村需要更多新时代的人才来点燃,"大学生进村"是向乡村提供人才振兴支撑的重要途径,为建设高素质专业化"三农"工作干部队伍提供源头活水。"大学生进村"为乡村振兴发展提供了扎实的人才支援,在工作中,他们发挥着积极作用,一批又一批有文化、会经营、善管理、懂技术的大学生村干部为乡村振兴默默地奉献着自己的青春,是乡村振兴中不可缺少的重要人才。要建立引导并鼓励更多高校毕业生到基层工作,真正做到"下得去、留得住、干得好",鼓励更多年轻有志青年扎根基层、服务乡村振兴。

人才振兴是助力乡村振兴发展的核心灵魂,乡村振兴必须人才为先。人才是创新创业的支柱,只有人才支柱稳固,才能筑起新时代乡村振兴的大厦,打开乡村振兴新局面。青春心向党,建功新时代。作为大学生的我们应积极响应国家的号召,热情投身于扶贫脱贫实践,尽自己所能为乡村振兴这一伟大事业做贡献。路漫漫其修远兮,吾将上下而求索。我们求真务实,我们探索创新,我们充满活力。作为青年人的我们,应主动扛起时代大任,为乡村振兴奉献自己的力量。

邓明月,女,共青团员,2017 级农学专业,任北京农学院植物科学技术学院学生会副主席,获第八届北京农学院昆虫标本大赛三等奖、2019 年中国北京世界园艺博览会志愿服务活动优秀服务奖,后考入北部湾大学渔业发展专业继续深造。

丰宁行

卢建烨

2019年,随着期末的结束,暑假来临,学院的第四年丰宁社会实践调研活动也要开始了。这是我第二次参加丰宁社会实践团,虽然没有了第一次的新鲜感,但心中迫切希望看到丰宁满族自治县各个村一年的发展情况。7月23日早晨,丰宁社会实践团正式启程。

作为植物科学技术学院主席团的成员,在活动开始之前要做好充足的准备。经过上一年实践的经验积累,准备工作做起来也相对熟练一些,成员积极制订计划,安排自己负责的各项事宜。去过一次社会实践就知道作为一名大学生,自己的力量是极其微弱的,自己能做的只有完成调研任务,对当地村民的影响很小。所以今年提前针对草原乡的作物做了一系列了解,并分组制作了种植的小册子,包含多种园艺蔬菜的栽培,希望能解决当地的一些技术问题。在车上,实践团的老师对我们进行了统一的培训,从纪律、安全等各个方面对大家进行了培训并提了要求,有了共同的目标和统一的纪律才能称为一个团队。我个人认为,实践团的目标是在实践中体验生活,以及作为农科学子的我们要将课本知识与实践相结合,学以致用,为当地农民解决一些种植问题,为当地的脱贫工作献出自己微薄的力量。当这次活动结束时,感悟与上一年大不相同,又收获了许多许多。

第一天,经过了将近6个小时的车程,我们来到了草原乡。草原乡政府对我们极其重视,午餐后开始了草原村的调研工作,经过入户填写调查问卷得知,村内绝大多数青年劳动力外出,用当地村民的话就是村里只剩下"老弱病残",几乎没有劳动能力,村民日常用品以自给自足为主,村中也没有集市,生活相当不方便,但村民对未来生活充满向往。当地的农民人均拥有的土地较多,但作物单一,多供自己使用,很少用于销售,村中也没有产业,导致村民经济落后。草原村临近内蒙古锡林郭勒盟的多伦县,若其将自己地里的产品销售到多伦县城中,或为多伦县城提供蔬菜,就可以带动本村的经济发展,这需要政府部门将村民集中起来,在技术人员的指导下发展当地的特色种植产业。在下午结束调研工作后,我们来到了内蒙古锡林郭勒盟多伦县,这也是我第一次来到内蒙古,这里的自然生态环境极佳。

第二天,我们来到东窝铺村进行了调研工作。很多村民都不在家或已经搬迁,许多房屋已经荒废。村中基础设施较好,有生态园以及健身广场等特色基础设施,但村中建设仅仅是对村民的表面生活进行了改善,对村民经济没有太多改善。当地种植作物单一,经济发展均靠年轻人外出打工带动,当地没有经济产业。下午回到了多伦县,对前两天的工作进行了总结。

第三天,实践团来到了四岔口乡,上午进行了实地考察,荷兰豆以及其他一些蔬菜的种植面积大,如此大规模的种植却缺少科技人员,也缺少田间管理技术,大量的荷兰豆得病,几乎颗粒无收,看着这巨大的损失,真令人痛心。我们带去的病虫害防治手册受到了当地政府的称赞,心中有些许喜悦。下午对李起龙村进行了调研工作,李起龙村进行了美丽乡村建设,但村民的院子面积小,且人均土地也少。不少村民迫于生活压力忽视政府禁止放牧的规定而放养牲畜。村民缺少种植技术,需要专业人员进行指导。在下午的调研工作中,突然下起了雨夹冰雹,于是我们艰难的返程开始了,因道路有许多深沟,我们多次下车垫石头铺路,还遇到了一座小沙丘阻挡了道路,于是男生都下车移沙。经历了一路的坎坷曲折,我们赶到丰宁县城办理入住。

第四天上午,我们来到了黄土梁村,又爬到了那个位于半山腰的观景平台,在熟悉的地方拍下了新的照片。虽然每年的人员不同,但我们的精神一直传承着。下午我们对南关乡进行了调研工作,经过今年与去年的对比,村内基础设施完善了不少,公路也修建了起来,村民的生活也有较高的提升。

第五天,调研组对王营乡的两个村进行了调研,两个村都有点儿"面子工程",表面建设较好而实际村内村民收入较差,而且村中贫富差距较大。有的言语也令人深思:村中有的贫困户不思进取,仅想着靠政府补贴生活而不去追求幸福。

第六天,对王营乡的范营村进行了调研工作,美丽乡村建设较好,但村内部很多危房仍然没有进行改造。村中许多地被外来户承包修建暖棚种植蔬菜,有许多村民在那里工作。村民们的法律意识薄弱,不知道用法律武器来保护自己的合法权益,所以需要有人来给他们讲解法律相关知识。下午我们赶往了北京农学院林场,进行下一步的工作。

第七天上午,我们来到了杨木栅子乡,对该乡的杨木栅子村进行了调研工作,村里的变化与去年相比不是很大。这次调研遇到了一个卖菜苗的阿姨,由于她缺少专业知识以及销路,所以做得并不是很理想。因此村中迫切需要科技人员。随团的专业老师耐心地给菜农讲授种植技术和防治病虫害的方法。同时,实践团将病虫害防治和种植技术手册发放给乡里领导和种植户,在技术上进行指导和帮扶。我们也从中学习到很多课本上没有学习到的知识。

下午,我们来到了爱国主义教育基地——道德坑热察军区后方医院遗址以及弘德烈士陵园接受红色主题教育。2019 年是 70 周年,我们怀着沉重的心情,对着烈士纪念碑庄严宣誓,并默哀。这次教育使我们对战争时期的历史有了更为深刻的认识和理解。回到林场后我们进行了团建活动——包饺子,虽然最后煮破了许多,但大家还是很开心,这是一次难忘的经历。

第八天,我们又来到了杨木栅子小学进行了支教活动,也看到了许多熟悉的面孔。从开始的初见以及破冰活动到最后的红歌合唱比赛,感触都十分深刻。这一群孩子生活在贫困乡,而作为大哥哥大姐姐的我们相对于他们懂得更多的知识,见过更广的世面,在讨论过程中我也说过,我们想的不应该是要教他们什么,而是他们想学什么。在教育方面,要注重培养孩子的个性。如果他是杨树,就把他培育成杨树;如果他是柳树,就把他培育成柳树。我们要做的就是帮助孩子发现自己、成就自己,让每个孩子的一生成为一个精彩的故事。孩子们如同上一年那般有活力,对我们的工作也是积极配合,在下午的歌唱比赛中,大家都团结一致,每个人都表达出对祖国的热爱。最后还留下了几个小同学的联系方式,希望在未来也可以帮助到他们。跟孩子的接触当中,我能感受到他们的热情,虽然只有短短的一天,但我相信孩子们会因为这一天而有所不同。

虽然这次调研的大体情况与上一年相似,但收获依旧满满。该地区的农作物灌溉问题依旧没有解决,农民们靠天吃饭,只知道种植玉米,缺少种植技术和现代科技。我个人认为要解决当地的贫困,就要从解决当地农民的思想开始。通过这次实践,不仅仅让我认识并深入了解了团队中的其他成员,而且还燃起了自己的斗志。扶贫工作不仅仅是国家、政府的事,扶贫与社会上每一个人都密切相关,作为农科学子的我们,通过实践,把我们的知识、见闻带给村民们,这或许只是鸿毛之力,但倘若每个人都贡献自己的一份力量,也将会重于泰山。

时间飞逝,而感悟却不敢忘怀。

卢建烨,男,中共党员,2017 级园艺专业,任北京农学院植物科学技术学院学生会副主席,获 2019 年度优秀志愿服务小队成员和 2019 年全国农科学子联合实践行动优秀小队队员,后考入北京农学院农艺与种业专业继续深造。

服务三农　躬行实践

刘中甲

　　入学 5 年来,我参加过学院 4 次暑期实践活动。第一次是在 2018 年夏天,作为实践小队"实习生"下乡参与调研,第二次是在 2019 年的夏天,这次我担任了社会实践活动的副团长,在参与下乡调研的同时还要照顾好老师和同学们的衣食住行,第三次是 2021 年到河北省张家口市蔚县,作为一名研究生深入调研当地农村现状,并推广鲜食玉米的种植技术。几次身份的不同,让我的感受也有很多的不同,在乡下与村民聊天时的那一份热情与谨慎,都从未有过变化。

　　这几次的暑期实践活动主要目的是了解农村基本情况,如耕地、住房、工作、医疗等与村民息息相关的事情。而后两次的目标更为明确,不仅仅是了解农村情况,还要进行实践,给村民们带来实际效益。在这几次的实践经历中,我无论从聊天技巧、对专业知识的了解,还是对于"三农"的认识都有了极大的提升。

　　这两次的具体任务都是需要入户调查,第一次调研的时候,我还是有些拘谨,一开始并没有胆量进入别人家中进行调查,幸好杨艺涵学长不断帮助我,让我跟着他的步伐走,一步一步让我进入状态。通过一周不断入户深入了解,首先,我发现这里基本上都存在一些贫困的情况,农业也基本上是靠天收获,一年到头收入微乎其微,但是大部分人都是有医疗保险的,可以减少一些看病住院的压力。但是大家生活比较安逸,生活节奏也是比较慢,大部分年轻人外出打工,把挣到的钱寄回家一些,贴补家用。其次,大部分村庄的基础设施比较落后,村里没有通自来水,务农也基本上是以个体农户的形式,产量较少。在大二时,我有幸跟王绍辉书记再一次到访南关村,发现这一年的时间村里有较大改变,大部分农户参加了合作社,把土地外包,在家拿钱,经济情况有了一定的改善,并且有了几个种植大户。先进的技术和管理、好的品种、优良的环境让南关乡向着好的方向不断地前进。

第二次来到河北时,我们又到了第一次去过的几个乡村,让我震惊的是,仅仅一年的时间,就有了不小的变化,无论是从住房条件、道路修缮,还是耕地种植,都有不小的变化。

第三、第四次的暑期实践我们来到了河北省张家口市蔚县,这里是鲜食玉米良好的种植地,气候与前些年到过的丰宁县大不相同,因而我们在此不仅调查了农村情况,还进行了鲜食玉米的推广工作。

结合 4 次的实践经历,我对河北地区的"三农"情况有了一定的了解。

首先是关于医疗保障问题。医疗是保障民生的首要条件。在调研中我们发现,关于医疗保险问题,不同的村民反映的情况不同,在第一次实习的苏武庙村,我们遇到了一位诊所的医生,这位医生对于医疗保险问题给予了我们较为详细的解释:非低保的村民每人每年交 180 元,如果看一些小病,或者开一些药品每次只有 50 元报销费用,若有住院证明可以报销 40%。而低保人员就有明显差别,小病可以报销 70 元,大病可以报销 80%。还有一类是五保户,他们的 180 元保险费由政府支出,并且住院免费。

其次是关于新兴产业的问题。我们在杨木栅子乡杨木栅子村共调研了 4 户人家。在调研过程中我们发现,杨木栅子村基本上没有通自来水,并且深井水的水质近几年有一定下滑。还有就是在这个村中,很多村民已经不再种地,基本上把地给了自己的亲戚,让自己的亲戚帮忙种地。在厕所卫生上,改造旱厕至今没有落实到位。在这次的调查中我们发现了一个比较严重的问题:近几年村里面来了一家公司,据我们在网上了解,这家公司是以休闲娱乐为经营项目的公司。近两年这家公司正在收租周边几个村子的农地,但是在收租过程中并没有详细透露收租的土地的用处,甚至连合同也不给村民看,这导致大家对这家公司并不是很信任,而且害怕这家公司拖欠大家的土地租金,所以在杨木栅子村很多人不同意把地租给他们。另外这几年里鲜少有技术人员下乡指导村民种地,村民们希望有这一类的专家教授来到自己的村子给予指导。从此调查来看,我们觉得新兴产业入驻有不合理的地方,而且不成熟,不透露详细信息导致农民不信任这些产业。因此我认为有必要更改现在的模式,村委会应提前为村民把关,入驻企业要做到公开透明,可以兑现自己的承诺,让农民安心地把自己的地交给他们,这样做不仅可以减轻农民的种植压力,也可以增加收入,使其逐渐富裕。

再次是家庭收支的问题。在长阁村我们碰见的基本上是有固定工资的村民,一位是村干部,另一位之前是人民教师,两位村民家中的经济来源明显比其他村民的收入稳定,并且家庭支出较多,家中拥有土地较少,基本上靠工资生活。在官队营村我们碰见了一位82岁的老奶奶,在与这位老奶奶聊天中我们了解到一项政策,就是遗孀补助,这位老奶奶的丈夫是军人,在战争中牺牲,老奶奶作为遗孀每年有补贴,足够她一人的生活,并且养老补助落实到位,为老奶奶解决了很多困难。但是普通农民绝大多数种植的是玉米,由于技术和设施不够完善,基本上靠天收获,一年下来一亩地净收入最多只有400元左右,在收成不好的时候只有100~200元,根本不够生活。因此我认为,在农村更要加强基础设施建设,让"靠天吃饭"的情况逐渐有所改善,让靠地生活的农民们有稳定收入,至少可以做到生活有保障。

另外是关于农民思想和农村环境问题。在九宫号村,我们一共调查了5户人家,我们发现这个村子与其他村子相比,经济比较落后、设施也比较落后。在一户村民的家中我们了解到,这里的年轻人基本上是出去打工或者已经在北京有固定工作,很少有人留在本地种地,而且九宫号村的设施极不完善,没有垃圾坑,没有排水渠,并且大家都反应这几年村子里没有什么变化,环保的意识也不强。而高栅子村在去年建成了美丽乡村,村民对于自己村子的环境非常满意。在我们采访第二位住户的时候,这位村民表示非常赞成我们这样的活动,并且希望这种活动多多进行,让大学生深入农村了解农村现状,并且希望我们统计完数据能向上级部门反映农村现况,争取让自己的村子早日脱贫。在富贵山村,调研了一位正在修葺房屋的村民,在与这位村民的聊天中,我们得知大家修葺房屋的根本原因:富贵山村最近新上任了一位领导,大力改造村中环境,修葺房屋也是为了提升村容村貌,让村庄整齐美丽。村委会对外引资,请了一些建筑公司,然后让村民到建筑公司打工,来弥补这段时间无法种地或外出打工,这些举措让村民赞不绝口。

最后是关于孩子们成长的问题。正所谓少年强则国强,孩子们承载着希望。在小学与学生们相处的一天,让我知道他们的想法与我的不同,但是正因为这种不同,我们更应该关注他们,力所能及地帮助他们,让他们走出乡村,用知识改变命运,用知识回报家乡,用知识创造奇迹。

如今,虽然中国已经实现了全面进入小康社会,但是这仅仅是一个开始,我们还有很长的路要走。我也相信,随着我国对"三农"问题的重视,农村的变化也会越来越大,有关农民的利益问题也会落实得越来越好,农业的发展前景也会越来越宽广。很高兴我可以 4 次来到乡村,我为自己对乡村的帮助感到无比自豪,同时身为一名农科学子,更应该学

好农学、用好农学,为实现中华民族伟大复兴的中国梦而不断砥砺前行。

刘中甲,男,共青团员,2017 级农学专业,任北京农学院植物科学技术学院学生会主席,2017 级农学班班长,获 2019 年全国农科学子联合实践先进工作者和中华人民共和国成立 70 周年优秀训练标兵,后考入北京农学院农艺与种业专业继续深造。

身体力行入乡村　知行合一体农情

李书涵

2019年暑假,我跟随北京农学院植物科学技术学院实践团从学校出发,走过了草原乡、四岔口乡、南关乡、王营乡、北京农学院林场、杨木栅子乡、杨木栅子小学,最终又回到学校。我们一同深入乡村,开展社会实践活动,下面分享一下这9天的感想。

我是这次实践活动媒体组中小小的一员,我们组的主要任务就是摄影采风。在实践团成员深入农户家中调查时,我们在村子周边用这台相机记录下我们所到之处的种种美丽风景和淳淳风土人情。

我们的行程以草原乡为开端。初入草原乡,就被这里一望无际的草原震撼了,规模种植的松林在草坡上绵延,和蓝天白云形成一幅色彩饱和度极高的画卷。之后,我们前往丰宁满族自治县,草原之外的美景同样比比皆是。大片的玉米地是丰宁地区村景的共同特点。由于地形地势原因,村民们从家到达田地的路十分不平,故他们选择种植玉米,只负责播种、间苗和收获。

除了拍摄风光,农民的日常生活状态也被我们记录在册,其中的一些奇遇让我感慨万分。新营村的两位老奶奶坐在屋檐下的阴凉处给我们演唱红色歌曲,赞美新中国的富强,她们眼中的闪闪光亮让我看得出神,我彷佛看到了前人的不懈奋斗并暗自下定了振兴乡村的决心。

在范营村拍摄时,村子里的村民得知有大学生来帮助他们,很是热情。采风时,我们见一位阿姨正在屋外的一长条形玉米地劳作,便提出了拍摄请求,没想到阿姨当即答应了我们,并向我们展示如何对玉米进行种植管理。拍摄完成后,她还邀请我们再回来品尝她煮熟的玉米,阿姨的热情让我们对此次的活动充满信心。

采风小组一路走走停停,将本次实践中走过的风景悉数留在了相机的内存卡中,这段难忘的经历也不仅仅留在了照片中,它一次一次翻涌上心头,值得我们反复细细回味。

道路是基础建设的重中之重。它不仅影响着村民的日常出行,更与村落的整体经济水平息息相关。在以农业生产为主的乡村,道路的优劣直接决定农产品的运输时间和运输成本;而对以旅游观光为主的乡村来说,泥泞的道路会阻挡游人的脚步并在一定程度上影响游人的参观体验。

这几天的社会实践,我们平均每天要乘坐 3～4 个小时的大巴车,每到进入乡镇,大巴车就会变得颠簸起来。草原村和东窝铺村的道路状况尤其让人无奈,每当汽车通过,就会从土路上带起阵阵土烟,好在地势较为平坦,不会造成其他问题,但可以想象雨天时路面的泥泞程度。

在四岔口乡,糟糕的道路体验更是让人记忆犹新。在大雨的侵袭下,平时短短 1 个小时的车程让我们整整走了近 3 个小时。坎坷不平的石头路混着泥土,在雨天更为湿滑,其间我们不得不全员下车帮忙垫石头,前前后后竟有四五次之多。在雨雪天气,这样的道路状况无法支撑四岔口乡正常的交通运输。

而道路修得好的村子却面临着另外的问题。一条国道从新营村中横穿而过,货运卡车占行驶汽车中的大半,当它们从我身边呼啸而过时,令人心生胆战。同时,在村民家中也能听到很大的噪声。据当地村民们说,这条公路很不安全,车辆途径此处也通常不会减速,几百米的道路甚至连斑马线都没有,加之村中老人腿脚不便,事故频发。

除了连接村与村、乡与乡之间的道路问题,从村民家中通往农田的道路同样制约着"三农"发展。南关乡主要的农作物是玉米,在采风过程中,我们为了拍摄玉米地,寻找好的角度,走过了许多农田,由此发现农田分布较为零散且通往农田的道路都十分难走,泥泞或者坡度较大,让人寸步难行,交通工具也无法使用,这应该是制约当地农业发展的一个主要因素。王营乡也存在着同样的问题,村里的道路虽整齐不泥泞,民房周围也干净整洁,但是通往农田的道路十分难走,让人汗颜。随着科学技术的发展,农业机械化和自动化已成为主流发展趋势,而这样的道路条件很难支撑机械的运输及操作,无法借助技术创新以增产增收。地块零散、地势崎岖、无自来水供应等问题制约着当地农业发展。大田作物易打理不费劲,播种之后在家中坐等收成即可,收成高低则全凭运气。"靠天吃饭"是当地农业发展所面临的困境,也是当地农民务农的普遍现状,玉米成为大部分农民的心头好。还有少部分村民分到的农地集中在山地上,路途崎岖,更是无法种植,索性就放弃了农种。

大多数村民在困难面前自乱了阵脚,同时,他们又几乎没有机会接受专业人员的指导。在没有因地制宜的种植作物及种植方法之前,仅仅依靠国家给的补贴生活,是当地农民的一种常态。这样的风气不利于农村发展,更不利于乡村振兴。在我们走访的村庄中,杨木栅子村村民的精神状态最为积极,希望继续提升生活水平。有户村民抱着乐观的心态,尝试在自家的院子里种植蔬菜,自给自足,另外还有一些农户在家中养猪来提高收入。

"授人以鱼,不如授人以渔",我意识到,改变这种现状,不仅需要农林工作者在技术上对农民进行扶持,同时也要持续跟进乡村地区的教育,扶起他们的志气。村中的党员干部更应该不懈探索,以证明"美好生活是奋斗出来的。"

跟随调研组走访,发现王营乡贫富差异较大,有些人对村里干部不太满意。下午,同在一个乡的新营村却洋溢着截然不同的氛围:整个村子洋溢着幸福"我们都很满意,原先我们这村啥都没有,这两年自从新书记上任后变化挺大。"他们笑着对我们说。对于这种现象,我认为村干部与村民应及时沟通,村内支出透明化能让村民们真正将变化看在眼里。同时,农村应加大"三农"知识的普及力度,让农民清楚各种好的政策,以实现精准帮扶。

实践团成员一起做的最后一件事就是去杨木栅子小学支教。和孩子们相处的一天,在清澈童声的感染下,我们都年轻了不少。当天的支

教活动中,我们与孩子们聊生活、聊梦想、聊学成返乡等。返乡建设自己的家乡,是当下极力倡导的。从社会发展的角度来讲,大学生学成后返乡不仅会解决农村劳动力流失的问题,还可以让高科技的人才和知识流入乡村,长久以来便可以提高农村的文化水平,更加有利于社会和谐,缩小贫富差距。听着孩子们诉说着自己的梦想,我的梦想似乎也发生了些许改变。

这次社会实践对我来说是十分宝贵的经历,它是将我的专业知识和农村实际情况联系起来的一个契机,并在一定程度上影响了我的职业规划。社会实践为我们搭建了一个平台,让我们可以到实际中检验自己的专业知识是否牢固;到田地里观摩专业知识如何应用到实际生产中;到农村设身处地体会农林专业的价值;到未来去畅想农村发展,审视自身职业规划。正是这次社会实践让我萌生了攻读设施园艺专业硕士的想法。如何能在不受外界环境影响的情况下,让农作物在最少的土地上获得最高的产量?以我当前的知识水平去思考,我认为最可行的方法就是推广设施园艺,可以精准控制植物生产各时期所需的环境条件、造价低廉、能源成本低、高度自动化,这是我理想中的温室。如今,仍有无数农业工作者正在攻克种种难题,希望我可以稳扎稳打修炼自己,早日加入他们,投身到乡村振兴事业。

李书涵,女,中共党员,2017 级园艺专业,任 2017 级园艺班级心理委员,获北京农学院植物科学技术学院 2018 年度种植之星、北京农学院 2018—2019 年度优秀学生干部和 2019—2020 年度优秀团员。

知之　行之

周光怡

2019 年的夏天,我与实践团的 20 几名成员来到河北省承德市丰宁县的多个乡村进行调研,虽然时间只有短短 9 天,但亲身调研与新闻中了解到的"三农"是不一样的。深入农村和村民交流,才知道真正的农业、农村与农民是什么样的。作为农科学子,我们的专业知识和专业领域,应该建立在解决"三农"问题的基础之上。

调研结果显示,丰宁县的村民最关心的问题是水和技术。有些乡村地处海拔 1000 多米的山地,并已经挖到了地下 160 多米,出水还是很少,水对于他们来说是奢侈品,根本不足以维持村民的正常用水需求,更别提农业用水了,我们听得最多的一句话就是"靠天吃饭";大部分的农民不懂什么叫作科技农业,缺少植保技术,用传统种植方法种植以及"靠天吃饭",庄稼病虫害多,导致农产品品质下降,卖不了好价钱,收入少。我们实践团与带队老师根据当地主要农作物的病虫害,讨论研究防治方法,制作了《河北省承德市丰宁满族自治县几种常见植物栽培技术手册》,发放给了当地村民;农学、植保的专家老师和实践团亲自走访农作物生产地,针对出现的病虫害包括蚜虫、根腐病、小叶病和叶枯病等,专家们根据实际情况给农户们提出了相应的防治措施,肥、药并施,希望帮助村民解决农作物生产中出现的问题,来年有可观的收益。我们跟着专家老师边走边学,真正做到了将课堂搬到地里,是一堂生动的动手实践课,我们从中收获颇丰。

在调研这个过程当中,我将课本上的知识与实践结合起来,比如说在地里看到了大型的设施农业,我脑子里面就会回想到那是我课上学的大型农业机器,它是用来干什么的? 有什么好处? 有什么弊端? 课上学过的知识都一一浮现在脑海里。有一天我走到一个村民的家门口,他叫住了我并问:"你看看我这棵树,它为什么黄了? 是它得什么病了吗?"我一看这就是我植保课上学的知识,于是我一一用他能听懂的方式讲解给他,这是什么原因导致的,以及以后该怎么防治,我记得临走时他还向我们竖起了大拇指。

一天下午,我们与马路边乘凉的老人聊了起来,他们一直在夸我们的党和政府,一个老奶奶高声唱起了自编小曲:十赞扶贫工作组。一问才知道,扶贫工作组在这个村待了几个月,带领当地村民寻求致富道路,事事亲力亲为,基本让每家每户脱了贫。据调研结果显示,大部分村民对当地村干部、乡干部很满意,让我们感受到,干部们都在实实在在打这场扶贫战役,跟随国家的政策方针,为乡村振兴做贡献。在这个过程中,我们正好是见证者,不管是医疗、乡村卫生方面还是环境资源等方面,比起 10 年前的农村,都发生了翻天覆地的改变。相信在这些默默无闻、无私奉献的乡村干部的带领下,农村会变得越来越美好,农民会变得越来越富裕,农业也会变得越来越发达,更好地解决全国最关心的"三农"问题。

在实践的最后一天,我们来到了杨木栅子乡中心小学支教。上午组织了几个小活动,互相认识后,我们大学生给小学生讲了一堂课,主题是"青春向党,学成返乡",给他们介绍优秀的青年榜样,小朋友们听得津津有味,纷纷说出了自己以后想成为怎样的人,有人想当画家,有人想当翻译,有人想当教师,有人想当人民警察等。我知道他们不过是一群十岁出头的孩子,但我感受得到这群小朋友的活力与创造力,以后的这里由他们来建设,一定会越来越好。

古人说的"纸上得来终觉浅,绝知此事要躬行"不正是我们实践的意义所么,大学生暑期社会实践活动不一定会解决多少"三农"问题,但一定能改变我们。实践结束后,我定下了考研目标:贵州大学农学院,贵州是我的家乡,曾经是全国最穷的省份,有句谚语描写以前的贵州一点儿都不夸张:天无三日晴、地无三里平、人无三两银。正因为这样,我想回到我的家乡并参与建设,贵州是一个农业大省,我学的是农学,就像给杨木栅子小学的学生们上课说的一样,学成返乡,运用自己所学的专业知识,为家乡的乡村振兴事业出一份力量。

作为农科学子,我们要将论文写在祖国大地上,凝结在农民的收获里,不仅要去调研、了解,更要不断付诸行动,所谓知之行之,一同建设大好乡村,美丽中国。

周光怡,女,共青团员,2017级种子科学与工程专业,任北京农学院植物科学技术学院团委青年志愿者协会部长,获北京农学院2018—2019年度优秀学生干部、校级物理竞赛二等奖,后考入贵州大学农艺与种业专继续深造。

走在路上　学在脚下

秦文韬

2019 年的夏天，我担任了社会实践团的团长，带领 25 人前往河北省丰宁县进行实地调研。在这 9 天的暑期社会实践中，每一天的生活都过得非常有意义，我们进行了入户调研、到田间地头开展种植技术指导、到小学进行支教等多项活动，这让我学到了很多课堂上学不到的知识，也让我体会到脱贫攻坚之难，感悟到浓浓的乡村情怀。

感触很深的一点便是文化程度的问题。从入户调研得到的信息来看，有一些人没有脱贫可能是因为他们的思维没有转变，思想很落后，不思进取。首先他们不了解国家的一些政策，比如美丽乡村建设这方面。有一些人向我们反映政府把钱用在修建一些与他们利益无关的事情上，把村子的墙修得比较漂亮，画了很多画。他们认为这不能给他们带来实际的利益，不能解决他们的吃穿问题，不如把这些钱变成现金发给他们更实惠。这部分人只在乎眼前的利益，想不劳而获，想得到政府给的一些补贴，自己却不积极地去脱贫。村子里形成了以低保户为光荣的现象，大家都积极地去争取成为低保户，想得到国家给的补贴，享受优惠的政策，这是一个非常不好的现象。美丽乡村是国家的战略，能够提高人民幸福指数，助力乡村的振兴，有利于国家的发展。有些农民却不理解，只在乎眼前的小利益。一些文化程度高的人，交流中经常提及现在村子建设得很好，环境很美，这是国家强大了，现在的社会多好！这就是文化水平不同，从而导致看待问题也不同。从这件事情上来看，文化水平越高，素质就越高，享受到的生活也就越好，所以，我们应当努力地学习，不断地提高自己的文化水平,提高自己的生活质量。我很庆幸! 自己能够从农村走出来,成为一名大学生,并且在北京这样的大城市里生活,让自己在接受高等教育的同时,开阔眼界、提升自己。

还有感触很深的一点就是党员的爱村情怀和正能量。在路边遇到一位老奶奶,她是老党员,随后我对她进行了访谈。从她嘴里得到的消息都是这个村子的领导很好,为村里做了很多实事,她夸了很多村干部,也对自己的生活很满足,认为国家也很好。而就在同一个村子,我们访问了另一位老大爷,他怨言很多,与刚才那位党员奶奶说的完全相反,他认为村里的干部不做实事、政府给修的路是面子工程,对村里的领导很不满意。从他们的身份来看,认为村子变好的是党员,发牢骚的是个别群众。从说话的方式等各方面都能够看出党员真正地起到了模范带头作用。也能感觉到党员与群众的素质不同。如果每一个人都能够像这位党员奶奶一样,热爱自己的村子,热爱自己的生活,热爱自己的国家,并愿意为了国家的发展奉献自己、牺牲自己,那么我们国家将会发展得越来越好。所以,我们青年人都应当积极地去加入到党组织,成为优秀的人,为其他人起到模范带头作用,努力建设我们的家园。

作为实践团团长,活动开展前我积极与实践地的多位领导沟通,详细地了解当地农业种植情况,实践团根据当地的种植作物特别制作了《河北省丰宁县几种常见植物栽培技术手册》,送给农民和种植户,帮助他们有效地解决了种植技术缺乏的问题。在此过程中,遇到的多名村民大多数年龄较大,他们的种植技术全凭几十年的经验,遇到了问题不能采用有效的办法。不仅小农户如此,在没有技术员的乡镇,种植大户也全靠经验,有一户种植的荷兰豆全部遭受根腐病的侵害,颗粒无收,损失惨重。我国是农业大国,很多人依靠种植业,但是收入不容乐观,一部分原因就是缺乏技术。现代技术正在发展,我们农科学子有义务将更好的技术带给农户,提高农民的收入。我们应当积极地走进田间地头,在传授新技术的同时,通过调研发现生产中遇到新的难题,根据生产实际需要,找到解决办法,让科学为生产服务。经过不断解决实际

问题，农民的收入一定会不断提高。通过自己精心策划，结合自己的专业为很多人带去了技术，这让我十分高兴。

除此以外，在调研过程中遇到了很多党员和退伍军人，也听到了很多感人的故事，总结起来就是"奉献"二字。被采访的退伍军人们为了祖国抛头颅洒热血，如今讲起当年的往事依然热泪盈眶。被采访的党员更是为了自己的村子付出了无数心血，有的党员在为村子义务劳动时受到严重创伤，一代一代人为了村子的发展奉献着自己。我们青年一代应当学习这种奉献精神，回到家乡，深入基层，用自己所学的知识为更多的人创造幸福。我们应该有远大的理想，但理想不应当脱离实际，我们应该将自己的青春奉献给自己的家乡，奉献给自己的祖国，为祖国发展贡献自己的力量。正如习近平总书记所说"以青春之我、奋斗之我，为民族复兴铺路架桥"。

读万卷书不如行万里路，组织参加社会实践是一件光荣的事，这不仅让我们学到的知识能在实际中得到应用，还能让自己更加坚定学习的决心，只有学到更多的知识，才能更好地为基层服务。社会实践让我们走进乡村，走近农民，通过实践，我对"三农"有了更深的了解，对国家政策也有了更深的体会，感叹祖国的伟大，2020年我国已全面打赢脱

贫攻坚战,无数农村脱去贫困的帽子。除了感叹国家的发展,我更要勉励自己,不断学习文化知识,提高专业水平,这样才能在祖国的发展中展翅翱翔,发挥专业优势,服务基层农民,展现青春风采!

　　秦文韬,男,中共党员,2017级种子科学与工程专业,担任北京农学院植物科学技术学院团委副书记,获2019年首都大中专学生暑期社会实践先进个人、北京农学院2017—2018年度优秀团干部,后考入中国农业大学农艺与种业专业继续深造。

扶贫开发　　利国利民

贾子健

　　实践是学生接触社会、了解社会、服务社会、用所学知识实践自我的最佳途径。大学生暑期社会实践活动的真正意义就是能把学校学到的知识与社会联系起来,实现从理论到实践再到理论的飞跃。时光荏苒,日月如梭,转眼间距离大三期间的丰宁社会实践已两年时间。现在想起来,犹如昨日,每一幕都清晰地展现在我的眼前,成为四年大学生活中重要的一段记忆。在那次丰宁之行中,我见识到了祖国的大好河山,收获了师生情、同学情,也了解到了中国农村的变化。

　　实践之前,查阅资料,充分了解精准扶贫政策。扶贫开发,利国利民。精准扶贫:是指针对不同贫困区域环境、不同贫困农户状况,运用科学有效的程序对扶贫对象实施精确识别、精确帮扶、精确管理的治贫方式。一般来说,精准扶贫主要是就贫困农民而言的,谁贫困就扶持谁。2013年习近平总书记到湖南湘西考察时首次做出了"实事求是、因地制宜、分类指导、精准扶贫"的重要指示。2014年,习近平总书记参加两会代表团讨论时强调,要实施精准扶贫,瞄准扶贫对象,进行重点施策。进一步阐释了精准扶贫理念。2015年,习近平总书记到贵州省,强调要科学谋划好"十三五"时期扶贫开发工作,确保贫困人口到2020年如期脱贫,并提出扶贫开发"贵在精准,重在精准,成败之举在于精准"。"精准扶贫"成为各界热议的关键词。30多年的改革开放,数亿中国人甩掉了贫困的帽子,但中国的扶贫仍然面临艰巨的任务。到2013年底,中国还有8249万农村贫困人口,贫困地区发展滞后问题没有得到根本改变。在民生问题中,困难群体往往有更多更强烈的诉求,因此需要给予更多的关注和帮扶。

深入草原乡,进行调研,体察村民疾苦办实事。我们最早来到了丰宁县草原乡的草原村进行调研,深入草原乡,进入乡村中的每一户,对乡村生活有了更深一步的了解。草原乡的美景随处可见,蓝天白云形成一幅优美的画卷。当我们穿梭于村民的家中,这里存在着垃圾处理不当及道路扬尘等环境问题,在之后的几天里,从丰宁的北边乡镇一路向南,在草原乡前往丰宁县城的路上,全是土路,全是坑,真是一路艰辛,一次一次下车,拿石头垫在车轮下,向周围农户借铁锹把一堆沙子铲平。丰宁之旅的最后我们到达了丰宁的县城,在这一路上我进入到每一户的家里,调查扶贫、新农村建设相关的问题。我第一次真实感受到贫困、基础设施建设问题,甚至是有的村里的饮水都会有问题。我深刻地认识到扶贫不是小事,也不是易事。在面对面的交流中,见过农民、党员、抗美援朝的老兵……。形形色色的人丰富了我的阅历,开拓了我的眼界让我受益匪浅。

实践反思,重新自我定位,未来可期。我全程参与这次实践活动,虽然时间不长但意义深远。不但可以使一直在象牙塔中生活的我们,走进人民群众当中,还增加了我对生活的认知能力。一是此次暑期社会实践活动让我充分了解国情、了解社会,增强社会责任感和使命感。青年兴则国兴,让青年大学生热爱祖国,热爱人民、热爱土地,这样的社会实践过程让人感动,也让大学生对祖国的热爱之情油然而生。二是让我能够正确认识自己,对自身成长产生紧迫感。走出校园,去认识更广范围内的人们,才会明白什么叫天地无限宽,才会明白这个世界当中会有更多优秀榜样的存在,才会有动力和目标去不断努力奋斗。三是将自己的专业理论知识进行转化和拓展,增强运用知识解决实际问题的能力。我们下乡调研,了解农村的实际情况,让我更了解我所学的专业应该向哪方面努力,更应该学习些什么,让我对未来更加明确了目标。

总之,大学生暑期社会实践是大学生磨炼品格、增长才干、实现全面发展的重要舞台。在这里我真正地锻炼了自己,学到了很多书本上学不到的东西,汲取了丰富的营养,理解了"从群众中来,到群众中去"的真正含义,认识到只有到实践中去、到基层去,把个人的命运同社会、同国家的命运的发展联系起来,才是大学生成长成才的正确之路。

贾子健,男,共青团员,2017 级作物遗传育种专业,任班级科技委员,后考入北京农学院农艺与种业专业继续深造。

走进稼穑丰宁　走近乡村振兴

朱雪莹

　　9 天的北京农学院植物科学技术学院实践活动在不知不觉中结束,9 天的调研工作让我们农科学子能够真正走进村子里,切身感受丰宁村庄的变迁与不足。"纸上得来终觉浅,绝知此事要躬行。"这也是实践的原因和意义,抛开电视与社交媒体上刻板、片面的印象,用双脚丈量真正的农村,用双眼去观察农户真正的生活。9 天时间里我们走访了 2 个省份的 4 个乡 9 个村庄,行进数千公里,从兴奋到疲倦于再到坚持,从陌生到熟悉再到轻松交谈,从平原到草原到山地,遇到形形色色的人与物,有过怀疑和不解,有过很多的疑问和天真的想法,因为我们停留短暂,所以不适合去做过多的评判,农村发展和变革的脚步还在前进着,农村的未来还在未来,美好还在赶来的路上,处在矛盾与进步之中的新农村,才是变革的真正模样。

　　草原乡是实践的首站,地如其名,广袤草原之上坐落着的小村落,调研的第一家只有两个老人在家,儿女外出打工,两位老人靠着几亩田地种植莜麦、蔬菜,加上微薄的养老金自给自足。调研结束后,他指着长长的巷子,"这里都没人了,你们可以拐过去找找别家"。我们顿时觉得很心酸,还没有被完全发掘的农村已经丧失了劳动力,就像被折翅的蝴蝶,这样的村子,应该发展旅游业和优质产业,才可以吸引更多的青壮年回乡,为家乡建设献力。村里的老人大多丧失了劳动能力,依靠自己院子里的菜地和养老金过活,他们也不愿连累儿女,虽然自身能力不够,但尽量让自己不成为儿女的负担。不论生活条件如何,父母永远将儿女放在第一位,不论在中国的哪个地区、哪个城市、哪个小乡村都是一样的,这是父母对后辈深沉的爱。令我印象深刻的还有一个农户,我们采访他时,他正在修自己家的外墙,一开始很难想象,洁白的墙、整洁的庭院、漂亮的铁门都是一个衣着简朴甚至衣服上还有明显的油漆印的农户自己一点一点修好的。经采访得知,他今年40多岁,差不多是这个村子里最年轻的人,自己种着十几亩地,还养着牛,平时还去县城里当装修工人,每年辛辛苦苦、奔波不停,这样辛苦一年够养活自己和父母妻儿。他还提到,还好自己买房早,在多伦县城房价翻番之前买下房子,这样辛苦的工作也是为了还房贷,供孩子读书,他希望自己的孩子能够坚持上完大学,成为一个对国家对家乡有用的人。美丽的草原之乡,人们的心灵大多淳朴而干净,我们在调研时也许只注意到他们的辛苦和拮据,却忘了他们每日面对草原的清澈与虔诚。在多伦与丰宁之间的小村庄,我相信它最终会找到自己的位置,找到自己的发展方向,重回生机与活力,带着虔诚与质朴的心,迎来明日的振兴之景。

四岔口乡是实践的第二站。初到四岔口乡,村书记带领我们去了种植荷兰豆的田地,大片大片的荷兰豆感染了根腐病,叶子像被传染一样一片一片聚堆变黄,菜农说,他虽然意识到得比较早,但是没有防治办法,只能眼睁睁看着大片荷兰豆田地被黄色侵蚀。经询问村书记得知,四岔口乡虽然有大片蔬菜田地,却没有技术指导员,村民们都是靠自己摸索。在农业机械化种植的今天,可承包田地规模变大,但是问题一旦出现,就是出现在数十亩甚至上百亩田地里,从来不会是小问题,一旦没有得到及时解决,面临的可能是大规模亏损,牵连一家至数十家的经济,尤其是合作社等组织。四岔口乡较草原乡有更为丰富的地势,平地与山地兼有,如果能够合理利用,将会有非常大的发展前景。在参观学习之外,实践团的成员还帮农户采收甘蓝,同学们兴致高昂、干劲十足。在辛苦的劳动中,我们切身认知到了自己的专业,当书本上的知识活灵活现在眼前,当亲眼见到那些病害真实发生,我们愈发意识到自己专业的价值和意义,它不是简单的理论,是贯彻到生活、深入到田地间的实践、实验,找到最可行、最有力的解决办法,真正造福农村、造福农民、造福每一个种植者。解决问题的道路也许是艰辛的、艰难的,但问题解决后的阳光终归是明媚的，遇到问题和困难就要勇敢面对、勇敢解决，就像我们走出四岔口乡的那条雨后的路，不管是高坡还是散沙，不论是小沟还是步行穿过的丛林，问题在面前时要有解决问题的镇定与智慧，路途艰难不忘周围伸出的双手，老师和同学永远是我们坚实的后盾。

绿水青山就是金山银山。穿过千松坝森林公园时，闻着新鲜的空气，看着丛丛的花、层层的树，我真正理解了习近平总书记所言，保护生态也是在保护人类自己，维持生态也是在维持人类的生命。千松坝作为成功的森林公园被人们参观，所带来的旅游业和服务业收益较高，是护林育林、保护生态的典范。

王营乡是实践的第三站。112 国道过境，王营乡的产品运输非常方便，王营乡的产业探索在几个乡里面是比较丰富的，一些种植养殖大户不仅尝试番茄冷棚、养殖场，不少农户也开始尝试大棚种植，减少季节气候等给作物带来的伤害。在调研中，我们发现与其他乡村共性的问题，普通农户家资金技术缺乏，只能种植玉米，玉米的收获又不多，每年几乎收支相抵，一些体力强的农户可以给村里蘑菇棚打工，年老和体力差一点的只能靠养老金或低保。这不禁让我们开始思索，我们能为他们做些什么。这只是一个村子的困难，全国还有千千万万个这样的村庄，作为大学生，我们应该有把青春献给祖国的决心，千千万万个村子，千千万万的有思想、有能力、有作为的大学生，年轻的血液流入土地，带动乡村的振兴。

杨木栅子村是实践的第四站。细雨如丝，杨木栅子村的村民热情真诚，耐心地回答我们的问题，杨木栅子村和前面几个村子一样，普通农户基本靠种玉米收获，但是连年天气不佳，玉米产量极低，主要因为干旱问题，长势不佳。村民有的撂荒地去打工，有的想尝试其他作物，但是苦于没有技术支持，在犹豫的边缘。杨木栅子村虽然没有王营乡看起来富裕，但是村民热情积极，积极去找解决目前生活的办法，有的开旅馆、有的育蔬菜苗等，这些特点都说明杨木栅子村是在不断进步的、未来可期的。

在杨木栅子乡的下午,实践团前往了道德坑村后方医院遗址及弘德烈士陵园,感受了军民在抗战时的团结一致,面对苦难的坚决奋战,革命烈士虽死犹荣,革命烈士永垂不朽。

实践第五站是杨木栅子村小学。看着活泼调皮的孩子们,羡慕他们未来光明,通过这次实践活动,希望他们对未来更有向往和希望,靠自己的能力,好好学习,学成后也能不忘报答自己家乡,有能力建设自己的家乡。

9天的实践时间很快过去了,给我的感触却是一生的。惊讶于村民的家庭状况,感叹劳动人民的智慧,遗憾种植技术的短缺,但是每个村子都在慢慢前进,我们眼见变革的脚步,变革中出现的问题不能一概而论,矛盾固然存在,但是矛盾不是永恒的,最主要的是要掌握前进的方向,切切实实为农户求得发展的途径。9天的路程、9天的体验、9天的感悟写不尽,作为农科学子,我们不能只看到表面的困难,应该寻求其解决的办法,发挥自己专业的优势与价值,尽管现在能力微薄,经年努力,终能实现。

朱雪莹，女，共青团员，2018 级园艺专业，任北京农学院植物科学技术学院权益生活部部长，获北京农学院 2018—2019 年度二等奖学金和 2018—2019 年度优秀干部，后考入青岛农业大学继续深造。

实践行　助振兴

刘金艳

　　9 天的暑期实践,说长不长,说短也不短,这段时间和老师同学一起收获了很多东西。还记得自己在实践的报名表上写实践目的时,写的是:①想要通过实践锻炼自己的能力,提高素质;②一直听学姐学长说暑期实践,自己也想亲自体验;③想通过实践,和老师学习更多的专业知识;④通过支教活动与小朋友亲密接触的机会,给他们讲讲外面的世界。现在回想一下,自己的收获远不止这些。

　　通过查阅前几年实践团调研的数据,发现丰宁贫困地 2015—2017 年种植的农作物中约 95% 为经济价值低廉的普通食用玉米。仅有的设施蔬菜也因种植技术和品种筛选问题,没有良好的品质,无人收购,甚至在种植过程中发生大面积病害,颗粒无收。

　　第一天,我们实践团的每一个人早早起来,在学校门口集合,每个人的脸上都对实践有着期待。路途中,大家欣赏着路边的风景,但由于路途较长,大家总有疲乏的时候,慢慢地打起了瞌睡。这时,擅长唱歌的老师和同学起到了重要的作用,她们带动起了整个车的氛围,大家之间的感情也就在这一刻起慢慢建立起来了。我们中午到达河北省承德市丰宁满族自治县的草原乡,大片的田地,一望无边的草原,湛蓝的天空,团片状的白云,清风浮动,带走了阵阵暑气,带来了半分清凉,让我们领略到了不一样的草原风景。我是和刘中甲学长一个小组进行调研,这是他第二年参加实践,是有一些经验的,我和他一组会轻松很多。第一次入户调查时,我是不知道怎么开口的,而且有些羞涩,好在有学长在前面,才慢慢学会如何开展调研,知道怎么开口合适。第一个村的调研给我留下的印象比较深,村子里还有好多人家是土房,虽然我家也在农村,但是基本已经没有土房了,原来,农村和农村的差距还是挺大的。而且村子存在吃水问题,更别提庄稼了,就只能靠天吃饭了,收成也很低,有的村民说,一年到头的收成还不够成本。所以,大多数年轻人选择出去打工的,好在他们这里上学还是相对方便的,第一天调研的这几个村子的情况基本相似。

第二天,我们走访了草原乡其他的村子,其中一个村子是相对较好的,能够明显感觉到他们的新农村建设,村里卫生环境也不错。但是入户调查时,也还是比较落后,水资源同样不充足,靠经验种地基本是无法支撑生活的,大多数是通过打工获得收益。在调研过程中,有一个十二岁的小男孩,很热情,带着我们在村子里参观,像一个小导游,他和我们说他上学要去乡里,还是比较远的,在我离开之前和他一起拍了照片,我想把照片发给他的时候,他告诉我他爸爸妈妈都不用微信,我当时是比较吃惊的,我以为现在的每一个人应该都是用微信的,然而并不是这样,我不自主地一颤,原来并不是所有事情都是像我想得那么好。

后来,实践团又去了四岔口乡,这里就不是以草原为主了,更多的是山地,而且进入他们那里的路程中,基本上手机是没有信号的。他们这里除了种玉米以外,也有种甘蓝的。这是我第一次亲自感受收甘蓝,总是弯腰收割会很累,但是村里的叔叔阿姨基本一天都在地里,为的是想多一些收入。除了甘蓝,还有种植荷兰豆的,但是荷兰豆长势并不好,并且出现大面积坏根的情况,也并没有进行管理,听一同去的专业老师讲解原因,并指导如何防治,这是自己先前不了解的,又学到了新知识,还是很开心的。下午在四岔口乡进行调研时,发现村里好多户人家是星级文明户,并且村民对村干部的工作也很满意。在从四岔口离开的路上困难重重,下着雨,由于那里只有一条路,而且还有好多坑,我们的大巴车又比较大,就会有好多坑过不去,需要所有人都下车,然后大家一起垫石头,还遇到一个道路施工地方,路被沙子堵上了,为了不耽误实践进程,到村民家里借铁锹,大家一起冒着雨移沙,虽然累,但是大家齐心协力,成功后的喜悦是无法抵挡的。

我们还去了连续三年开展过实践的南关乡。听学长、学姐、老师的描述以及与之前拍的照片对比,发现这里的改变真的很大,路变宽了,房子变好了,也都进行了危房改造,在村民的口中,可以听到"国家政策是真的不错""还是要感谢党感谢国家"这样类似的话,都说现在的生活可能是没有办法和北京上海这样的大城市比,但是和以前比有很大的改善,可以看出村民脸上是满意的笑容。吃水上还是存在问题,庄稼收入也不多,大部分人还是和之前一样,靠外出打工获得收入,但是没有人想过要发展新型农业,而且绝大多数人是不了解相关知识的,可能是文化水平相对较低造成的,农村还是需要技术人员的大力支持。在调研的过程中,我们把去年实践团制作的地标性明信片带上,故地重游,进行打卡,发现村子里的各种基础建设都相对完善了,当自己看到这样的改变的时候也很开心。

在调研之余,实践团的成员还一起爬上了黄土梁村的山坡,大家齐心协力,相互帮助,这不仅促进了大家的感情,而且也教会我们,在人生的路上,就是要不畏艰辛,勇敢向前,与身边的人互相帮助,我们大家需要的是一起共同进步。我们还摆出植物科学技术学院实践团的标志性姿势和植物科学技术学院的首字母,合影留念。那时候,我们都感觉到我们是真真正正的一个大家庭。

到王营乡的时候,我上午的工作是调研,了解到这里大多数的情况还是和其他乡一样,农业技术不发达,水资源短缺。下午和老师一起先听乡里书记讲了各个村子的情况。在刘书记带领下,我们去看了当地正在尝试种植的苹果梨,专业老师发现枝条长势缓慢,并且果子很小,可能不会正常成熟,老师提出可以改成其他品种。

当我们到杨木栅子村的时候,发现他们村中商业相对发达,大大小小的超市和饭店等各种店铺。通过了解发现,这里有一个外来企业,给村民提供了很多就业机会,这个企业来施工还能给村子里带来岗位。我觉得这个做法就非常有效,这样可以让村子里的人自己动手富起来。而且在这个村子调研时遇到了一个老爷爷,他家庭情况特别不错,家中庭院修整得特别好,还有一个小花园,说明生活相当安逸了。本以为他

们是有自己家族产业的那种家庭,了解才知道,爷爷和他的儿子都是打工人,慢慢把日子过好的,而且他对自己的生活很满意。他说村子发展还挺不错的,对现在的村干部十分满意,和他聊天时,他说了这样一句话:"现在这个社会,只有懒人,没有穷人",让我记忆深刻,是啊,现在各行各业都有岗位,国家是在帮我们脱贫,但我们不能每个人都等着国家,日子都是要靠自己慢慢过起来的。

我们还去了杨木栅子小学进行了支教,和孩子们一起做游戏、自我介绍等,我能感觉到他们对大城市的向往,也都有自己的理想,我们还以"青年学生,励志成才,返乡建设"为主题进行了演讲,希望能够激励孩子们励志成才,之后为自己的家乡贡献力量。同时为庆祝中华人民共和国成立70周年,实践团的哥哥姐姐带领孩子们分为两队,为祖国献歌,每个人都激情澎湃,正如那句话"苔花如米小,也学牡丹开",无论是孩子们,还是正在奋斗的自己,都是一个平凡人,但是只要我们有梦想,有为之不懈努力的激情,就总会走上属于自己的康庄大道。

这次暑期实践收获知识、收获友谊的同时,更重要的是我更多地了解了自己的专业,农村的经济发展是需要我们这些农科学子的,需要我们努力学好自己的专业知识,为以后的发展提供更多的专业技术知识,作为农科学子,就需要明确自己的使命,不断奋斗。

刘金艳,女,中共党员,2018 级种子科学与工程专业,任北京农学院植物科学技术学院实践部部长,获北京农学院 2019—2020 年度一等奖学金、中华人民共和国成立 70 周年重大活动优秀训练标兵,后考入西南大学继续深造。

共走扶贫路　愿入小康家

李世凡

第一天,我们来到了草原乡进行乡村振兴项目调研活动,深入草原乡后,对乡村生活有了更深一步的了解。湛蓝的天空,路的左边是大片的田地,右边是碧绿的草原,清风浮动,山坡上的风车慢慢转动着,仿佛在向我们招手,此刻,我领略到了坝上草原的美丽风景。

第一次调研的时候,我还是有些拘谨,幸好有周光怡和王莹莹学姐帮助我,开始她们只是让我做一些简单的事情,等我慢慢熟悉工作后才开始让我接手部分的主体访问任务。第一个村子给我的印象还很深,村子整体比较破旧,大多是土坯房,道路也多数不平,尽管有水泥道路,但施工并不很好,已经有很多道路坑坑洼洼,正好赶上前一天有雨水,街道边是大片积水,我们很难通行。而当真正走访的时候,我们发现虽然房屋不少,但是大多无人居住,村中多数也是老年人,年轻人大多已经外出打工,剩下这些老人经营着传统农业,紧缺水资源,基本靠天吃饭。这些场景我以为只有电视剧里面会存在,原来现实中还有很多这样的问题,我瞬间感觉到我们的工作压力剧增。

随后了解的其他几个村子中,前几个村子情况大多相似,当时我就在想,不会整个丰宁都这个情况吧?在调查采访到李起龙村时,村里的状况开始有所改善,村中的产业基础大多也同样以农业和畜牧业为主,但是村中生活比较安稳。尤其我们组采访到一个村干部家里,她家里环境比较好,衣食无忧。她家老人也很了解耕种,比村中其他家庭种得好很多,所以让我感觉有些村子已经达成了部分脱贫,只有少部分贫困。后来我们向着学院连续3年实践的南关乡出发,这里的生活真的很不错,村中大多数家庭已经脱贫,随处可见乘凉的人,可见村中人们的生活还是比较安逸的。

随后参观的王营乡让我真的认识到了村子的真实情况。这个村子外表看上去很好,外边宽敞的柏油路,村中文化建设做得也很不错,街道也十分干净整洁,让我觉得这个村子和贫困一点关系没有。当我深入了解进去的时候,发现有些家还是非常困难,尽管房屋修整过,但内部有的还是很老的装饰。有的村民觉得村干部只做面子工程,并没有照顾到每个家庭,当我们采访到这里时也这么认为了,觉得村干部不太踏实。可随后又有人到了一位老村干部家里采访,老村干部说村子情况已经远比以前要好了,村子里好多人凭着这个想坐等富起来,全靠吃政府的补助,一下子懒了不少。我认为村子应当是给村民富起来的机会,而不是直接给钱,正所谓"授人以鱼,不如授人以渔",所以为农民找到富起来的机会才是最重要的。

对于提供机会,杨木栅子村做得就非常好,他们村中商业发展较好,开了大大小小的超市和饭店等各种店铺,村中就业机会上升很多。另外,村干部组织集体把地租给某个企业,这个企业的施工还能给村子里带来就业岗位。我觉得这个做法就非常有效,这样可以让村民自己动手富起来。后来我们在这个村子遇到了一位老爷爷,他家庭情况不错,家中庭院修整得很好,并且还有一个小花园,说明生活相当安逸了。他说村子发展还挺不错的,对现在的干部十分满意,但村中还是有人比较懒,懒的那些人都是穷人,勤奋就不会很穷。之前我还听到另外村子的一句话"那些天天打麻将的人全是贫困户,天天吃着低保还打麻将"。所以越穷越应该努力,国家政策是帮助脱贫,而不是让人不劳而获。

在这几个村子也听到了许多感人的故事。"苦干、实干、加油干"这是从一位退休22年的老书记口中说出来的。任书记,一位老书记,在那个农业落后的年代,需要向农民普及化肥,推广优良品种,这前前后后总共花了整整5年的时间。当时,村民们都不相信,特别是使用化肥,因为当时他们普遍使用农家肥,任书记挨家挨户做宣传,但仍然没有人相信。直到有一次,有户人家玉米倒地严重,任书记就建议使用化肥,经过使用化肥,治好了五分之四的玉米,玉米结实率也提高了,村民这才意识到化肥对农业的重要性。在那个经济困难的年代,国家需要征收各种税费。任书记对那些特别困难的农户,采取缓交政策,对于那些蛮不讲理的,则耐心地讲解,国家为什么要收税,是为了广大人民群众,一切从人民群众出发……任书记回想起当书记的时光,仍然很自豪,退休后心里边依然惦记着村里建设,惦记农民。现在,任书记通过看电视、报纸等了解国家对农业、农民的政策。现任书记也经常找任书记交流经验,希望任书记能为农村现代化建设出谋划策,提出建议,可见,任书记在村民心目中的重要位置。

我们随后还参观了弘德烈士陵园。在参观展馆的过程中,实践团成员被革命英烈的事迹深深触动,深知和平年代和安稳的生活来之不易,更应珍惜当下,不负使命,学习先烈英勇抗敌的精神,奉献祖国,奉献社会。我们怀着沉重的心情参观烈士陵园,庄重肃穆,缅怀这些为国献身的英雄。由于年代久远信息流失,许多英雄没有留下他们的名字,但他们仍是我们心中的英雄先烈。正如烈士纪念碑上聂荣臻将军题词"光荣烈士永垂不朽",革命烈士虽死犹荣!我们在烈士纪念碑前为逝去的英雄默哀、重温入党誓词并合影留念。老一辈共产党人和革命先辈为了我们的民族、我们的国家付出了自己的青春甚至生命,他们永远是我们学习的榜样。我们不能辜负先辈用生命为我们打下的江山。现在,保卫国家的接力棒交到了我们的手中,我们定要担负重任,无畏挑战,将自己的青春与热血献于祖国!

实践团队来到了黄土梁村附近的一个山坡上拍照,来这里是近几年来我们植物科学技术学院实践团队的一个传统,每年实践团都会来这里合影。我们找了一个很陡的地方作为起点,大家缓慢地过了入口的那一条沟,随后互相搀扶一步一步地上山,路上有些泥泞,有些难走,但大家互相帮助,安全地到达山顶,不仅锻炼了我们的团结协作能力,更磨炼了我们的意志,让我们在面对今后人生之峰也能不负所望,勇登高峰。实践团的成员摆出了"植物科学技术学院"首字母 ZK 等造型合影留念。翱翔在空中的无人机,一望无际的蓝天,青葱茂盛的丛林,风华正茂的少年都是最好的时光里最美的风景,我们正值年少,我们热血澎湃,我们愿将自己的青春奉献给这片沉沉的热土。我们沿着之前的路线在每一处记录我们的脚印,将丰宁这里的每一处美景记录在我们的这一次丰宁扶贫实践活动中,记录在我们的人生阅历之中。

    这次实践活动不仅收获了知识,还收获了友谊。我们在暑期下乡调研,了解农村的实际情况,让我更了解我这个专业应该向哪方面努力,更应该学习些什么,让我对未来更加明确了目标,而且与老师同学关系也更进一步,更像一家人一样,让我收获颇丰。

李世凡,男,共青团员,2018级种子科学与工程专业,任北京农学院植物科学技术学院体育部部长,后考入北京农学院农艺与种业专业继续深造。

青年实践　探索乡村振兴之路

张　丹

"实践出真知",通过实践,我们能发现更多,了解更多,感悟更多。社会实践作为广大青年学生接触社会、了解国情、服务大众的重要形式,对于青年学生的成长、成才有着极为重要的作用,而大学生深入基层了解情况,宣传现代农业技术,也能在一定程度上帮助乡村振兴,创建美好家园。

在此次社会实践中,我们深入乡村进行访谈调研,了解农村经济、文化发展、扶贫脱贫、农业生产等事关民生的相关情况,为当地发展尽一份绵薄之力。

乡村振兴,要留得住人,要缩小城乡差距,创建特色乡村。在贫困的农村,水资源匮乏,没有多余的水进行农作物灌溉,都是"靠天吃饭",灌溉只能依赖自然降水,自然条件决定了老百姓一年的收成。年轻人普遍不愿留在农村,种地无法维持生计,大部分人选择背井离乡。留守农村进行农业的大多是身体不好的中老年人,所以如何将年轻力量留在农村,是一个亟待解决的问题。要让年轻人看到农村发展的新希望,让年轻力量做美丽乡村建设的主力军,做乡村文化的传承人!

乡村振兴,经济发展的同时更要加强文化建设。留守农村的村民大部分文化程度不高,对于国家政府实施的政策会出现不能理解的情况,于是导致政策推行受到阻碍。同时各种现代科技技术无法实际运用到农业生产中,生产效率不高。经我们实践调查,约80%的村民对于乡村振兴战略没有了解;村子里种植方式大多是传统种植,对于农作物种植缺乏专业的技术,利用机器耕作的很少,一是经济不支持,二是不会使用;农村文化活动建设不足,农民精神生活相对缺失。所以在我看来,加强农村文化建设十分重要,让文化走进生活,提高农村素质。要建立专业的农业宣传,定期向村民宣传讲解农业生产技术,解决实际生产问题。提高生产力,让劳动有收获;要抵制恶习,发展特色风俗,丰富基层文化活动。

乡村振兴,需要负责尽职的基层干部。据一位退休老书记描述,建设发展之路是很艰难的。村民对于新鲜事物很难接受,要给村民看到实际的效益,在村民有抵触情绪时,要耐心沟通,达到村民和政策的和解。他说,一个优秀的村干部应该是不怕苦,不怕累,不怕误解的,是将村民的需求放在前面,是能带村民走上小康致富路的! 小康路上需要带头人,基层干部就是这么一个重要的角色。

乡村振兴,美丽乡村建设,离不开美。在实践中调研的乡村,我们发现,村子风景都很秀丽,很适合发展乡村旅游。同时村子里还举办了美丽庭院活动,家家户户都对自己的住所进行了装饰,农村整体看起来就是一幅美丽的画卷。加强农村基础设施建设,环境治理,营造美丽整洁的环境,对于农民来说是一种动力。

通过这次社会实践,我们了解了世界的更多面,对于自己肩上的使命与担当有了更深的了解,思想上也得到了提升。

首先,"从群众中来,到群众中去"。在深入乡村的这段时间,我们学到了很多无法从书本上获取的知识,真正认识到只有到实践中去,到基层去,把个人命运同社会、同国家的命运发展联系起来,才是大学生成长成才的正确之路。

其次,美丽乡村建设离不开青年力量。作为农科学子,我们肩负着更大的责任。农业问题是我们国家发展的重中之重。在各个乡村里,我们了解了农民的实际需求,了解问题便要解决问题,这是我们实践的目的。我们要努力学习专业知识,将知识学精、学透、学扎实,将知识运用到实际生产中,不局限于纸上谈兵。当我们学有所成时,我们在乡村建设这条路上便会有更多选择。可以做基层干部,为农村建设出谋划策,推动农村发展;还可以做技术指导员,帮助农民做好农业生产。当

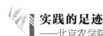

我们用知识武装自己的时候,我们便能做更多事。我的家乡在一个极度偏僻的农村,每当看到这些与我家乡很相似的地方时,我想要建设家乡的决心更强烈了。返乡建设,势在必行!我希望用自己的力量为我的家乡、为农村农业发展,做出一点儿改变!

最后,心怀感恩,珍惜当下时光。在实践访谈中,我们了解了某些抗战老兵的故事。他们平淡地叙述当年抗战的事情,我却从其中听出了万分惊险。他们,为这个和平年代奉献了青春,甚至是生命!他们,是时代不可忘记的伟大的人!和平年代来之不易,即使在和平的今天,边境仍然战火喧嚣,有许多人在守护着我们。用生命换取的和平,我们一定要珍惜!"没有国,哪有家!",这是抗战老兵的心声与热血,只有国家太平,才有人民安居乐业。中华上下五千年,我们中华民族在一步步强大,在国际上一步步创造了强大的国际影响力。我们青年,需要做的便是成为国家的栋梁之材,为国家发展抛头颅,洒热血;我们要在社会上创造价值,发挥所长,这才是在和平年代致敬那些用生命换取和平的英雄们最好的方式。

通过这次社会实践,我真正明白了社会生活与校园生活的差距。校园很小,我们在学校学的是理论知识,我们务必要将所学的知识应用到实践中才会发现它的价值。我们总以为在学校上课枯燥无味,总向往那些自由自在享受生活的人,总有着别人不知道的理想,总想着有一个辉煌的未来。但我此刻开始明白,所有的想象都是虚无缥缈的,只有自我亲身实践过,才会有一个清醒的认识,才会正确地自我定位,确立相对现实的目标。在实践后才会发现自己所学的东西是十分重要的,并且需要进一步充实,实践也提高了我的学习兴趣。

"实践是检验真理的唯一标准",在这次实践过后,我对这句话有了更深的理解。在学生阶段的我们需要了解的东西太多了,我们不能只靠书本去认识它们,这样的认识太浅薄了,不能算是真正的认识。世界很大,我们所了解的只是冰山一角,我们要跳出舒适圈,拓宽视野,增长见识。

"读万卷书,不如行万里路",两耳不闻窗外事,埋头苦读不可取,在努力学习的同时，我们更要走出去，了解外面的世界，了解真正的民生问题是什么，从而在之后的人生中更加坚定自我。

　　张丹，女，中共党员，2018 级园艺专业，任北京农学院校记者团团长，2020 级园艺一班助理，获 2019 年中国北京世界园艺博览会志愿服务活动优秀服务奖、北京农学院 2019—2020 年度优秀团员、2019 年北京农学院"互联网＋"大学生创新创业竞赛三等奖。后考入西南政法大学继续深造。

学海当无涯　实践出真知

张雪晴

2019年，我随着北京农学院植物科学技术学院实践团去往河北省承德市丰宁满族自治县进行社会实践，对于没有参加过大型实践活动的我来说，无疑是一次全新的体验。虽然在烈日下奔走很辛苦，调研吃闭门羹很沮丧，但是这些也给我留下了极其深刻的印象和感悟。

山路颠簸，长时间的车程让大家都有些疲惫，但是到了目的地之后，当地书记和村民十分热情，为我们准备好了饭菜和水果，我们很快恢复了活力，当天下午我们就去了附近的村子进行调研和访谈，这是我们实践活动开始的第一天，大家满心欢喜、干劲十足。我被分到了调研组，我们的任务是挨家挨户地了解情况、了解村民对于乡村振兴的看法与感受，填写调查问卷。与村民们面对面交流，更能感受到村民的情绪，更有利于设身处地地体会乡村振兴政策给村民生活带来的变化。结束白天的调研后，晚上将调查问卷录入社会实践系统，供以后参考使用。

在调研过程中，最令我感到震惊的是采访到了一位老党员爷爷，爷爷腿脚不便，走起路来也是颤颤巍巍，记性也大不如前，经常忘记很多事情，但是我发现，在他的床头有一个收音机，还有很多报纸，我问爷爷："您经常听收音机吗？"爷爷说："是的，"他行动不便，经常听收音机和看报纸，并且表示收音机是他最宝贝的东西，后来他说，他是一名党员，很久之前就入党了，他年轻的时候经常带着村民一起劳作、出去打工赚钱，现在年纪大了，实施乡村振兴，村里修路的时候，他一直在旁边看着。奶奶说那段时间他腿脚不好还老往外跑，拉都拉不住。我心想，这就是党员精神吧,积极响应国家号召,关注国家大事,把党放在心里,时刻牢记自己党员的身份,在群众中起模范带头作用。我们的调查问卷中有这么一个问题"您了解乡村振兴战略吗?"我调研的大部分村民是回答没怎么听过,不了解,可这位老爷爷说:"了解啊,我从出台政策开始就关注了。"然后爷爷就开始讲述他对国家一些政策的理解与关注,分析起问题来,完全不像是一个记忆衰退的老年人。虽然我们不应该在某一个村户中停留时间过长,但是我当时不忍心打断爷爷,他虽然记性不好了,但是国家政策却记得如此清晰,这真是给了我极大的震撼。在经济不发达、信息接收不及时的村子里,这位党员爷爷还能对国家政策如此清楚,这就是我们应该学习的党员精神啊。我作为一名预备党员,更是深深体会到了自己与党员之间的差距,这更是提醒我要不断学习,不断更新思想,积极主动用党员标准严格要求自己。

2020 年,由于疫情的原因,我们只能在自己家附近的村子进行调研实践,我在离我家比较近的一个前杨村进行了调研,那里的村民非常热情。一进村子就是一个很大的广场,好多老人坐在那里休息聊天,我一过去他们就热情地问我:"小姑娘过来干什么的?"从他们的口中我了解到,这个村子原先非常的贫穷,因为有了建设新乡村的政策,有了政府的补贴,这里才开始修路。这里空地很多,就安放了娱乐设施,种植了大片鲜花,使这里成了一片花海,吸引了很多人参观。当地村民很满意现在的生活,土地承包出去之后,每年有固定的一笔收入供他们生活,他们还可以在一些零散的土地上种植想吃的蔬菜,总之用安逸来形容他们现在的生活再贴切不过了。听到这里,我感受到,如果没有国家颁布的这些惠农、建设乡村的政策,那么这些村民还是要一如既往地辛苦劳作,收入也并不可观。正因为有国家的政策,有村干部的积极响应以及村民们的全力配合,才有了现在较为满意的生活。

现在很多大学生选择下乡当大学生村官,帮助村民一起改善生活,改善他们的生活环境,提高生活质量,从整体上提高农村的经济水平,缩小我国的贫富差距,从而提高我国的总体经济水平。作为农科学子,作为园艺专业的学生,可能并不能直接解决经济发展的问题,但是我们可以用专业知识,研究适合当地种植的作物新品种,研究什么样的种植技术更适合当地的气候、适合当地的管理方式。以前我对我的专业没有一个准确的认识,但是我通过社会实践,对专业有了实际了解,而不是简介里的书面语,这让我意识到我的专业也可以为很多人服务。"绿水青山就是金山银山",农业的应用可以极大地改善环境,提高环境质量,利用一些植物本身的特性,可以在美观的同时,为城市乡村吸附灰尘、净化空气、减小噪声。我对专业学习的兴趣也在社会实践中有所提高,社会实践的魅力不就在这里吗?走出课堂,去实地体验一下大田环境,了解作物种植,让从书本上学过的知识在田地里实践,也许很多难以记住的知识和一些困惑就会迎刃而解,从而记得更加牢固,把自己培养成为国家需要的人才。

实践的过程中,也有疲惫的时候,也有觉得任务很多的时候,但是很多个调研组都在进行调研,所以我也没想过放弃,而且当我完成这些任务之后,我收获的远比这厚厚一沓调研报告里的内容要多得多。在这一过程中,我发现由于地理位置不同,建设新农村政策为很多偏僻角落的农户带来的好处非常有限,我体会到了他们的无奈。我看到许多家离得比较近的村民在互相串门,送水果给邻居吃,不仅如此,还邀请我们到家里吃饭,跟我们说辛苦了,这让我觉得真的很温暖。虽然去他们的村子里调研只是其中的一站,但是他们的热情也让我体会到了被欢迎的感觉,是家的温暖。可以看得出,乡村振兴战略实施后,他们的生活质量是真的有了提高,生活变得安稳。当然连续调研几个村子之后,很容易能看到每个地区村子的贫富差距,这也是一个提醒,在国家出台政策之后,村干部需要根据自己村子的不同情况进行改革,要争取让当地更多的村民感受到政策带来的改变与便利,为村民的生活提供更多的福利与保障。

在我看来,实践是一种学习更是一种鞭策。通过实践,可以把我们从忙碌枯燥的书本学习中带出来,以一种生动形象并且充满活力的形式,让我们带着主观能动性去理解自己的专业,了解自己的专业可以为人们带来什么。但同时它更是一种鞭策,我们了解实际情况后,可以认识到现实情况和理想状况还有很大差距,还需要做很多努力。它让我意识到,我对自己专业知识的了解仅仅是冰山一角,还有很多需要我去学习、去感受、去实践。因此,时不我待,从现在开始学习,在平时生活中好好感悟,提高自己的综合素质和学习能力,发挥自己的长处,实现自己的价值。

　　张雪晴,女,中共党员,2018级园艺专业,任北京农学院植物科学技术学院学生会副主席,获北京农学院2018—2019年度优秀学生干部,2019—2020年度院级"心怀国家,青春跃动"主题活动微视频一等奖,后考入中国农业大学继续深造。

跂而望 不如登高之见也

杨 赟

鲁迅曾经说过："一碗酸辣汤,耳闻口讲的,总不如亲自呷一口的明白。"人们总说山那边的海很美,可又有多少人曾到过海边。就如,我曾听闻读万卷书不如行万里路,可直到这次丰宁时间结束,我才知道,这条路上有太多东西不是一纸文墨可以教会我的。

在参加北京农学院植物科学技术学院丰宁实践的两个月前,我便对这个实践有所了解。度过了期末,熬过了军训,我们迎着北京农学院清晨的阳光,踏上了期待已久的征途。

或许没有多少人记得沿途的风景,也没有多少人在意路上的颠簸。在半睡半醒之间,我们到达了实践的第一站——草原乡。在我的印象中,草原应该是一个碧绿的一望无际的地方。但这里有山,山高得很美,高得离天空很近。拿着一份打满问号的问卷,走进一个陌生的人家。每一次敲响别人家的门时,我会想:如果我面对一个陌生人,我会不会开门,会不会遭到不信任,会不会尴尬……然而当地村民的热情远远超过了我的预想。在将近 1 个小时的聊天中,我们对当地的村庄和村民们大概的情况有所了解。农民眼中的天,永远只期待着久旱之后的甘霖,而不是我们眼中的天高云淡,也许他们曾经也觉得这里风景秀丽,但这种感觉也慢慢淹没在了自己的汗水里。

根据工作分配,白天我们在每一户人家就村里一些变化的看法和评价进行调研,晚上我们将一天收获的信息进行录入。接下来的几天里,我们慢慢地从一个羞涩的大学生,转换到一种可以和他们随意聊天、可以说说笑笑的状态。

没有什么是一帆风顺的,我们的旅途也同样如此。实践第三天,早上还是晴空万里,下午的冰雹却突如其来,打破了原有的计划。起初,不少同学依旧冒雨前行,最终仍敌不过这疾风骤雨。当地的村民也很热情地邀请我们去避雨,这使很多同学避过了冰雹的锋芒。草原乡的瓜很甜,如同村民朴实脸庞上的笑容,晚上的姜汤也很暖,比过大雨洗涤后的彩虹。

告别了那天高云淡的草原乡,我们的下一站来到丰宁县城,这是我们实践的主要地方。随着工作的愈加熟练,每天的工作也有些许枯燥,但活力的青年总会给平淡的日子增添热闹。

当北京还是 30℃ 的高温时,丰宁习习的小雨让我体验到一丝秋意。一路起起伏伏,大巴车像平常一样在乡间的小路上行驶着,我们在车上休息,养精蓄锐地准备迎接下一站。然而天有不测风云,小路上的一个沙堆,如同一座小山一样挡住了大巴车的去路,绕路吗?这是所有人的第一想法,可是如此小的乡间小路,要让一个大巴车掉头,谈何容易。通过讨论,我们最终决定"移山",同学们都很默契地分工,有人借铲子,有人找锄头。经过了半个小时的"移山",最终那座小山丘被我们给移了一半。如果说从头到尾这个实践活动有什么让我印象深刻的,我觉得不是那些平坦的实践之路,而是那些意料之外的风景,才是那浓墨重彩的一笔。就像大学 4 年需要走的那条路一样,风平浪静往往只是暂时的,有时候你总得去面对一些猝不及防的东西。你可以犹豫,你可以徘徊,但是你不能退缩。人生就像一辆列车,当它停靠的时候,不要去问乘务员这车开往哪里,什么时候开?也许当你全部了解之后,列车早已经走了。列车永远是向前开的,前面的风景,是你没有看到过的,也许前面不会成功,但如果你后退了,那么你已经失败了。

在我的印象中,北方永远是一个很富饶的地方。像河北这样一个离北京最近的地方,也不会差到哪里。毕竟作为一个南方的孩子而言,北方的世界永远是令人向往的。然而在河北省丰宁县的调研,却让我有了新的认识。河北是我们的主战场,通过几天调研显示河北很缺水,很多农民面对这个问题也束手无策,唯答:靠天吃饭。在他们看来,再

强的农业技术,也不抵那一场雨的重要。因为天时的不和,他们与富饶相距甚远。但这里的淳朴民风、热情好客,却深深扎根心底。很多村民在知道我们的来意之后,很盛情地邀请我们去他们家里,我也不止一次地收到老奶奶递过来的水果。在他们眼中,无论我们是谁,我们终究只是个孩子。他们可能也怀疑过我们的身份,但是在大概了解之后便放下戒心。

这是我的一个亲身经历,我和我的另外两个伙伴,去到一个老奶奶家。爷爷出去有事,所以家里面只有奶奶一个人。知道我们是大学生,了解我们来意之后,便邀请我们进到她家里。家里很小,她站着,却不让我们站着。门口种着一些桃树,和一些我不认识的花,开得很茂盛,也很漂亮。整个交流过程中,奶奶不止一次地把桃子递给我们,尽管我们拒绝了很多次。直到最后我们要离开了,她也不忘叮嘱我们摘两个桃子再走。这让我想起了我儿时的记忆,那里的人也很好,在那个村庄,总有人不厌其烦的叫你去他家吃饭。或许这就是乡村的特点吧。

调研工作越来越繁重,我们也开始熬夜,工作到深夜 12 点,已经是很多人的家常便饭。但从未有人诉过苦,因为大家都知道这是自己的责任。转眼间,将近 10 天的实践也接近了尾声,最后一个活动是去给当地的小孩子上课。我很喜欢小孩,因为他们顽皮却又天真,他们敢爱敢恨,如同一块朴实无华的玉。让我记忆犹新的是两个七八岁的孩子,因为下午需要学一首歌,所以我开玩笑地告诉他们说给他们一个任务,让他们回去听完之后自学,然而,下午见面的时候他们已经学会了这首歌。我不经意的一言,在他们眼中便是一件需要认真去对待的事。现在的孩子真的很优秀,让我自叹不如。一天的接触,我和这些孩子的感情增进了几分,也让我对这些祖国的花朵充满了希望。游戏的环节中我问他们的理想,他们的理想普通且平凡,但是每个有梦想的人都值得敬佩,更何况他们正在为他们的梦想努力着。

最后一夜,林场的星空很美,伴随着满天的繁星,我们的实践也完美告终。尽管意犹未尽,但天下没有不散之宴席。我明白这是我大学生活中难以抹去的一笔。曾经的我,以为学长和学姐是那么遥不可及,以为老师都是如同初高中的班主任一样避之不及,而如今,再回首,皆是一群可爱的人。这次实践活动,我们走出了城市,看到了一些书本上用生涩的文字写下但未曾见到过的东西,或许也烙下了一些扑朔迷离的思想,也许在某一天它会生根发芽,枝繁叶茂。

不登高山,不知天之高也;不临深溪,不知地之厚也。

实践或许不仅仅是踏过一山一水,也在于领略一花一草。看的是风景,也看到高山旷原之后所孕育出的思想与灵魂。途中或许你见过别人的悲欢离合、起伏跌宕,但在此之余,也应该看到自己的目标方向与梦想。实践的路不会就此停止,奋斗的征途也时刻准备迈出新的一步。

杨赟,男,共青团员,2018级种子科学与工程专业,担任北京农学院植物科学技术学院办公室主任,曾获北京农学院植物科学技术学院2018年优秀运动员,后就职于北京极星农业有限公司。

青春稼穑行　共筑中国梦

赵云希

从初入校园,参加团学组织竞选,努力备战期末的无数个通宵,到参加各种志愿活动,尝试着各种不同的生活,我渐渐找到了自己在大学中的方向和奋斗的目标。丰宁社会实践更是我朝着既定目标努力迈出的关键一步。

业精于勤,行成于思。第一天,北京农学院植物科学技术学院实践团来到了广袤无垠的草原乡,肥沃的土地、勤劳的人民、怡人的清风给我留下了深刻的印象。风吹草低见牛羊,一步一景都是不用滤镜修饰的美好,同伴打趣说随便拍一张都是电脑的屏保。一方水土养一方人,这里的人们拥有自然赋予的礼物,拥有勤劳的双手、乐观的精神以及朝着美好生活不懈努力的热情。尽管当地的种植技术依旧缺乏指导,科学种植也并未大面积普及,但这里的人们通过摸索和努力,创造出的成果仍然让指导专家和实践团成员为之惊叹。

面对脱贫攻坚的任务和目标,当地的一位村民说"只要不懒,就不会穷。"此言诚哉!草原乡的人民就是靠着这样勤劳的干劲,一步一步摸索适合自己家庭的生产方式、适合当地作物的种植技术,不畏险阻,勇于尝试,勇于挑战,勇于承担,其中一部分农作物的种植加工已经相对成熟,向实现全乡脱贫的目标又近了一步。

从古至今没有任何一个困难能阻挡勤劳的人,也没有任何事是勤劳无法攻破的。多少仁人志士,因为勤劳而成材,并留下千古佳话,"悬梁刺股""凿壁偷光""华佗学医""鲁班学艺""李白铁杵磨成针"等,这些都是我们所耳熟能详的历史故事,这些故事都是中华民族历史上勤奋学习的典范。身为当代青年，国之重任、复兴之重任都在我们的肩上。我们如何不负众望，对得起国家和人民的信任呢？勤劳自当列于首位。当今世界正处于科学技术飞速发展的时代，未来世界的竞争主要是科学技术的竞争。科技兴农、科技支农也是农科学子要担负的重任。国家既要有数以千百万计的科学家、技术人员，还要有亿万有文化、懂科技的普通劳动者。在采访过程中，一位老党员对我们说："你们要从小培养勤劳的优良品质，建设更强大祖国的希望寄托在你们身上。"作为祖国未来的建设者，勤奋学习是我们首先需要培养的习惯。勤奋学习要有钻研精神，持之以恒，不怕困难，不怕挫折；勤奋学习还要讲究科学的方法，结合实际，手脑并用，创造地、灵活主动地学习，培养对科学的兴趣，提高自己的动手能力和创新能力，为今后参加社会主义建设打下基础！

传承学农精神，贡献青春力量。在此之前，我一直对自己的未来捉摸不定，我不确定学农是否真的适合自己，想过转专业也想过去参军，但在实践的过程中，看着农民因为作物的收成而眉头不展，因为缺少帮助而种植情况得不到改善，但因我们的到来而看到了希望。他们眼睛里闪烁的光芒让我觉得自己真的在做很有意义的事，让我觉得学农是一件很骄傲的事。解决虫害、科学种植这些看似不起眼的事，却能真的帮助一个家庭甚至一个村子的人们过上更美满幸福的生活，这样的成就感激发了我对自己专业的认同感，更加坚定了我在这条路上走下去的决心和信心。之前只是泛泛了解，这次真的走进农村，走进农民的生活，才明白人们真正需要什么，我们又能为他们做什么。

新时代的我们站在了新的起点，更肩负了新的使命。我们要秉承农科学子永葆使命、励志报国的崇高情怀，传承脚踏实地、敢于奉献的学农精神，坚持知难而进、勇于创新的科研精神。用自己的实际行动，踏着农科先辈的足迹，传承优良传统，践行农科人"顶天立地"的精神追求，为自己的人生绘出一幅多彩多姿的画卷，为社会的进步和发展贡献自己的力量。

探寻红色足迹，热爱忠于祖国。"为革命而死，重于泰山。"张爷爷

89 岁,在 1948 年为支援解放战争,18 岁的他参军,在冀热辽野战医院担任卫生员职务。参加了解放战争中的辽沈战役,战争胜利后调入华北军区医院工作。退伍回到家乡后,他没有忘记自己身为中国军人、共产党员的职责,仍积极为人民贡献自己的力量,担任了 30 多年的生产队长。"没有国就没有家",这是 67 岁的赵爷爷含着泪说出来的,他 17 岁参军,在那个什么都不懂的年纪,便背负起拯救民族、拯救国家的重担。他是抗美援朝的伟大战士,是我们心中最可爱的人,在那个炮火连天的战争中,两颗子弹从赵爷爷的头皮擦过,赵爷爷一度与死神擦肩而过,但是他说只要还能走、还能打,就继续打下去,因为有国才有家。当谈到过去时,赵爷爷一度哽咽,他说,当年参军的有将近 4 万人,现在剩下不到 1/3,非常想念当年跟自己一起并肩作战的战友,很怀念以前的部队生活。他嘱咐我们:一定要好好学习,报效国家,你们是民族的希望,国家的未来。赵爷爷依然不忘初心,一心一意奉献祖国,他是民族的英雄,国家的英雄!

在实践过程中,我们参观了道德坑村后方医院遗址及弘德烈士陵园,在烈士纪念碑前为逝去的英雄默哀。老一辈共产党人为了我们的民族、我们的国家付出了自己的青春甚至生命,和平、安定的生活是他们的热血换来的,他们永远是我们学习的榜样。

在中华民族遭受屈辱的年代,中华儿女团结一致靠着血脉相承的中华精神,打败列强,赢得独立与和平。我热爱我的祖国,我为我是中国人而自豪。我们努力奋斗为的就是有一天能尽一己之力报效祖国,为党和人民服务,为祖国做出贡献。我们深知,在这和平年代,知识才是最有用的。等到学业有成之时,我定要为祖国做出贡献,为祖国建设发展尽自己的微薄之力,我们不能辜负先辈用生命为我们打下的江山。现在,保卫国家的接力棒交到了我们的手中,我们定要担负重任,无畏挑战,将自己的青春与热血献于祖国!

用心守护梦想,用爱浇灌未来。在实践的最后一天我们来到了杨木栅子乡杨木栅子中心小学。我们希望通过这次支教帮助杨木栅子中心小学的同学们树立崇高的理想,青春年华奉献祖国,返乡建设促进发

展。我们能从他们的眼睛里看到他们对未来的期待和对知识的渴望。"白日不到处，青春恰自来。苔花如米小，也学牡丹开。"无论是杨木栅子中心小学的孩子们，还是正在为梦想奋斗的我们，都是小小的平凡人。我们可能生活在潮湿背光的地方，不能被阳光滋养，亦不能被悉心照料，但是只要我们心中有爱、有崇高的理想、有热情、有目标，我们也能像牡丹一样绽放自己独特的美丽，我们也能实现自己的梦想。

"如果没有那次眼泪灌溉，也许还是那个懵懂小孩，溪流汇成海，梦站成山脉，风一来，花自然会盛开。梦是指路牌，为你亮起来，所有黑暗，为天亮铺排。未来已打开，勇敢的小孩，你是拼图，不可缺的那一块。世界是纯白，涂满梦的未来，用你的名字，命名色彩。"最好的遇见，是梦想开花的那一刻。支教，也一直都是我的梦想，支教于我而言，是奉献、是砥砺，是"不忘初心，方得始终"。能用自己的绵薄之力给孩子们的心田注入知识的甘露，为社会公益做贡献，体验支教过程中的酸甜苦辣，我何其满足。这朵梦想之花唯美了我的大学时光。

一路走来，我们遇见了无数张陌生的面孔，遇见了各种奇闻趣事，总有那么一些人、一些事,成为我们人生中一道美丽的风景。感谢支教,感谢你们。

同样,我们不能因为走得太远而忘记为什么出发。回馈建设家乡,是每一位华夏儿女都应担负的责任,通过此次支教活动,我们将这份精神传递。我们希望这种精神代代相传、生生不息,最终实现乡村振兴的宏伟目标!

这一路走来,我们真的经历了很多,欢声笑语、艰难险阻一路相伴,但是我们坚毅勇敢,温暖而有力,我们从未惧怕,永不言弃。年少的我们,收获了纯真的友谊,打开了通向未来的大门,坚定了梦想,我们不再躲避、不再惧怕。

赵云希,女,中共党员,2018 级园艺专业,任北京农学院植物科学技术学院团委副书记,获 2020 年首都大中专学生暑期社会实践先进个人、2020 年"乡村创变者"可持续农业青年行动全国三等奖,后就职于北京翰文景科技有限公司。

实践出真知

侯颖慧

在还没进入北京农学院大门的时候,我就从学长学姐那里听说了丰宁的暑期实践活动,从那时开始我就在想象这是怎样的一种活动,特别想争取机会参加一次。今年夏天我很荣幸地通过了筛选,成功地成为了实践团中的一员,和大家一起完成这次暑期实践活动。

从报名开始,我脑子里就在想这次的实践:它是什么样子的,它都有些什么工作,从中我能学到什么,它会对我有什么影响……也在想我到底能不能通过筛选,顺利成为暑期实践团的一员。报名筛选结果出来后,我看到了我的名字跃然纸上,那时的心情激动无比,激动过后也有一些小担心。实践团给我分配的任务是剪辑视频,这是我之前从未接触过的一项工作,慌乱中我提前在电脑里下好了剪辑视频的软件PR,但是第一次打开这个软件的时候,我真的是不知所措,陌生的界面和陌生的操作工具。接到工作任务的第一天,我跟PR斗智斗勇了一晚上,通过在百度上查、自己尝试,终于了解到了基本的操作要领,磕磕绊绊地完成了第一个视频的剪辑,之后的剪辑之路就越来越熟练了。我很感谢有这样一个机会让我狠狠地逼了自己一下,也向实践团中其他熟悉剪辑视频的同学们学到了许多,这将成为我这个暑期最大的收获。

在本次暑期实践的工作中,我还是调研组的一员。我们负责调查问卷的填写,每天我们都会进入不同的村子,找村民了解情况填写调查问卷,在这个过程中,我们小组的3个人从最初的生涩逐渐到最终的熟练。最开始的一份问卷是我们在村子的街道上徘徊了好久,看了看这一家又走到另一家门前,都不知道要怎么开场,不知道怎么和村里的叔叔阿姨沟通。再犹豫我们的任务就无法完成了,我们鼓足勇气敲响了一家村民的房门,是一位叔叔迎接我们走进家门,他的热情化解了我们的紧张与焦虑,我们的采访更像是聊天,他们毫无保留地与我们分享他们所知道的事情,这样的开场给了我们莫大的鼓励,为我们接下来的调研打下了很好的基础。在接下来的调研中我们也遇到过挫折,比如,一次我站在一家村民门口问:"您好,请问家里有人吗?",结果屋里缓缓传出了一句"没人",我当时站在门口哭笑不得,这家村民已经很明确地表示了自己的拒绝,我们只能再寻找下一家;还有一位爷爷,我看见他坐在院子里我就问他:"您好,我们是北京农学院的学生,我们可以和您聊聊天吗?",爷爷缓缓地回了我一个"没空",我们说了声"打扰了",默默地走开了。

调研工作磕磕绊绊,真的是历练了我们。反过来想,如果是我一个人在家,有两三个人拿着一沓纸,来问我能了解一下我家情况,我想我也会拒绝开门的。但是大多数的村民很热情地迎接我们进了屋子,好多爷爷奶奶还十分健谈,还有些会不停地给我们拿些水果什么的,非常热情好客,他们的热情让我们感受到了人与人之间最初的那种没有杂质的温暖,那是一抹足以融化冬日寒雪的暖阳,照进人心里暖暖的。我们通过这次的调研了解到,农村大多数的生活问题主要围绕在用水方面,相比用电来说,用水要不方便得多,基本上80%~90%的人家要靠打井来维持生活用水,大多数的村子还没有通自来水。相比之下用电就很方便了,极少有停电的情况。对于农业方面,还是缺少技术的指导,大家基本上没有参加过农业方面的技术培训,都靠农民自己的理解,所以大多数人种了玉米这种方便种植的植物,且基本都是靠天吃饭,没有成熟的灌溉技术。种地问题从种什么到怎么种如何收缺少一套完整的技术体系,都需要专业人士的指导。所以,村子里大多是老人在住,有劳动力的年轻人大多外出打工了。有许多老人已经承受不了高强度的种地劳作,所以还可能会有一些地就被搁置或送人了,因为据大多数老人说,现在的租或者卖都没有合适的价钱,所以大多是送人白种的,这也是现在基层农业生产的现状。

在暑期实践中,我晚上的工作主要是把当天拍摄的一些有意义的视频剪辑做成小视频发到社交软件上。我剪辑过大家一起爬山、一起收包菜、一起调研走访……其中我印象最深刻的还是其中我剪得最长的一个视频——一位抗美援朝的老兵爷爷的访谈记录,他有一句话让我触动很大,也是我用来作为视频开头的一句,他说:"没有国就没有家。"这是他们在战场上坚持的动力,他的头和腿都曾中过子弹,据他所说当时的情况,只要人还能走就不能耽误队伍的进程,不能因为他自己影响其他人,这就是当时抗战的精神,是集体的责任,是在今天这个和平的年代听起来还能让人热血沸腾的事迹。

在整个暑期实践中,我们还会走到田间地头调研农民生产实际中遇到的困难,看见了因为没有专业的技术指导,没有及时打药而枯萎绝收的荷兰豆;和菜农一起采收包菜的过程,是我们感慨最多的一次,炎日当头,菜农们每天重复同样的工作,这是一项很辛苦的工作,如果有一天真的可以实现机械化采收,菜农就可以解放了,这是我们学子应该努力的。

杨木栅子乡生活条件简陋、环境艰苦,不少外地人谈之色变。在这里有一所杨木栅子小学,在小学里有着一群怀揣着热血与理想的学生。我们在实践的最后一天与这样一群孩子一起度过,上午我们组织了3个游戏,让我们成功地融入了他们,最后还进行了以"青春年华献祖国,返乡建设促发展"为主题的教育活动,其中的一个视频让我很受触动,我成了教室里第一个落下眼泪的人。青年对于家乡的怀念,对于陪伴家人少的愧疚,让我内心酸酸的,从来家人和家乡都是我内心最柔软的那个部分,上大学之后,离开了生活18年的地方,如今再看这样的片段,让我没能控制住自己的泪水。万千小家汇聚成国,我热爱着我的家乡和祖国,我希望以后的我可以有能力为家乡为祖国尽自己的一份力量。

下午的时候,我们组织了合唱比赛。上午的时候我们跟小学的孩子们说下午会唱什么歌,他们中午可以回去听听,让我没有想到的是,

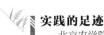

下午真正开始学的时候,好多的孩子已经会唱了,还有的孩子中午回去特意抄了歌词,这让我很受感动,他们内心的纯真与善良打动了我,希望他们可以秉承这份难得的纯真与善良,这是他们宝贵的财富。

最后实践团去往当地的烈士陵园参观学习。听着解说员的讲解,看着墙上抗战时期的照片,感受着这悲痛的抗战历史,是革命烈士的牺牲换来今天的和平,甚至许多烈士牺牲后都不曾留下名字,不知道他们来自哪儿,没办法魂归故土,但我相信他们的爱国之心是生长于中国,中国的领土都是他们的家乡,这是他们为之守护的国家更是我们应该热爱的国家。国家的和平,他们为我们守住了,以后国家的建设应该由我们当代的青年支撑起来,这是我们义不容辞的责任与义务。

整个实践过程,我们是汗水和泪水交加的。大家曾一起爬过山,一起与山间道路做斗争。虽然那山坡并不很高很陡,但是在这过程中我看见了大家互相扶持照顾,上山的时候大家一个拽着一个,尤其男生给了了女孩子很大的帮助,下山也是同样的,不曾落下一个人,我想这就是我所向往的集体的感觉,被每个人关心的感觉,这是一个人的时候所万万不能体会到的。

山间的路并不像城市里那么好走,我们的大巴车太宽且长,遇上狭窄不平的路可能就会过不去,这时我们一起下车步行,为大巴车减轻负担。山间的天气有风会异常冷,所以会出现这样一幕:好多人抱成一团,一件衣服围着许多的人,或许今天之前我们还不熟悉,但是今天之后我们就是一起穿过同一件衣服、一起清过路的人了。因为村子可能有些人家在装修,所以路上会有沙堆,留下的路小车可以通过,但是我们的大巴车就被阻挡住了,这时候男生们拿着铁锹浩浩荡荡地就开始了清路之旅,没有那么多铁锹,女生帮不上忙,但我们很多人都脱下自己的外套给外边清路的男生,点点滴滴成了我们一生最美好的回忆。

实践活动让我学会了很多,对于实践活动也不是只停留在表面的层次上,我发现体现在许许多多的小细节中:关于实践团成员的安排、对于走访地区了解,环环相扣的时间安排……有时候会手忙脚乱,但是也在一天天的积累中更加体会了实践的意义。所谓眼见为实、耳听为虚,只有自己切身体验过,才能得到更多的成长。实践的锻炼也让我掌握了一些小技能,例如剪一些简单的小视频、修图,还有更加敢于与陌生人沟通等。整个过程,我努力着,收获着,感动着!

侯颖慧,女,共青团员,2018级园艺专业,任2018级园艺一班班长,获北京农学院2019—2020年度优秀干部,后就职于北京北农绿享科技发展有限公司。

激昂青春　砥砺前行

唐　诗

　　在大学一年级下学期的暑假,我参加了学院组织的社会实践活动,9天的深入社会实践调查,让我从中锻炼了自己,也让我们实践团的同学真正了解了目前中国农村的现状。走进他们的田地里,帮村民解决实际种植问题;来到退伍老兵和优秀党员的家中进行访谈,了解他们的故事,感受他们的光荣岁月。社会实践给生活在都市象牙塔中的大学生们提供了接触社会、了解社会的机会。通过这次活动我们深入了解了乡村的基本情况,也帮助农民解决了实际问题。

　　我们能够看到,在党和国家的号召与帮助下,部分村庄已完成了基本的美丽乡村建设,前几年来的时候还是土路,现在已经基本都变成了马路,村内环境也非常干净优美,在东窝铺村还新建了生态园和健身设施供村民休闲和锻炼,丰富村民生活。我们所看到的房屋排列整齐,有些家庭还在院子里种起了花。当然,这一切成绩的取得离不开村领导付出的巨大努力和广大村民的辛勤劳动。在取得成功的同时,他们没有止步不前,而是向着更高的目标前进,为此,我们愿意和父老乡亲们一起探索前进的路。

　　我们到达的草原乡,所有人都被优美的景观和开阔的视野所震撼,蔚蓝的天空和一望无际的绿色,羊儿在惬意地吃着草,远离了城市的喧嚣和闷热,是一个旅游度假的好地方。但是由于交通的不方便,草原乡并没有得到很好地开发,乡里也在和上级政府积极沟通,我们将草原乡的美景拍成了视频,制作成宣传片送给领导,我们也希望这样美好的地方可以被更多人发现。

在我们到达村民的田地对他们的作物进行技术帮扶时,我发现他们种植的作物向两个极端的方向发展——要么有技术员的帮助,种植体系非常完备,作物生长健康苗壮,每年都有可观的收入;要么凭借以往的经验种植,没有科学系统的种植方案,大量作物受到了病虫害袭击,我们来到时基本上已经没有办法挽救,也没有什么收成了。这些村民对于这种植物大面积受伤的情况往往没有科学的判断,凭直觉施加农药化肥更是对作物雪上加霜,面对这些受伤严重的植物,我们也深深感到惋惜。我们将这些情况反映给村干部,希望村里可以向上级部门申请得到技术上的支持,并将自己制作的种植手册送给他们,希望能帮助农民了解基本的种植方法和几种常见的病虫害。通过跟着老师在地里挨家挨户地看,我觉得自己在书本上学到的东西还是太少了,实践所见到的东西远远超出书本所学到的,我自己在学校种植的番茄只是偶尔会受到虫害的袭击,只要及时补种就没有什么问题,但农民面对的不是几十株番茄苗,他们一下就种几十亩地,大部分病虫害具有传染性,治疗不及时就会蔓延到整片菜地。病虫害的种类又有很多,即使是种植经验丰富的农民有时候也很难判断。"纸上得来终觉浅,绝知此事要躬行"这次实践让我收获了很多种植经验,也让我找到了理论与实践的最佳结合点,尤其是我们学生,只重视理论学习,忽视实践环节,往往在实际应用中发挥得很不理想。要想通过实践所学的专业理论知识得到巩固和提高,就是要紧密结合自身专业特色,在实践中获得新的理解与收获。

我们在村里对村民进行走访调查的时候,发现大部分人对国家的农村经济政策不是很了解,面对一些"农村金融"之类的专业词语,基本没人听过,这也反映出了另一个问题,国家想要扶贫,想要帮助农民致富,但农民又不主动了解,不积极响应,总是想要等着精准扶贫到自己头上,这样脱贫工作就很难进行。我觉得脱贫应该是一个双向的过程,农民有想要生活变好的需求,国家又恰好能提供这种帮助,这样扶贫工作才能顺利进行。

在我们的访谈调研中,采访到了很多退役军人,也了解到了他们在战争时发生的故事。赵爷爷,17岁参军,在那个什么都不太懂的年纪,便背负起拯救民族、拯救国家的重担。赵爷爷是抗美援朝的伟大战士,在那场炮火漫天的战争中,两颗子弹从赵爷爷的头皮擦过,他的脚也中过弹,一度与死神擦肩而过,但是赵爷爷说只要还能走,还能打,就继续打下去,因为有国才有家。当谈到过去,赵爷爷曾一度哽咽,他说,当年参军的有将近四万人,现在只剩下不到1/3,非常想念当年跟自己并肩作战的战友,很怀念以前部队的生活。他嘱咐我们,一定要好好学习,报效祖国,我们是民族的希望、国家的未来。赵爷爷依然不忘初心,一心一意奉献祖国。还有18岁参军的张爷爷,为支援解放战争,张爷爷在冀热辽野战医院担任卫生员,参加了解放战争中的辽沈战役,战争胜利后调入华北军区医院工作。"为革命而死,重于泰山"89岁的张爷爷说的话实在是让人感动。

我们有幸参观了道德坑弘德烈士陵园,在那个战火纷飞的年代,我们的战士们被困于道德坑,敌人封锁了我们的医疗通道,导致很多受伤的战士没有得到及时的治疗而不幸牺牲。当时我们最缺少的就是麻醉药和消炎药,很多截肢手术都是在没有麻醉的情况下进行,很多伤口也因为没有及时消炎而越发严重,听着他们的故事,我由衷地佩服。当地村民把最好的粮食送给战士吃,自己吃山上的野菜,轻伤的战士照顾重伤的战士,我们的战士们就在如此艰苦的条件下,凭借顽强的意志,打赢了这场战争。由于年代久远信息流失,许多牺牲的战士都成了无名烈士。但正如烈士纪念碑上聂荣臻将军的题词"光荣烈士永垂不朽",革命烈士虽死犹荣,名垂千古。

这次实践,让我印象最深刻的还是在杨木栅子中心小学开展的支教活动。和小朋友们一起做游戏,并以"青年学生,立志成才,返乡建设"为主题进行演讲,主要通过讲述典型人物事迹去激发大家立志成才,学成返乡,为自己的家乡贡献微薄之力。我们还和小朋友们一起为中华人民共和国成立70周年献歌。"白日不到处,青春恰自来。苔花如米小,也学牡丹开。"无论是杨木栅子中心小学的孩子们,还是正在为理想奋斗的我们,都是小小的平凡的人。我们可能生活在潮湿背光的

地方,不能被阳光滋养,亦不能被悉心照料,但只要我们心中有爱,有崇高的理想、有热情、有目标,我们也能像牡丹一样绽放自己独特的美丽,也能实现自己的梦想。我们不能因为走得太远,而忘记为什么出发。回馈建设家乡,是每一位华夏儿女都应担负的责任。通过此次支教活动,我们将这份热情传递,我们希望这种观念代代相传,生生不息,最终实现乡村振兴的宏伟目标。

第一次参加社会实践,我明白了大学生社会实践是引导我们学生走出校门,走向社会、接触社会、了解社会、投身社会的良好形式;是培养锻炼才干的好渠道;是提升思想、修身养性、树立服务社会的思想的有效途径。社会实践这一段时间所学到的经验和知识是我一生中的一笔宝贵财富。我们逐步了解了社会,开阔了视野,增长了才干,并在社会实践活动中认清了自己的位置,发现了自己的不足,对自身价值能够进行客观评价。这在无形中使我们对自己的未来有了一个正确的定位,增强了自身努力学习知识并将之与社会相结合的信心和毅力。暑期社会实践是大学生磨炼品格、增长才干、实现全面发展的重要舞台。亲身实践,而不是闭门造车,实现了从理论到实践再到理论的飞跃,增强了认识问题、分析问题、解决问题的能力。为认识社会、了解社会、步入社会打下了良好的基础,同时还需要我们在以后的学习中用知识武装自己,用书本充实自己,为以后服务社会打下更坚固的基础!

唐诗,女,共青团员,2018级园艺专业,任北京农学院植物科学技术学院团委秘书长,获北京农学院2019—2020年度优秀学生干部,后就职于北京恒诚通泰农业科技有限公司。

实践之道

袁雪宁

2019年7月23日,我参加了北京农学院植物科学技术学院暑期实践团队为期9天的活动。2019年是中华人民共和国成立70周年,是打赢脱贫攻坚战攻坚克难的关键一年。为积极响应党和国家的号召,践行当代青年的社会责任,助力脱贫攻坚,学院党总支联合学院团委,带领园艺专业、农学专业、种子专业共25名学生前往河北省草原乡、四岔口乡、南关乡等5个乡开展"温情服务三农,助力乡村振兴"系列实践活动。自2016年起,北京农学院植物科学技术学院制订了暑期社会实践五年计划,在五年内走访调研丰宁满族自治县的所有贫困乡,助力脱贫。2019年暑期社会实践团是前往丰宁满族自治县的第四年,前三年的丰宁脱贫攻坚实践团帮助贫困乡优化农作物品种、实施病虫害防治、制作宣传片与明信片等,取得了优异的成果。通过总结经验,第四年团队的老师和学生制订了更加完善的实践计划,目标是将前三年没去过的贫困乡一一走访,争取帮助到丰宁满族自治县的每一个乡镇。我作为一名农科学子,深知责任重大,认识到只有到实践中去、到基层中去,加强自身培养,服务国家脱贫攻坚战略,把个人的命运同社会、同国家的命运联系起来,才是青年成长成才的正确之路。实践有助于我们更加深入地了解农村贫困现状,更加准确地找到解决农村贫困问题的关键点。希望我们能够在实践过程中,培养出勇于探索的创新精神和善于解决实际问题的能力,增强助力脱贫攻坚的责任感和使命感。

在短短的9天之中,我亲眼看见农民的生活水平与状态。在不断

地调研、采访过程中能亲身体验农活、体会到贫穷所带来的不易。在东窝铺村,我们挨家挨户走访,积极了解调查东窝铺村的现住人口、经济发展、作物种植等情况,了解东窝铺村近几年"美丽乡村""美丽庭院"建设成果;在草原村,我们进行问卷调查、采访农户等活动。调研组和访谈组与农户亲切友好地交谈,了解到草原村各家农户的收入来源、种植业和畜牧业发展情况。劳动力减少、种植资源等方面问题影响着农户生活水平与收入情况;在辛营村,当地农户种植作物同样以玉米为主,村委会定期举办种植技术讲座,为需要帮助的农户提供技术指导。大力发展"美丽庭院"建设,不仅评选"美丽庭院",也帮助村民建设美丽庭院,家家户户为住房"换新装";在范营村,我们深入基层,了解乡村发展情况后得知范营村已经完成大部分脱贫任务。据村里退休书记介绍,范营村从 2001 年开始修路,但由于资金不足等问题,路修好的同时也欠下了不少债务,后来村里通过办养鸡生产合作社等,经济一步步发展,村里财务慢慢好转;在四岔口乡李起龙村,我们了解当地经济、农业发展,政府扶贫、脱贫的相关情况,当地几乎每家都评选上了"十星级文明户",政府的计划是在明年实现全村脱贫,乡政府对建档立卡户都有一定的补助,不少农户已经脱贫成功。但是由于气候条件、技术缺乏等原因,当地的土地种植情况不容乐观。畜牧业是村民的主要生计来源;南关乡南关村,是我们北京农学院植物科学技术学院实践团来的第三年了。前两年,实践团为南关村提供种植技术支持的同时,也为其制作了"美丽乡村"明信片进行宣传。南关村将实现全部脱贫,街道经过政府的修缮,柏油路和水泥路居多,交通便利,医疗和教育问题已不再是村民的困扰,生活水平有了显著提高。

调研与采访中,我们还听到了村中赵爷爷抗美援朝的故事。在他这里,我们听见他那"没有国就没有家"深沉而坚定的声音,他 17 岁参军,在那个什么都不懂的年纪,便背负起拯救民族、拯救国家的重担。我回到学校以后,也依然能记得这句话。我想这是一种远大的理想,我们每一个农学弟子也应该深深地思考:我该怎么做才能帮助到我的国家?这没有一个标准的答案,但是无论做何选择,这个问题应当始终存留在我们心中,不时思虑,敢于作为,最后走出一条无愧初心的道路来。

另一方面,带队老师郝娜、园艺专家谷建田和王建文以及4位同学组成的技术指导队伍深入各个乡村,以自身专业知识,不吝环境艰苦,授农民以"渔"。在南关乡,走访了当地的蔬菜种植大户,他们主要种植番茄、豆角等蔬菜以及香菇。据了解,当地农作物种植有技术支持,以帮助农民实现高质高产,比如我们发现当地利用豆角和辣椒、番茄和豆角套种间作的种植方式来提高土地利用率并增加收益,香菇种植环境通过微喷管技术来实现降温加湿。但是同时,这些蔬菜也发生了病害,比如部分番茄发生了生理性的卷叶以及溃疡,部分香菇受到了病菌污染,谷建田老师现场为农户探究病因并进行种植指导。在四岔口乡关晓娜书记的带领下,我们来到了当地种植荷兰豆和豆角的田地,老师发现田地中荷兰豆的病虫害非常严重,经与关书记交流后发现四岔口乡农作物种植缺乏技术指导,全靠农民自己摸索,导致该地的荷兰豆和菜豆没有及时防治而发生病虫害,比如荷兰豆的根腐病、甘蓝的病虫害以及菜豆发生病毒引起的病毒病等。随后专业老师现场进行了技术指导,并告知农户切不可连茬种植同一科的蔬菜,这样容易造成病虫害的延续。

技术指导帮助农民扫除了一些农作物种植盲区,为四岔口乡技术脱贫奉献力量。在东窝铺村,在村张书记的带领下,我们来到了该村的二年生欧李果园区,王建文老师就当地欧李果的虫害和杂草较多的问题在现场进行了相应的技术指导。随后,我们这支队伍还来到了菜花和甘蓝地,经专业老师指导,找出了这些蔬菜产生虫害和生理性病害的原因。在草原乡,实践团与石兆龙书记座谈,对草原乡的农业发展状况交换了意见。郝娜老师向草原乡赠送了当地农作物病虫害防治手册和丰宁县美丽乡村明信片,并表示我院愿意通过制作草原乡特色果蔬明信片为其做宣传。王建文老师倡议草原乡应加大乡村旅游的发展力度。石兆龙书记表示,建设美丽乡村发展旅游产业一直是重要的发展目标,但是草原乡的旅游产业仍需要政府的大力支持和投入,交通问题也是阻碍旅游发展的重要因素。我们还跟随着草原村李书记的脚步,依次去考察了当地的欧李、莜麦、辣椒、胡萝卜等农作物种植田,老师们在现场给出了这些农作物在防治病虫害、种植技术等方面的指导。

每天晚上,实践团返回住所,就当天所见农民、农地及交流调研访谈情况和工作开展进行讨论,并进行书面整理汇总,总结当天工作情况,发表自己的感想和体会,我认为身为农科学子应当做"一懂、两爱、三有"的人才。

在农田与大棚之中,明白了所谓学与用的结合是多么重要。而我,作为媒体组的一员,期间最能感受到的是这些大大小小不同样貌的村落里优美静谧的自然风景和淳朴温厚的人文情怀,勾起我无限美好的回忆。作为实践团队的一员,这9天的朝夕相处生活,还给我带来了深厚的友谊。

知识与思考,眼界与友谊,我想这是这次经历所带给我最为深刻的感受。中途谷建田老师因中暑提前离开,我记得谷老师在走后发给我们的一封信里真挚地写到:"自然是一本永远也读不完的书,但每一次翻阅都会有新的收获。"

在那以后,我好像忽然明白,所谓实践不是寄希望于我们能够帮助当地的贫困人家解决经济问题,那不是一朝一夕的事情。实践,是为了

告诉我们这个世界有多大,让我们看见这个社会有什么样的人是需要我们去帮助的。知识没有变多,但是容器变大了,因为自己身上的所该承担的责任感和使命感已经悄然增长。

袁雪宁,女,共青团员,2018 级园艺专业,任北京农学院植物科学技术学院团委书记助理,获北京农学院 2019 年优秀运动员、中国北京世界园艺博览会志愿服务活动优秀服务奖,后考入浙江农林大学继续深造。

记录感悟　丰宁之旅

魏传敏

　　我对这次社会实践活动很感兴趣,因为我从小在农村长大,有一半童年的记忆留在农村。爷爷奶奶陪伴我成长,生活方式和习惯对我的影响很大,所以促使了我想去看一看其他地方的农民是怎样生活和发展的,是否像我们家的村子一样湮没在了农村城镇化的脚步里。在调研之前我的内心是有不安也有兴奋的。我被分配在媒体组,虽然在学院的团学组织中的新闻中心美编部,但是很多技术还不是很熟练,这次完全由自己组织完成丰宁实践宣传的照片和视频,实话说我没什么底气。还有我们一起工作的很多人我是第一次接触,而且很多人也是第一次接触这方面的工作,所以心里很没底,担心我们之间的工作是否能配合妥当。好在后来另一位技术熟练的同学的加入让我松了口气。就这样我的暑期实践生活开始了。

　　在路上我了解到,丰宁县非常大,虽然属于河北省承德市,但是南邻北京怀柔,北靠内蒙古多伦县和正蓝旗,西面接壤张家口市,是连接北京与内蒙古的重要通道。第一站我们就来到了本次行程最远的地方草原乡。一路上我负责拍一些路上的风景,路程很长,不过一路上欢声笑语的聊天也让枯燥的赶路开心不少。让我们了解到了很多人不一样的一面,心中的隔阂瞬间就放下了许多。从崇山峻岭的弯弯盘山路到一望无际的平原地带,这一路上我看到了不一样的风景变化。

　　中午抵达丰宁县草原乡后,石书记很热情地招待了我们,在乡政府的食堂安排了午饭。中午稍做休整,所有实践团的成员便投入到自己的工作中。媒体组一共是分了 2 组,2 人一组,分别拍摄风景和采访组的动态,我跟随着老师专家团队的一组。我们将相机和其他拍摄设备根据需要分置好了后,就分开进行拍摄了。交流得相当顺利,这令我松了口气。但是跟我同行的是校记者团的一位女生,还有一位自愿协助我们实践的学长也是记者团,还是挺担心自己有什么地方被嫌弃之类的。我们的专家老师来到农民的田里进行查看、了解一些基本情况并进行技术指导和疑问解答。跟随来的还有采访组的成员,从他们之间的交流我发现他们的对话触及了好多我知识方面的盲区,本身作为农科学子,很多东西应该理解得更加专业,但是我并没有,或许有很多人说你才上完大一,很多东西不会也正常,但是当时的我真的很惭愧,而且对自己的未来有了一丝恐惧。没错是恐惧,挺害怕自己啥也不会被淘汰掉,这也令我认识到我必须要更加认真学习相关专业知识,才能真的学有所用。不过拍摄过程中我根据自己的想法拍摄了很多镜头,与同行的伙伴一起交流谈论美景与作物,交流拍摄的画面完全没有出现我想象中的困难。这让我渐渐放开了手脚。白天的工作很顺利地做完了,夜晚降临,我们来到了与草原乡相邻的内蒙古多伦县安住下来,开始了晚上的工作。技术不熟练使我很慌张,因为我虽然会,但是之前我从来没剪过完整的视频,光挑选适合的视频和音乐就花去了大半的时间,更别说剪辑了。总的来说,虽然工作到很晚,但是达到了一个相对完整的状态,心里很开心。

在之后的实践中,由于人员调整,我跟随调研组在农村里走访,没再跟随老师下田,这也使我更加贴近了此次实践的实质——了解农民生活。我们来到了草原乡、四岔口乡、南关乡南关村、王营乡范营村、杨木栅子村,在这几个地方进行集中调研。这些村庄有很多相似的地方,比如:人口老龄化严重、劳动力严重外流、农民受教育文化程度较低、经济管理能力差、土地集约化差、农业科技技术发展较差等。也有不一样的地方,例如:草原乡和四岔口乡的基础设施建设赶不上我们调研过的其他乡村,道路硬化不行,交通不便。其他的乡村道路硬化得不错,但是由于货车常年经过,路面有不同程度的损伤。最大的是地理形态的差异,草原乡一带是平原,耕地大部分成片地连在一起,比较容易实现现代农业的发展,而且在草原乡一些种植大户也已经基本实现了科技农业。其他乡村地处丘陵地带,田地镶嵌分布在山间,比较分散,比较难实现大型农业。而且由于交通和文化水平有限,田间种植也有种种问题。一开始来到草原乡,我以为是道路不通导致了贫困村的产生,后来发现道路比较发达的地区也有贫困村,完全推翻了我的一些想法。整个调研下来,我的想法一变再变,发现贫困村的出现有很多原因,虽然有一句话讲的是要想富先修路,但是想要解决贫困村的问题还是需要从多个角度入手。令我开心的事是这里的村子都保持了自己原来的样子,一栋栋的田间小院没有被一栋栋楼房取代。保留乡村文化我觉得是很有必要的,毕竟我国自古是农耕国家,农村文化的保留与发展也是中国特色文化的一部分,它应该有它自己独特的魅力,不应该被一栋栋楼房取代。

在调研过程中,我们听取了村民们讲述平时生活中的故事,有些村民对乡村建设中的资源分配不均衡的问题意见很大,有些村民对乡村现在的建设表示比较满意。大多数村民对很多政策上的名词表示不了解、不知道,有些也只是听到过,具体是什么完全不了解。我觉得对于很多农业和精准扶贫政策的不了解导致了村民们不明白如何申请,不知道为什么别人可以申请而自己无法拥有优惠政策。这种不了解也导致了村民只会等待村里安排或者是独守着自己的土地进行小面积的个体种植,不会通过国家的优惠政策和现代科技主动地发展自己。其实村民们还是很想学习相关知识的,这就要求我们村里要做好宣讲工作,我相信不只是我们调研的村子存在这样的需求,全国许多乡村也都有这样的需求。这样的宣讲不能过于学术,毕竟大多数村民的文化水平有限,通俗易懂就好。很多村民了解了政策使用的条件以及如何使用政策,就可以根据自身情况选择合适的发展方法,这样村民的自主发展性会更高。在此期间我不仅听到了平常田间乡里的基本情况,还很有幸采访到了几位退役军人以及老共产党员,听他们讲述他们年轻时候的抗战经历以及对于乡村发展的看法,让我见识到了老一辈对祖国的无尽热爱之情、"有国才有家"的无私的奉献精神、被子弹射入身体忍痛行军的坚韧品格、能吃苦不怕累的优秀人格。这些老一辈的革命故事带给我们很大的震撼,这也是需要我们学习继承和发扬的优秀品德。

最后一站来到了杨木栅子小学支教,离开小学这么多年的我再次回到小学,感觉很新鲜,看到活蹦乱跳的小孩,突然感觉无忧无虑的孩童时代真好,他们有许多异想天开的想法。陪同小朋友一起玩游戏,教他们唱歌,陪他们聊理想,跟他们讲一些我们平时生活有趣的故事和上学的经验。让我印象很深的是一个男孩子,他很有理想,也在为理想努力,外表看起来有点软软糯糯的,但是聊到他未来想做的工作时又给人不同的感受,给人一种我一定会达到的感觉。这深深地触动了我,他的梦想不是不切实际的空想而是真实付诸实践的努力,这是非常不容易也是非常令人敬佩的。

这一路带给我许多乡村发展上更深的了解,更锻炼了我很多专业能力:从一开始是无头苍蝇似的乱拍一些镜头,到后来有计划地拍摄视频片段;从一开始的无从下手到后来挑选视频节选镜头的轻车熟路;从

一开始使用视频软件的生疏到后来的熟练。虽然直到最后我剪视频的速度还是很慢,但是视频有了更好的呈现效果。媒体组的配合也很默契,大家互相参考意见,互相讨论如何更好地完成工作,各司其职,积极工作,没有争吵、意见不和等不和谐情况出现。我还通过这次实践认识了很多以前见过而不了解的同学、多才多艺的学长、性格开朗的学姐,广泛交友。而且我在这里过了一个令我印象深刻的生日,在我完全没有准备的情况下的生日,我无法用语言形容我的心情,但这是我一生中难忘的记忆。当然不仅仅是这个生日,还有这一路上发生的种种事情,我们一起走过的坎坷乡间小路,我们一起看过的坝上美景,我们一起访谈的老兵,我们一起见过的小同学们,我们一起看过的林场繁星,我们一起工作的经历,我们一起度过的忙碌充实而短暂的实践时光。

魏传敏,女,共青团员,2018 级园艺专业,任北京农学院植物科学技术学院美编部副部长,获北京农学院 2019—2020 年度三等奖学金,后就职于北京润欣惠农科技有限公司。

浅谈社会实践对农科大学生的重要性

崔梦蝶

2019 年，习近平总书记给全国涉农高校的书记、校长和专家代表的回信中再次强调："农业现代化，关键是农业科技现代化。要加强农业与科技融合，加强农业科技创新，科研人员要把论文写在大地上，让农民用最好的技术种出最好的粮食。"习近平总书记勉励农业类高校重视人才培养，以强农兴农为己任，拿出更多科技成果，培养更多知农爱农新型人才。在我国教育体制中，高校教育模式受到应试教育的影响，各个高校主要是向学生们传授理论知识，而大部分学生也只会被动地学习，实践能力也得不到很好的培养和提高。乡村振兴的战略背景下，广大涉农领域、广阔基层农村亟须一支数量大、素质高、下得去、留得住、用得上的专业人才大军。农业类高校是培养农业技术技能型人才的重要阵地，如何充分发挥这支大学生队伍，创新社会实践的服务内容，优化社会实践的路径，对接乡村振兴发展需求，发挥思政实践育人的价值功效，具有重要现实意义。积极开发并利用好社会实践活动中所蕴含的思想政治教育功能，有目的地引导高校学生将现实的社会实践与专业的理论知识有机结合，能有效地增强高校学生社会责任感、提升综合素质、促进思想政治教育立德树人目标的实现。

根植大地，了解国情民情。实践是行与思的结合。习近平总书记在全国高校思想政治工作会上指出："青年要成长为国家栋梁之材，既要读万卷书，又要行万里路。""中国现代化离不开农业农村现代化""农村是充满希望的田野"。北京农学院植物科学技术学院制订了暑期社会实践五年精准扶贫计划，未来一年旨在将前四年未交流过的贫困乡一一走访,争取帮助丰宁的所有乡镇全面达到技术脱贫、教育脱贫、精神脱贫,为打赢精准脱贫攻坚战,为如期全面建成小康社会、实现第一个百年奋斗目标做出更多奉献。预计在五年内走访调研河北省丰宁满族自治县的所有贫困乡,助力脱贫。"农科学子科技支农,情系三农助力扶贫"实践团是农科学子走出校园,走向社会,面向基层,服务基层的过程,其中的历练是学生更早地了解农村现状,尝试用自己的视角捕捉贫困农村发展的症结,在实践活动进行中提高学生综合能力,为将来更成熟迅速地融入社会,投入"三农"事业打好基础。经过以往两次的沟通合作,我校与该贫困地区乡政府建立了良好的合作、信任关系,两地就我校学子前往助力扶贫的社会实践达成共识。该地区非常欢迎我校学子前往提供力所能及的帮助,同时我院也非常重视为学生提供社会实践经历的机会。有了双方的大力支持,活动必然顺利进行。经历了两次摸索尝试后,已经获得不少前人总结出的经验。在实践中,大学生志愿者们受了教育,长了才干,为农村做出当代大学生应有的贡献。

懂农业、爱农村、爱农民。农科学子通过对农业近距离体验交流和动手实践,特别是了解农业的基地建设、技术变革、人才培养等发展历史后,深刻地感受到在党的领导下,农业科技发展从无到有、从落后到领先的辉煌成就来之不易,是一代代"三农"工作者,特别是"三农"科技工作者用汗水浇灌的结果,必须倍加珍惜,继承发扬创新。引导大学生更加热爱自己所学专业,明白课本所学知识的理论与实践结合的重要性,要把个人追求融入中华民族的伟大复兴之中,自觉践行习近平新时代中国特色社会主义思想,争做"懂农业、爱农村、爱农民"的青年"三农"工作者,发扬劳模精神、劳动精神、工匠精神和忧国忧民、热爱祖国、积极创新、探索科学的"五四精神",立足本职,创先争优、担当作为,为实现"三农"工作高质量发展,推进乡村全面振兴,促进农业农村现代化贡献力量。

发挥特长,助力脱贫攻坚。生逢其时,肩负重任。脱贫攻坚收官之年,大学生志愿者们主动把助力脱贫攻坚作为暑期"三下乡"社会实践的重要内容。北京农学院植物科学技术学院制订了暑期社会实践五年

精准扶贫计划,在五年内走访调研丰宁县的所有贫困乡,助力脱贫。与此同时,实践团多个调研小组、与访谈小组分头活动,在草原乡进行问卷调查、采访农户等活动。调研组和访谈组与农户进行了亲切友好的交谈,了解到草原乡各家农户的收入来源、种植业与畜牧业发展情况。劳动力减少、种植资源等方面问题影响着农户生活水平与收入情况。媒体组在草原乡进行实地采风,记录拍摄了许多素材,以便后期剪辑制作宣传图像视频,促进旅游业的发展。经过入户填写调查问卷得知,绝大多数青年劳动力外出,村内几乎没有劳动能力,村民日常生活以自给自足为主,村中也没有集市,生活相当不方便,但村民对未来生活充满向往。从贫困户住房条件改善,到扶贫产业发展,实践团成员聚焦清塘村的点滴变化,用心用情讲好脱贫攻坚故事,发挥农业类专业优势,服务乡村产业振兴。农业类高校可以充分发挥高校学科、科研、技术和人才等多方面的优势,选派优秀学生深入田间地头,为农业生产、销售提供科技服务。一方面解决生产过程中的技术问题,农业类专业大学生可以利用专业所学或者对接学校老师,在种植业和养殖业上进行一对一技术支撑,帮助农民解决新品种引进、病虫害防治、土地保养、果树栽培技术、设施农业生产等问题。另一方面解决农产品销售问题,比如农学和园艺专业大学生可以在绿色有机农产品培育、提高农产品附加值等方面为农民出谋划策;农产品营销专业大学生可以利用互联网平台、直播销售等方式帮助农民搭建网上销售渠道,扩大销售范围。农科学子发挥专业特长,助力脱贫攻坚。

农业类高校大学生社会实践助力乡村振兴,既是乡村振兴时代背景下的现实需要,也是高校服务社会的职能体现,更是大学生磨炼意志品质、提升技术能力的内在需求。加强农业类大学生社会实践助力乡村振兴战略,需要在思想观念、机制载体、深化合作等方面改变和创新,真正让大学生成为乡村振兴的人才支柱,让知识和汗水浇灌出乡村兴旺的美丽景象。

崔梦蝶,女,共青团员,2020级农艺与种业专业,任2020级农艺与种业生活委员,获北京农学院2019—2021年度优秀团员、北京农学院学业奖学金二等奖,后考入北京农学院继续深造。

社会实践　践行人生

何玉吉

　　在经济发展步入新常态、农业农村发展面临新挑战的背景下,"三农"问题出现了新的变化与需求,农民身份、农民的整体生活质量、农村的定位、农业产业结构、农村对经营人才与技术的需求等诸多方面都产生深刻变化,农业高校作为为农业、农村和基层输送了大量专业、管理人才的团体,应该紧紧围绕这些新变化、新矛盾、新问题,及时主动调整发展战略与思路,进一步加强社会实践教学,让学生及时认识到社会主义初级阶段我国农村发展的最新情况和所遇到的现实问题。同时,让学生在实践过程中利用自己所学的相关专业知识,为农村发展规划建言献策,让学生在实践中提升自身能力,为国家农业发展提供坚实的人才基础。

　　近年来,"三下乡"活动(科技下乡、文化下乡、卫生下乡)以其实践锻炼的全面性、项目主题的科学性、宣传知识的普遍性而迅速在各高等院校的社会实践课程中占据了重要的地位。按照"受教育、长才干、做贡献"的原则,院校在学生中积极开展各类"三下乡"活动项目,引导学生深入农村、扎根农村,将在课堂上所学到的知识运用在广大中国农村里,投入到生产生活实践中去。尤其是对于农科专业的学生来说,对基层农村现实情况的及早了解对他们在日后的学习过程中有极大帮助,不仅可以促进社会、学校、学生共同发展、共同获益,还能使学生得到锻炼、收获经验,有利于学生对社会的提前认识和适应。

　　在此背景下,自 2016 年 7 月起,北京农学院植物科学技术学院助力乡村振兴实践团连续五年走访调研河北省承德市丰宁满族自治县。

同学们积极参与其中,在实践过程中收获颇多。作为农业类高校的学生,在努力掌握专业知识的前提下,自觉树立正确的择业观,把个人的奋斗与时代要求紧密结合,把专业的传承融入现代农业发展的大趋势中,做农业文化的传承者、守护者、开拓者。

大学生社会实践是指在校大学生利用课余时间,运用所学的理论知识指导实践锻炼,从而提高个人综合能力,通过接触社会、了解社会、认识社会、服务社会,促进个人成长的一个过程。大学生社会实践作为高校育人的重要环节,经过多年开展,形成了较为成熟的运行机制和多元的实践途径,一般分为校内社会实践和校外社会实践两大类别。校内社会实践有校园文化活动、社团活动、志愿服务、劳动实践等,校外社会实践活动则有新青年三下乡、红色研学、调查研究、公益服务等。与一般普通高校不同,农业类高校的专业设置和人才培养特点鲜明,专业立足于区域农业经济发展、对接农业产业结构,以培养"懂农业、爱农村、爱农民"的复合型技术技能人才为目标。针对大学生社会实践的教学设计,内容安排也倾向于服务"三农"为主,这对于农业类专业大学生走进农村、了解农民、触摸农业、锻炼能力、学以致用有着积极的效果。

社会实践对于学生有极大的指导作用,使其更全面深入地了解自身的专业,针对职业生涯进行有效规划,对其有巨大的帮助,特别是能够使其现实感知力得到进一步的增强。社会实践是一种培养大学生综合素质的重要培养方式,同时也可以有效培养其职业预见性,以便更有效地规划自身的专业、职业和人生理想等。利用社会实践的形式,能够使学生有机会亲身体验各个岗位的相关层面,在进入真实的职场之前,能够通过实践使自身的经历得到有效弥补,充分规避社会经验和职业履历上的不足,真正意义上体现出社会实践的作用和功效。

社会实践能够促进学生的社会化进程。社会实践促使大学生认识到自己与社会的关联,培养了宽容精神,对弱势群体的关爱意识,有利于社会责任感的增强。同时,社会实践使学生通过实践的检验,看到了课堂教学和自身知识、能力结构的缺陷,主动调整知识和能力结构,培

养学生不断追求新知识的科学精神,激发学生的学习积极性和主动性。通过学生把知识运用于生产实践,帮助学生巩固和深化在课堂上学到的知识,锻炼实际动手的能力。

社会实践能够促进大学生健康人格、自信心和与他人合作交流能力的发展。社会实践项目使学生与社会、成年人及各类社会组织处于紧密的互动关系中。在共同协商、集体解决问题的过程中,每个人不仅表达了自己的观点,贡献了自己的知识,提高了沟通交流的能力,也感悟到他人的立场和观点,培养了换位思考的包容心理和与他人合作的能力,促进了人与人之间的信任和社会资本的积累。在奉献社会的过程中,自尊心和价值感得到满足;困难的克服、成功的喜悦,成为人生的重要资产,培养了坚强自信的品质、集体荣誉感和公民态度。

农业类高校大学生社会实践助力乡村振兴,既是乡村振兴时代背景下的现实需要,也是高校服务社会的职能体现,更是大学生磨炼意志品质、提升技术能力的内在需求。加强农业类大学生参与社会实践,真正促使大学生成为乡村振兴的人才支柱,在他们的知识和汗水下浇灌出乡村兴旺的美丽景象。

何玉吉,女,共青团员,2020 级园艺专业,担任 2020 园艺学生活委员,获北京农学院 2020—2021 年度二等学业奖学金,现就读于北京农学院园艺学专业。

青春心向党　振兴新乡村

刘梦琦

　　2021年是中国共产党百年华诞,在中国共产党成立100周年之际,我们圆满实现了"全面建成小康社会"的伟大目标,脱贫攻坚取得了决定性的胜利。作为一名农科学子,只有深入农村,了解农村的现实,才有利于我们更好地利用自己的专业技能,助力乡村振兴。

　　2021年7月,在结束一学期的学习后,利用暑假时间,我第一次跟随"科技助力农业,创新推动发展"北京农学院植物科学技术学院暑期社会实践团来到河北省张家口市参加社会实践活动,短短几天时间,我们一起走过了3个县5个乡十几个自然村,我们一次次深入乡村,跟村民热情攀谈,虽然实践时间有限,但我还是收获了很多。

　　我的家乡是传统的农业大省——山东省,我也是从小在农村长大,因此我从小就与农村有着不解之缘,在高考填报志愿时,我毅然选择了园艺专业。但在这几天的社会实践里,我们来到了河北省张家口市蔚县的农村,这里的现状让我震惊,我发现自己之前对农村的认识有着很大的局限性。蔚县位于环京贫困地带,因为大城市的吸引,这里劳动力流失严重,绝大部分年轻人选择到北京打拼,导致了农村严重的人口老龄化,在这里,很多家的土地因无人管理撂荒,杏扁果园也无人看管,这里的景象深深震撼了我。

　　在实践中,我的主要任务是入户调研,深入到村民家中,跟他们聊天,了解他们在生产生活上遇到的问题,看起来简单,但又充满挑战。在调研过程中,难免会遇到各种困难,虽然做好了会被拒绝很多次的准备,但第一次调研时,一连三次都被拒绝的情况下,我的意志有些动摇了,甚至我的内心产生了"到底该不该继续调研下去?"的想法。功夫不负有心人,在被拒绝了几次之后,终于有村民愿意配合我们进行调研,这就像生活中遇到的困难一样,只要你坚持不懈,终究会克服困难。经历这几天日复一日地调研,我从村民口中了解了很多知识,也渐渐地能够跟他们打成一片,与人交流的能力有了进一步提升。在蔚县的几天里,我们一次次深入农村,虽然也时常被拒绝,但我依然见识到了大山深处的淳朴民风。大山再深,交通再不便利,也阻挡不了村民们的热情,本跟我们素不相识,却会把我们当作远方贵客招呼进家中。

我还记得曾经遇到的一户人家,这户人家门上挂着"光荣军属之家"的牌匾,奶奶见到我们,热情地把我们招呼进家中唠家常,爷爷为我们切西瓜洗甜瓜,像招待贵客一样。在交谈中,奶奶告诉我,自己的两个儿子和两个孙子,都是现役军人,她的两个孙子是戍边战士。我们离开前,奶奶的一番话深深地感动了我,她说:"看到你们,我就觉得是自己的孩子们回家了,娃们一定要好好上学,将来做一个有用的人,啥时候再来这里,来找奶奶,奶奶再给你们切西瓜吃。"或许这就是所谓的"有朋自远方来,不亦乐乎"。

"科学技术是第一生产力",这句话曾见过很多次,但要说真正对这句话有了深刻的体会,还要从这次实践说起。

这次实践时,我们参观了怀来县迦南酒庄,这是一家中法合资企业投资建设的葡萄种植园区,共 275 公顷,种植了 20 多个不同品种的葡萄,从育苗到采收,全过程机械化率达 90% 及以上。我们在这家酒庄,体验了全自动的葡萄嫁接机,这与现在我们常用的人工嫁接相比,不仅速度更快,而且接口质量、嫁接成活率大幅度提高,科技的进步意味着需要的劳动力更少,但工作效率大幅度提高。

科技水平不够,经济作物育种的原种基本还在依赖进口,国产化率极低,农业生产技术落后,传统的家庭模式种植这些是当前农业面临的问题。因此,解决农村缺乏科学的种植管理技术和更高科技的工具的问题也就成了我们这一代人的奋斗目标,我们应该努力学习,把祖国农业发展的未来牢牢把握在自己手中,为解决农村地区现有的问题贡献一份力量。

在西合营镇的最后一天,我们在东庄村看望了一位党龄50多年的老党员,见我们到来,老爷爷兴奋地拿出了自己的"光荣在党50年"纪念章,老爷爷今年已经80多岁,是东庄村的老支书,他一生勤俭节约,把毕生心血献给了村子的建设,现在虽孤寡一人,行动不便,但依然顽强地凭借自己双手生活。老爷爷的生活并不算富裕,甚至可以用贫穷来形容,老师带领我们给老爷爷采购了一部分生活用品,他那发自内心的感谢我永远不会忘记,或许这就是共产党人的初心和使命,越是艰难越要坚持。我们在村委会与现任支书交谈时得知:老人曾经拿着3000元到了村委会,并嘱咐道"这笔钱是我死后继续交党费用的",老爷爷对党的一片忠诚之心,深深地打动了我,我们作为时代新人,一定会不负老一辈的期望,忠心向党,为党和国家做出自己的贡献。

我们还到访蔚县烈士陵园,我们在烈士纪念碑前凝视许久,向烈士纪念碑三鞠躬,之后我们来到了蔚县烈士纪念馆,在蔚县烈士纪念馆我们又了解了很多烈士生前的故事,这里不乏在抗日战争中英勇牺牲的烈士,他们的事迹深深地感动着我。在纪念馆的深处,我看到了墙上的一个牌子,上边写着"在8.12天津滨海新区爆炸事故中牺牲的消防英雄永垂不朽",看到牌子上一张张稚嫩的脸庞,牺牲的年纪最小的战士才18岁,这不正是跟我差不多的年龄吗?我的18岁正是青春年少,而他们的青春却永远地定格在了18岁,哪有什么岁月静好,只是有人在替我们负重前行罢了,他们就是人群中最美的逆行者,他们视死如归的精神深深地打动着我们每一个人,向每一位牺牲的人民英雄致敬!

很幸运,能够加入"科技助力农业,创新推动发展"北京农学院植物科学技术学院学子为乡村振兴献力暑期社会实践团,感谢实践团的每一位老师和同学,让我有了家一般的亲切感。在这10天里,我收获到了很多,我对农村有了更加深刻的认识,对农村农业的发展现状有了更加清晰的了解。相信在之后的大学生活中,我会时常想起与20多位同学在张家口社会实践的这段时光,回忆起共同为乡村振兴努力过的那些时光。我会永远记得曾经采访调研过的每一个村庄,会永远记得在这里发生过的事,这段经历一定会是我成长过程当中的一部分宝贵的财富。

一路走来,感谢我们遇见的无数张陌生面孔、各种奇闻趣事,他们都是我人生中一道靓丽的风景线。如果还有机会,我会说:"张家口,明年再见!"

刘梦琦,男,共青团员,2020 级园艺专业,任 2020 级园艺学一班班长,获北京农学院 2020—2021 年度优秀共青团员。

长路漫漫　你我同行

卢超凡

　　从 2019 年入学至 2021 年暑期,我始终秉持最初的想法和信念,认真完成学业,参与团学组织竞选,参加校内外各种志愿活动,经历不同的学习生活方式,在忙碌和空闲中找到适合自己的前进路径。社会实践一定是我前进路上必不可少的一部分,心之所向,才会有所作为。虽然 2020 年突发的疫情暂时停下了我们实践的脚步,但 2021 年的暑期,我们终将这一错过变成了更好的遇见。

　　实践之行,初见蔚县。对于我们实践团来说,这是一次全新的体验,一个新的县镇,20 多个新面貌的实践团,这既是挑战也是机遇。蔚县对于我来说是一个熟悉而又陌生的字眼,它是一个无数次出现在筹备计划中的词语,又是一个陌生且神秘的地方。满怀期待和好奇的我,终于踏进了蔚县的土地,见到了无数次出现在自己想象中的模样。

　　这里怡人的凉风、高高耸起的群山、一望无际的田野、热爱生活且勤劳的人们给我留下了不可抹去的深刻印象。当然更多的还是,每次当我们深入到农户进行实际情况调研所留下了记忆,第一个实践调研的村子是麦子疃村,第一次走进农户的家中,心中充满了忐忑,害怕农户对于我们的突然到访会排斥,但当我们讲明来意之后,王爷爷非常热情地欢迎我们进家聊天,通过和王爷爷的聊天我们了解到,大部分的村子里是老人和孩子在家,村干部还曾开玩笑地说过,村子里大部分人是三八六五一二人群:妇女、老人和儿童。村中缺少劳动力,同时因为当地气候的影响,对于每年只能种植一茬作物的耕地来说,大大削弱了当地农民收入,因此更多的人选择走出村镇,到外面谋取更多收入。对于麦子瞳这个村子来说,其实不仅仅是这一个村子,农村普遍存在的问题是生活水平比较低,农业相关知识比较匮乏。一方水土养一方人,靠着一方方平坦的土地,一代代辛勤的劳作,这是中国农村真实的写照。

以种植杏树,并出售杏扁和鲜食杏闻名的蔚县,在我们的逐步摸索下,找到了比较出众的黄梅乡,这里有着与黄土高原相似的地貌,漫山种植着杏树。茂密的杏树在微风的吹拂下,簇拥着山间地头和那一排排整齐的房舍。摆在我们面前的又是一个真实的乡村面貌,它不需要用其他的东西来修饰回答。后面我们走访了好多村子,村子情况大致相同,村内年轻人较少,劳动力不足,导致农业产量低,更多的原因也聚集在耕地和气候等因素上。该地区大部分以杂粮种植为主,主要是玉米、谷子,这些作物比较适合当地气候,属于靠天吃饭的作物。另外也有一些村庄发展设施大棚,种植豆角、番茄、辣椒等蔬菜,因相关技术不成熟,导致产量不能达到最优,但通过我们实践团相关专业老师的讲解,种植大户也从中学习到一些技术,用于日后蔬菜的种植管理之中。

靠近红色事迹,体会人生百态。在蔚县西合营镇东庄村,我们有幸采访到一位光荣在党 50 年的老党员,已经 80 多岁高龄的爷爷,是一位孤寡老人,无儿无女,每个月仅凭政府补贴生活,此外有爱心的老爷爷还照顾着好多只流浪猫,面对政府提议去养老院生活的建议,爷爷毅然拒绝,他说:"我走了谁来照顾这只小猫咪呀?"据我们在村委会了解到的信息,爷爷年轻时曾担任过村支书,认真负责,为人民服务。在村委会工作人员口中听到:爷爷之前送来了 3000 元钱,并嘱咐我们,即使在爷爷去世后,也要继续上缴党费。听到这,我不禁泪目。当我们把爷爷送回家中后,爷爷拉住我们的手说:"未来是你们年轻人的,你们要好好学习,以后为祖国付出。"我不能充分体会到爷爷的情感,但我能深深地感受到爷爷对我们大学生的期待与厚望。

在历史的长河中,时间永远不会忘记每个有价值的人,置身于蔚县博物馆中,倾听着讲解员的娓娓道来,7 月燥热的天气也比不上我们因所见所闻而炙热的心情,把自己放在历史长河的一角,感受时间在缝隙中划过。一件件沉寂的青铜文物,一块块冰冷的历史丰碑,一面面寂静的壁画,好像都因为我们的到来而显得熠熠生辉……体味历史古迹,丰富个人阅历,这不仅仅是一次参观文物之旅,更是一次回顾历史、靠近古人的经历。

在此期间,我们还参观了蔚县烈士陵园,并以植物科学技术学院实践团的名义献上了花篮,在烈士纪念碑前为逝去的英雄默哀,向所有为祖国发展和人民幸福付出的人们,送上崇高的敬意,致敬最可爱的人。当我们参观烈士陵园内部陈列的时候,心情不由得低落,在他们的精神层面,为人民服务高于自己,印象最深刻的就是,在天津港爆炸事件中,牺牲的消防员年龄最小的才18岁,不能想象18岁的我们还在高中校园无忧无虑地上课生活,而他们为了保护人民,把自己年轻的生命付出给了那片火海。老一辈共产党员的付出,是我们所不能想象和比较的,他们献出自己的青春和生命,才换来了我们这样和平的年代。我们何其幸运,生在这样一个和平安稳的年代,我们又有什么理由不努力呢?中国百年复兴之路还在继续,我们应该牢记使命,未来进步发展的接力棒已经传到了我们手上。

农业强不强、农村美不美、农民富不富,决定着全面小康社会的成色和社会主义现代化的质量。习近平总书记曾指出:实施乡村振兴战略,是党的十九大做出的重大决策部署,是决胜全面建成小康社会、全面建设社会主义现代化国家的重大历史任务,是新时代做好"三农"工作的总抓手。乡村振兴总要求20字方针是产业兴旺、生态宜居、乡风文明、治理有效、生活富裕,这五大具体目标任务具有相互联系性,在实行过程中需要协调好彼此之间的关系,实现协调推进。

我们常说:火车跑得快,全靠车头带,农村,有着淳朴的人情、美好的传统习俗,但由于知识的匮乏,也有许多不足。大学生到农村去实践,可以戒掉一些自己的心高气傲,学习吃苦耐劳的精神,体会农村人艰苦朴素的生活作风,这是在物欲横流的大城市所没有的。同时也可以增加大学生的见识,用自己的知识去服务社会、回报社会,也是推动我国迅速发展的一支重要力量;另一方面,农业在我国是一个基础产业,也是一个国家大力发展的产业,国家深切关注农业、农村、农民,在知识相对落后的农村,更需要我们当代大学生走近他们,告诉他们相关的政策和指导技术。科技是第一生产力,要发展社会主义新农村,就必须提高农民的科技水平,让农民对政府的相关政策有充分的了解。

"纸上得来终觉浅,绝知此事要躬行。"在短暂的实践过程中,我深深感到自己所掌握知识的肤浅和在实际运用中专业知识的匮乏。瞬息即过,对于自己的表现,有欣慰也有不足,团队实践是拉近大家距离、让彼此相互了解的好办法。在短暂的不足10天的实践时间里,在专业老师和同学们的帮助下,一起向行业学习知识,向前辈请教经验,向伙伴传授工作技巧。未来的日子还有很长,我们还有足够的时间去学习进步,我们能付出的也有好多。此次实践经历教会了我很多,也同样提升了自我能力和素质,对于未来也有了更明确的目标。

成长,是一种经历;经历,是一种人生体验。人生的意义不在于我们究竟拥有了什么,而在于从中我们体悟到了什么。在生命的短暂与存在的永恒中锻造自我,拥有真正的价值和真实的幸福。时光虽然悄无声息地在指尖流过,但我会永远记得这段经历,那些细微的感动和琐碎的记忆以及深刻的体会将一直在我的生命中潺潺流淌。

卢超凡，女，中共党员，2019 级园艺专业，任北京农学院植物科学技术学院学生会办公室副主任，获 2019 年中国北京世界园艺博览会志愿服务活动优秀服务奖，北京农学院 2019—2020 年度三等奖学金，2020—2021 年度优秀团干部，2020—2021 年度一等奖学金和三好学生。

负重致远　翘盼弘毅

李晓洋

　　短暂的 10 天悄然流逝,如今只剩回忆。手指在键盘上敲敲打打,写下我点点滴滴的记忆。2021 年的夏天酷热如旧,然而这年夏天我们却肩负着不同的使命,拥有着不同的感动。

　　这个暑假我参加了"科技助力农业,创新推动发展"北京农学院植物科学技术学院学子为乡村振兴献力暑期社会实践团,随实践团一起下乡调研参观学习,参与助力冬奥活动,探寻红色踪迹,传承红色基因,践行初心使命。这是我大学期间第一次参加社会实践活动,也同样是我人生道路上做实践活动的一个起点。实践活动已经结束,回顾那段难忘的日子,我感慨良多,这个活动留给我们的不仅是感动,还有成长,让我们学会了团结、承担责任、相互理解等。对于一个新时代的大学生而言,这是一个最基本的挑战,同样也是一个很好的提升自身素养的机会。于是,我毅然踏上了暑期社会实践的这条道路,希望能够通过本次活动,深入农村、了解新农村的建设、追寻红色足迹、了解基本国情,在实践中增长见识,锻炼自己的才干,培养自己的韧性,为社会主义新农村的建设献计献策,把爱国热情同成才成人的愿望与实际行动巧妙地结合在一起,为中华民族伟大复兴的中国梦而努力奋斗。

　　扶贫攻坚取得成就,乡村振兴任重道远。实践开始,我们深入张家口蔚县农村,围绕乡村振兴背景下生活质量和生活水平以及近年来乡村生活变化等相关问题展开了入户调研,走访村民意见,大致了解了蔚县部分村子的基本发展情况。在调研过程中,村民普遍反映对乡村振兴战略不太了解。我们了解到近年来农村农业现代化水平有所提高,不少村子使用机械耕作,大大减少了工作劳动量,村子里修了公路,方便村民日常出行。但仍有许多问题亟待解决,比如基础设施仍需完善,仍需加大道路硬化和维修力度等。

通过实地考察,我们了解到当地特产是杏扁、杏干。7月20日,我们在当地乡镇领导的引领和老师的指导下,去往了南柏乡的杏园参观、实地考察。经工作人员介绍,影响杏扁产量的主要问题还是由于倒春寒的缘故,很多小杏提早落花落果,甚至有可能会造成绝产。专业老师带领我们深入田间地头,为村民讲解高枝换头技术,选用抗寒抗病性更优的接穗,提高杏扁产量。

在走访中,我们还发现农村老龄化问题严重。比如黄梅乡青壮年劳动力的流失,这也制约着乡村振兴的进程。因此吸引青壮年回乡发展杏产业经济、绿色食品,打开消费市场,带来财富增加,收入增长,从而带来一个良性循环。相信通过我们身体力行的宣传,打造杏扁产业名片,能够吸引更多的青年回流返乡发展,促进农村和城市的均衡繁荣。

传承红色基因,践行初心使命。在实践期间,我们采访到了几位老党员,看到了他们的艰苦生活,感受到了前辈们自强不息的精神;去了蔚县烈士陵园缅怀先烈,了解了蔚县的历史和先烈的英勇事迹,令我深感震撼,我们要不忘初心,牢记使命,以史为鉴,坚定理想信念,传承红色基因,争做时代新人。中国特色社会主义进入了新时代,多元多样多变成为各个领域鲜明的时代特征,前进路上风险挑战和风险考验层出不穷。身为当代中国青年,我们要传承好红色基因,从党史文化的优良传统中汲取养料,补钙壮骨,不忘初心,才能在抵御各种风险挑战中推动各项事业再创辉煌,让初心薪火相传,把使命永担在肩,做志存高远、为民服务、奉献社会的有用之才。

"如果想做就用心地做好,只要用心了便有收获"这是我在这次实践活动中感悟得到的,同时也感受到了当地领导和村民们的热情。作为一名农科学子,能够在乡村振兴的前进路上,贡献自己的一份力量,我感到骄傲。今后更要自觉地在服务社会、实现自我成长的同时,努力在农业发展的各项事业中成为无愧于党、无愧于人民、无愧于时代的中国青年。

李晓洋，女，共青团员，2020级园艺专业，任北京农学院植物科学技术学院团委组织部部长，获北京农学院2021—2022年度二等奖学金。

知行合一　立足大地

孙煜杰

2021 年的暑假,我参加了北京农学院植物科学技术学院助力乡村振兴暑期社会实践团,去往河北省的张家口市蔚县进行农业农村现状的调研。在老师的带领以及同学的相互协作之下,我们最终圆满地完成了此次暑期的社会实践。这次实践对我来说是意义非凡的,我非常荣幸有这个机会去了解张家口地区的农业农村的发展现状,它增长了我的见识,以小见大,也让我对国家的社会最基本单元的发展有了新的认识。

我国有着辽阔的领土、众多的人口,需求繁多,矛盾多样。随着社会的发展,我国工业化的进程呈现出新的变化,农村的问题也变得异常严峻,农民的收入问题,农村的空心化,农业的前景,这些都是不可忽视亟待解决的问题。在这次社会实践当中,我更加体会到了我国"三农"问题的严重程度,比如有些学者担忧农村将会消失,作为乡土中国支柱的农村社会变得越来越脆弱,这不无道理。在我们所调查的这几个村子当中,鲜有年轻人的出现,即便有,那也是暑假回家探亲的。老年人已成为农村最后的维系,这种维系摇摇欲坠,让人看不到生机。这让我意识到有的基层干部素质需要进一步提升,要让他们科学地规划发展村庄的建设。

我一直坚信社会实践与书本学习同样重要。如果只是一味地埋头书本不问世事,这不过是闭门造车,所学的知识只是停留在理论,脱离实际;而如果只注重实践而不顾学习这又容易走偏路。这就如同"学而不思则罔,思而不学则殆"。知识是前人经验的总结,后人在前人的基

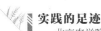
础上可以更好地继承并发展,实践是知识与实际相结合,我们更要去理解真理,并且要对过去的经验总结与现状进行分析,以便更好地应用,知行合一以有所为。

我们实践的地点是河北省张家口市蔚县,在蔚县农村的调研期间,我接触到了很多人,他们对村里的发展和现状提了很多看法和建议。村子里大多是老人,由于政策的推广,大部分村户选择将土地承包出去,少部分人家仍然选择自耕自种。对于年纪较大的老人来说,体力及精力有限,所以会选择将土地承包出去,还有相当一部分人家依靠机械化操作选择自己种植。由于张家口市地处华北平原边缘,海拔逐渐升高,且地理位置是处于 400 毫米等降水量线上,自然条件的水热不足,不能种植粮食产量高的小麦以及棉花喜热类型的经济作物,当地的粮食种植基本上是黍、谷以及玉米。在调研的村子中,除了农业方面的问题,村民反映较为强烈的是村中的卫生室药品价格过高的问题;此外道路硬化、厕所改造、危房改建方面还有很大的改建空间。我们调研的村子中,家家户户基本上都用上了自来水,村子中建有水塔;为了解决环保问题,政府出资改进了能源问题,做饭使用电力,除极端天气外极少有停电的情况,农村的水电使用及通信信号基本不是问题。走访的过程中,让我们印象最深的是一位爷爷,他为我们讲述了土地分包之后的生活变化,以及在村委会的主持下将 5000 元扶贫专项基金入股公司进行土地承包的事情,爷爷还非常热心地将他与公司和村委会的三方合同书拿出来给我们看,这可以说是国家脱贫攻坚的一个缩影。

蔚县的一个支柱产业是杏扁,蔚县杏产业的发展历史悠久,但近些年来杏的发展日渐式微。究其原因是村民受到生产低效益的影响,大多年轻人选择外出务工,余下的一些妇女和老人对果树的管理水平有限,加上杏仁收入低的原因,村民的积极性受到了打击,使果树逐渐地疏于管理,造成产量减少,进一步降低了收入,这样一来就形成了恶性循环。此外,影响杏产量的一个关键因素是每年的倒春寒所产生的冻害,寒流造成了果树的花果脱落,使杏树的产量降低。就果树品种来说,'优一'的抗寒性要优于'龙王帽',原因在于'优一'的花期晚,受冻害的影响相对较少,而'龙王帽'与之相反。所以对于杏扁产业整体发展形势而言,'龙王帽'面临着逐渐被淘汰的趋势。董清华老师指出,想要改变杏种植产业的经济问题有 3 个解决方向:一是不改变现有杏的品种基础上,预防倒春寒的危害,可以采取建造防寒设施等设施园艺的措施以及在种植过程中选择水热条件好的地形,不要种植在低洼的地方;二是培育新的品种,能够有良好的抗寒特性,尤其是能够抵御倒春寒;三是对大面积的种植单位进行统一管理,这样可以分担风险、降低成本,减少市场波动所造成的经济损失。但不论哪一点,都面临着投资大、收益见效慢的问题,现在主要依赖于国家的政策支持。

在此次实践中,我们不仅要了解农村的现状,还要对农村、农业如今的情况结合所学的内容进行深思。河北蔚县虽然有着作为北方农村的特色,但它也同样有着中国广大农村的一些共性,如人口流失、人口贫困、空巢老人等。如果想要从根本上解决农业农村的问题,不仅靠国家补贴,还需要科学技术的提升以及管理方面的改善。我们在专业老师的带领下,可以发挥我们的专业优势,给当地村民们带来新知识、新动力。

这次实践过程中,我还了解到了张家口市的发展历史,对张家口市的城市建设有了一个深刻的认识。张家口位于农耕文明与草原文明的分界线位置,自古以来就是文化交流的关键枢纽。从明朝开始兴盛的茶马古市是以贸易为基本交换中原与草原的生产资料,不但维护了一定时间内的地区稳定,从长远来讲也促进了中华民族的民族融合,可以说这里也是时代变迁的一个交汇点。不仅如此,此次实践让我将在学校的所学与企业的实际生产结合了起来,比如说葡萄的种植以及小米生产的加工,这些都是农业生产现代化与机械化的表现,这才是未来农业发展的方向。

这片土地养育了我们,我们可以做的就是去了解她,思考她未来的发展方向,并利用自己的专业知识为她的改变尽自己的一份力量。正所谓"大音希声,大象无形",事起于毫末,解于高堂。身为学生,我们应当避免好高骛远,要脚踏实地,更好地融入社会,做一个服务人民的小螺丝钉。

孙煜杰,男,共青团员,2018 级园艺专业,任 2018 级园艺一班宣传委员,获北京农学院 2019—2020 年度优秀团干部和 2019 年北京市大学生化学实验竞赛二等奖。后考入中国林业科学研究院继续深造。

青春年少　砥砺前行

王　依

　　2021 年的暑期对我而言是具有不同意义的假期,我有幸跟随"科技助力农业,创新推动发展"北京农学院植物科学技术学院助力乡村振兴暑期社会实践团来到河北省张家口市进行社会实践。在这 10 天的工作中,我亲身感受到了蔚县农户在生产生活中所面对的困难,认识到了农业的重要性;在怀来县走访寻找并学习了董存瑞等革命先烈留下的红色精神。在这 10 天的实践中,使我对张家口市这座城市有了一个初步了解,也让我更加深刻地理解了乡村振兴战略。

　　自 2015 年 11 月国家提出脱贫攻坚,到 2017 年 10 月提出乡村振兴战略,再到 2021 年 2 月,我国脱贫攻坚战取得了全面胜利,这 6 年我国经历了风风雨雨,但千万磨难没有把我们打倒,区域性整体贫困得到解决,完成了消除绝对贫困的艰巨任务,我们取得了全面胜利。

　　过去,人们靠着粮票、布票等不同的票子生活;现在,我们凭借一部手机、一张卡就可以走遍中国大江南北。以前,人们住在石块底座的土坯房里;如今,我们住在用钢筋水泥搭建的公寓里。由此可见,中国进步之快,变化之大;中国人民无惧艰难险阻,不断向前。

　　虽然现在人们的生活得到了改善,但是仍然存在一些问题。比如,村中的卫生室药品费用较贵且药品不全、危房改造不完全、取快递比较麻烦等。还有村子里虽然设置了垃圾桶、垃圾车,但是并没有精准分类,往往只有一个垃圾桶,而且村民没有垃圾分类意识,甚至是直接扔到路边。除此以外,村子建设得好,而人们收入水平不高,也是令村民发愁的一点。之后入户调研的过程中,我们采访了来自不同村庄的几十家农户,对于几个村子的大概情况有了了解。在南杨庄乡,年轻一辈已经不再从事农业生产,出去打工养家糊口,在村子里经营耕地的大多是老年人。据村民讲述,每亩耕地种玉米净收入非常低,且当地的农业生产机械化水平较低,靠天吃饭成了农民生活的常态。肥太贵、粮太贱已经成为当地农户生产过程中遇到的最大困难。东汉班固《汉书·食货志上》有言"籴甚贵伤民;其贱伤农。民伤则离散,农伤则国贫。"也证实了粮食价格的重要性。虽然我出生在农村,但是之前并没有注意到这个严峻的问题,在如何改善这个问题的思考中,我也感受到了身为农科学子需要承担的责任。

走访途中,我们去了杏园,观察并了解不同品种杏树的种植情况,还去了杏的制作工厂了解杏子相关产品的制作。在座谈会上通过老师的讲解,我们了解到杏树的种植较多处于一种散养的状态,并且由于天气的原因,导致了花落果落,甚至有可能会造成绝产,留下的果子,也因为品相差而卖不出去。张家口市蔚县杏树产业的发展历史悠久,但近些年来杏的发展日渐式微,究其原因是村民受到生产低效益的影响,大多数人,尤其是年轻人选择外出务工。而留下的老年人对果树的管理水平有限,加上杏仁的收入低的原因,村民的积极性受到了打击,使果树逐渐疏于管理,造成产量减少,如此恶性循环使杏产业的发展受到了限制。而对于杏扁产业整体发展形势而言,'龙王帽'品种面临着逐渐被淘汰的趋势。

除此以外,我们还一起来到蔚县当地蔬菜种植地进行实地考察。当地主要种植豆类、辣椒与番茄。该基地的番茄主要使用四十整枝,以达到高产的目的。当地的圣女果管理较好,产量较高,工人为我们演示了植株的管理技巧,讲解了摘果的要求,以得到大小合适的圣女果。但豆角有烂根现象,主要是因为地膜铺放时间过早,导致地温过高使根部受损。之后,我们还去到葡萄种植基地,了解到该地种植主要品种为'夏黑',每公顷产量11250千克,主要使用短梢修剪的方式,以'贝达'为砧木进行嫁接。'夏黑'是一个优良品种,具有抗病、丰产、早熟、耐贮藏、口感好等特点。

我们不仅进行了果蔬的观察学习,还跟随老师来到西合营镇种植基地进行实地考察。在当地人介绍下,我们了解到在试验田中总共种植了 15 种类型的谷子,其中以'张杂粮 19 号'和'张杂粮 22 号'为主。谷子(成熟后为小米)长 4 片叶开始出穗,且'张杂粮 13 号'较其他品种的谷子出穗早。除谷子外,当地还种植玉米和黄芩。

通过实地实践教学我了解到园艺植物种植不合理性分别为:种植茬口、种植物品种、是否采用机械化种植以及种植设施类型。两种覆膜方式为半覆膜和全覆膜,如果当地多为旱田,那农民将植株种在沟里,可以合理利用雨水。

在蔚县,我们首先瞻仰了狼牙山烈士雕像,并在革命烈士纪念碑前敬献花篮,以示追悼。随后,队员们又参观了狼牙山烈士陵园,学院师生了解了狼牙山五壮士的艰苦奋斗历程,感受到革命先烈成功的来之不易。先烈们的感人事迹长存我们心中,他们的精神永远照耀着你我。在入户调研过程中,我们无意中走访了一位退伍老党员,之后指导教师带领实践团成员看望了这位老党员,并送上了一些营养品。50 年党龄的他,满怀热血,永远牵挂着党和国家,我们也有幸见到了老党员的勋章。

今年正是中国共产党建党 100 周年,我很荣幸能够来到董存瑞纪念馆,向革命先烈表达自己最崇高的敬意。进入董存瑞纪念馆时有 19 级台阶,每级高 19 厘米,象征着英雄 19 岁的闪光年华,遗憾英雄永远定格在 19 岁。纪念馆展厅里陈列着与董存瑞有关的资料,一幅幅图画、一件件实物,见证了董存瑞从一个劳苦大众的孩子成长为一名战斗英雄的光辉历程。展厅的影片重现了解放隆化战斗中董存瑞高举炸药包,舍身炸碉堡的壮举,"为了新中国,前进!"的高喊声在我的耳畔久久回荡。这次参观不仅让我们对党、对国家的革命历史有了一个更深入的了解,更是对我们思想的升华与引领。风华正茂的我们朝着理想的方向前进。

我国科技发展不断进步,国防力量也在不断加强,但这并不意味着我们处在一个高枕无忧的年代。正如一句话所说:世上哪有什么岁月静好,不过是有人替你负重前行。生活从来都是不易,如果你觉得容易,那肯定是有人替你承担了属于你的那份责任。

作为当代大学生,我们应该明白知识就是力量。待学业有成之时,便是我们回报祖国之日。我们要将前人打下来的事业更好地完成,为中华民族的伟大复兴尽自己的绵薄之力。青春年少,无惧挑战,青春正好,拼搏向前。

王依,女,共青团员,2020 级园艺专业,任北京农学院植物科学技术学院办公室助理,获北京农学院节能减排社会实践与科技竞赛三等奖。

人皆苦炎热　我爱夏日长

李雨亭

　　我大学的第一年可谓是非常丰富多彩,这一次社会实践活动也为我充实的大一生活画上了圆满的句号:跟随着学院的暑期社会实践团在河北省张家口市进行了为期 10 天的社会实践。以"乡村振兴,建设美丽乡村""助力冬奥""寻找红色印记"三方面为主题,这 10 天的日子让我记忆深刻、受益匪浅。

　　实践活动中,我最主要的任务就是去乡村进行入户调研。以 3 份调查问卷作为载体,对 7 个村子进行调研,让我更多地了解了"三农"问题。首先是蔚县的种植情况,当地以种植谷子、黍子这类杂粮为主,还有着种植生产杏扁、杏干的特色产业。正因地理条件优越且合适,当地农户种植的谷子品质高,还有着"张杂谷"的美称,为当地农户带来了较大的经济收益。我们还考察了蔚县南杨庄乡、南柏乡、长宁乡等地的杏扁种植情况。发现蔚县杏的主要种植品种为仁用杏的'龙王帽'和'优一'品种以及肉用杏的'木瓜杏'。蔚县当前杏种植遇到两大主要问题:第一是近年来低温、冰雹等极端气候引起的冻害问题;第二是人工不足导致管理不完善,表现在病虫害防治与秋冬季枝条修剪不精细甚至不管理。村中留下的大多为 60 岁以上年龄较大的人。这也导致了每家每户能力不足以去种植和管理大面积的地,所以选择不去种地或者种 1～2 亩(1 公顷＝15 亩)这样小面积的地。虽然走访过的村庄存在着大大小小的问题,但在美丽乡村建设政策下,每一个村子的基础设施建设日益完善,同时还包含着农村精神文明建设,脱贫工作基本精准到家庭及个人。总的来说,不管是当下生活还是未来发展,从他们的眼中能够看出他们对这片土地的热爱、对国家的新人、对未来发展的期望。

这次实践让我最有感触的就是"学习"二字了。首先感叹于知识像浩瀚的大海，大到我还不知道我们生活的地方究竟在哪儿，小到地上的一株草都有它的故事，要善于发现善于探索。其次我发现学习是很艰辛的，我们必须带着实践的精神，学必躬亲！最后我领悟到，学习是快乐的。我们通过学习，能够增长自己的知识，还能够利用这些所学到的知识去实现我们自己的梦想，去做更多有意义的事情。

在小学时，别人问我："李雨亭，你的梦想是什么？"我的回答是："种西瓜"，在我的想象中，我有一片片的瓜地，总是感觉种西瓜的梦想是对理想生活的随意幻想，根本不知道能不能实现。上了中学，"野心"更大了，希望做更大的贡献。学农是一直印刻在我脑海里的想法。在我高考结束后，志愿填报时选择了园艺专业，这离我的梦想更近了一步。我家前几年过得很艰难，一直是党和国家在帮助我们，这次来到村里，发现还有很多远比我想象中生活更加艰难的人。我们拜访老党员，老党员生活节俭，还想着把自己积攒的 3000 元钱给村委会，让他们留着交自己离世后的党费。老党员拉着我们的手说："你们就是未来的希望，你们是国家的希望。"这更坚定了我学农的信心，希望有一天我也能为

乡村的振兴和发展贡献自己的一份力量。

"人皆苦炎热,我爱夏日长",夏天无疑是炎热的。不管是蔚县的未来发展之路、我的学习之路,还是国家复兴之路无疑是艰辛的。但是夏季的白天很长,蔚县的前景、我的学习生涯、国家的未来是灿烂的! 就比如这个夏天,太美好了!

李雨亭,女,2020级园艺专业,获"北京农学院2021年定向越野校园赛"新生女子组第一名,第八届北京农学院种子画大赛二等奖。

脚踏实地　青春飞扬

史岱阳

大学二年级的暑假,我有幸跟随老师、学长参加暑期社会实践活动,在这几天的社会实践中,我们进行了入户调研、学习与了解当地的经济作物培育方式、参观烈士陵园等活动,感悟颇多。总结一下,我认为体会最为深刻的可概括为一句话:很多事,听别人讲述所了解的远远比不上自己去现场体验。

还记得进入大学之前,我为自己立下了一个个雄心壮志,然而进入大学后,却被自己一次次打败,我好像每天在忙,但每个夜晚辗转反思时,却发现自己学到的好像很少。看到优秀的人越来越优秀,我心里一阵阵恐慌,却从未鼓起勇气战胜自己,我曾问自己为什么?以前的我为了上一所好大学而努力,但上了大学以后,好像一下子失去了人生目标。入学后,除了自己专业课知识有所增加,我好像并没有掌握其他能力,比如,我仍旧不敢在大家面前发表自己的意见,总是自我否定。我究竟该何去何从?直到我看到班委群里的实践调研活动的通知。很感谢老师和学长给我机会去参加今年的暑期社会实践,让我在实践中发现并改正自己的不足,认识另一个全新的自己。

在这次的社会实践中,前五天我们在河北省张家口市蔚县展开调研,我们调研的主要方向是当地农作物的种植情况以及种植方面的问题。开始,我充满了信心,因为我来自农村,了解农村,我认为自己也可以很好地融入当地的百姓中,可当真正地走进当地农村,真真正正开始调研时,却遇到了很多问题。比如说,在我第一次和伙伴开始调研活动的时候,询问了一位老大爷,我们遇到的最明显的问题是沟通不便,听不懂方言,我们只能从听懂的几个词语中去猜测整句话的意思,但在后来我们能听懂的就逐渐多了,和当地人沟通起来也愈发熟练,我所学到的也越来越多。

实践团帮扶的蔚县,杏扁是主要产业,大田种植谷子、黍子和玉米等作物,我们也走访了一些种植园区。蔚县的气候相对比较恶劣,这里冬天天气寒冷,农作物无法成活,因此一年只能有一季的收成。在种植谷子、黍子和玉米时会在地上铺一层地膜,很少甚至不会浇水,因为当地种植时节雨水已经能满足农作物的需求。当地的另一种作物杏扁的种植多处于粗放管理状态,遇到的一个比较严重的种植问题是特殊天气倒春寒的来袭,会导致杏树落花落果,甚至有可能会造成绝产,而未掉落的果子,也会因为果子品相差而卖不出去;另一个问题就是当地缺少青壮年劳动力。比如说在黄梅乡,一共有不到 5 万亩的耕地,其中杏的种植达到了 4.18 万亩,杏为当地的支柱产业,但是,近几年经济高速发展,人们的生活方式更加多元化,只单单种植杏已经无法满足他们的日常需求,多数青壮年外出打工。人们对于杏树的管理积极性越来越差,只留下一些体质较弱的农户去管理,当地俗称"3860",这几个数字可以说反映着大多困难地区的种植劳动力现况,38 指农村妇女,60 指60 岁以上的老人。面对困难,当地的领导不断摸索,在杏产品的制作加工过程中,建立并不断完善产业链,制作工艺实现半机械化,并且通过互联网进行销售,在杏的产量逐步提高的同时,获得的经济收益也逐年增加。听到这些消息,我为当地发展高兴,也相信会有更多的青壮年逐渐返回家乡,支持家乡产业,投身家乡振兴之中。

我们的社会实践过程中,除了带队老师,学院的专家和教授也随团一同为农民服务。在此次活动中,每到一个不同的村落,我们的实践顺序是,首先由当地的农户带我们到他们的种植作物区,然后和老师就当地的种植情况进行交流,而这些当地的种植作物区,也是我们农学院学生最好的实践基地。我们能够学到的不仅仅是当地作物的种植特点,还可以将作物和生产销售链摸索清楚,了解到实际的种植过程与我们在课本中所学到的不同之处,比如说我们到代王城镇蔬菜大棚种植区进行实践学习,当地主要种植芸豆、辣椒以及圣女果,其中圣女果品种多为千禧果,当地农户多与商户进行合作,由商户提供秧苗、技术和肥料,农户提供大棚设施进行人工管理。当地的圣女果管理较好,产量较高。当地工人还为我们演示了植株的管理,去除侧枝,以便得到大小合适的圣女果。在芸豆种植上,有位农户考虑不全面,为了避免杂草生长,在夏季种植时铺上了黑膜,忽略了当地的气候条件,秧苗的茎部在长时间处于高温的条件下旱死,由此可看出农作物的高品质种植离不开科技人员的技术支持,农业的发展离不开科技人员走进种植园区。随后我们来到了怀来县迦南酒业有限公司葡萄种植基地,那是我这次实践活动中见到的种植作物土地面积最大的、种植最机械化的种植园区,该基地有专业的技术人员时时关注不同品种葡萄的生长状况,并进行调整,为获得高品质的葡萄酒做准备。在这里,我还上手操作了机械化的嫁接设备,受益良多。

除此之外,在实践活动过程中,我们还遇到了很多老党员和退伍军人,在拜访他们的时候,他们说起自己拼搏奋进的往事时仍旧热泪盈眶,说起近年来生活情况的时候,让我们不禁一次又一次对祖国快速发展感到骄傲。正是他们抛头颅、洒热血、艰苦奋斗,让我们有了如今安稳的生活,让我们见到祖国如今的繁荣昌盛。也正是他们一代又一代的无私奉献,促进了我国农村事业的振兴。我们这一代青年,更应学习先辈们的拼搏奉献精神,在学有所成后回到家乡,深入基层,利用自己所学,帮助更多的人实现奋斗目标,将我们的家乡、我们的民族、我们的祖国建设得越来越好。

铭记历史,无数个生命戛然而止,多少个年轻的生命为了理想而奋斗,流血牺牲。我们还参观了蔚县烈士陵园和董存瑞纪念馆。那一刻,我的眼前战火纷飞,我仿佛回到了那个年代,回到了无数中国人为了心中的希望奋斗的那个年代,我仿佛看到了董存瑞烈士,他说:我的任务不只是炸几个碉堡,隆化还没有解放,我的任务还没有完成!我看到了他把他的党费交给指导员时,眼里的热血,我看到了他匍匐前进身影里的果决,我看到了他舍身炸碉堡时眼里未来的中国。

　　此次暑期的社会实践虽已结束,但我从中所获得、所体会到的远远不是这些文字简简单单表达出来的。此次实践活动不仅仅锻炼了我的沟通交流和理解能力,还给我的未来指明了方向,让我确定了人生目标,让我更加坚定了自己所选的专业。中国是一个农业大国,我国未来农业的发展必须在口粮绝对保证的前提下,用好全球的市场和土地资源。农业生产模式的确立需要结合科学家的工作,但同时农业经济学家在这方面也有很大的责任,他们应该更多地考虑未来中国不同地区农业怎样发展,未来的农业将跨领域深度融合,我们必须要重视农业科技。作为农学院新一代大学生,我们责无旁贷。

　　史岱阳,女,共青团员,2020 级园艺专业,获 2020—2021 年度国家励志奖学金和北京农学院节能减排社会实践与科技竞赛三等奖。

走进张家口

田丝雨

自脱贫攻坚战略提出以来,我国各地都在积极响应这一政策。而同时,乡村振兴战略也被提出,打好脱贫攻坚战是实施乡村振兴战略的优先任务。乡村振兴战略和打好精准脱贫攻坚战必须有效衔接,要以脱贫攻坚在产业、生态、组织、文化和人才等方面取得的成效为基础,推动要素配置、资金投入、公共服务向农业农村倾斜,全面实现乡村振兴。但纸上得来终觉浅,绝知此事要躬行,实地实践才能得出更真实有效的结论。今年我有幸参加学校组织的社会实践团,跟随学院的老师和学长学姐一同开展活动,收获颇丰。

参加学校的社会实践活动,这对我来说是一个全新的体验,我从来没有参加过这种团体外出这样长时间的活动。刚开始有些期待,还有点儿兴奋,但真正开始实践时我才体会到真正的实践活动是一个很累的活动,同样也是一个充满意义的活动,是一个让我收获到知识和经验的活动。

我们这次先到达了河北省张家口市蔚县,蔚县是革命老区、扶贫开发"三合一"重点县,是仁用杏之乡。我们从第一天到达蔚县开始就下到乡村调研,我跟着学姐来到一户户村民家中,看到了农民真正的生活。我们这个专业距离种地干活并不远,很多也是需要我们亲手做的,我家以前也有一块地供种植,但也只是自己种菜自己吃,来到真正的农村才看到真正以种地为生的农民生活是什么样的。不少村里是"3860",村里只剩下老人和妇女儿童,青壮劳动力都外出打工。各种基础设施完备,出行也十分便利,近些年国家大力支持光伏发电,有些村子已经试用光伏发电,用电比较便捷也经济实惠。

经过调研,蔚县的一些村庄,像西高村等,由于地势原因,当地气候较为干旱,种植多以玉米、谷子为主,每年的干旱期对其没有太大影响,病虫害较少,且价格较稳定。但在一些不太肥沃的土壤,或在缺少苗的情况下,也会种植少量西瓜、红豆以及绿豆等,这些作物的长势好,但由于价格不稳定,所以不作为主要经济来源。这些村庄种植作物种类较多,不会因为过于单一影响经济收入,且主要经济来源作物长势较好,品质优秀,已经进行规模化种植,收入平稳。也有的村庄主要以某一种作物为主,比如专门种植仁用杏的村庄,发展好的还有自己的加工厂,我们也参观了工人工作的车间,工人们手工剥杏,再烘干制成杏干,进行包装后直接邮寄售卖,还有杏仁等产品,已经形成一定的产业规模。还有技术比较发达的用几十亩良田研发新品种谷子,种植葡萄以及发展酿酒产业的。

蔚县历史悠久,我们参观的博物馆里有很多具有历史意义的展品。蔚县博物馆现有藏品 5666 件,藏品中以瓷器、陶器和书画数量居多,其中以唐代中晚期墓葬出土的绿釉陶器最富地方特色。唐代中晚期墓葬在蔚县发现较多,但随葬器物却各不相同。这些绿釉陶器体型较大,工艺精致,风格独特,具有鲜明、浓厚的地方特色和民族风格。书画中大多是明清时期在朝为官的蔚州人及其家人的宫廷画像,这些人物历史均有传。伴随工作人员的解说,我们看到 200 万年前的历史遗迹,感受到各朝各代不同的文化以及传承的不一样的文化精神。

蔚县也是革命老区,古称蔚州,为"燕云十六州"之一。我们参观了蔚县的革命烈士纪念馆,为这英勇之地送上花篮表达我们的尊崇之意,并聆听革命烈士的英勇事迹,感受他们留下的革命情怀。革命烈士的英勇牺牲,换来的是如今的幸福生活。同样不能遗忘的还有那一个个守护我们生命安全的卫士就像光荣榜上英勇牺牲的消防员,看着一张张仅比我们大两三岁的面孔,感触颇深。我们还参观了董存瑞烈士纪念馆,我了解到董存瑞烈士不仅仅是炸碉堡这一英勇的事迹,他很小就参加了抗日战争,不断为中华民族而奋斗。这让我回忆起下乡调研时采访到的老党员,为了村里更好的发展奉献了自己的一生,他们所共有的特质,也是中国共产党的精神,为祖国和人民奉献自己。

说到文化,那一定要提到我们在张家口市参观的大境门长城了。大境门,自古作为扼守京都的北大门,连接边塞与内地的交通要道,素为兵家必争之地,同时也是蒙汉两族人民交通和贸易边口,为发展蒙汉两族人民的友好关系,沟通内地与边塞贸易,发挥了重要作用。由于张家口经济的繁荣,1909年清朝政府把中国第一条实用铁路"京张铁路"从北京修至张家口。战争与和平,生命与死亡,繁荣与凄凉,在这里周而复始,更迭演绎。大境门历尽沧桑,是张家口历史的见证,许多重要的历史事件与大境门密切相关。大境门既目睹了旧中国的贫弱,也目睹了新中国的兴旺和塞外张家口的历史巨变。张家口人以大境门为荣,大境门也自然成为张家口的象征。

张家口市作为即将举办的北京冬奥会、冬残奥会的赛区之一,现在已经开始建造场馆,我们参观了新建好的奥运村,还有为比赛准备的滑雪场地。为了运动员更好地休息和准备比赛,为了让他们在赛场上可以发挥出更好的水平,场馆每个方面都建造得科学又美观。希望北京冬残奥会可以顺利举办,每个运动员都展现出自己真正的实力,展现奥运真正的魅力。

我们看到了蔚县悠久的历史,看到了大境门长城古镇的文化与传承,看到了京张铁路流传下的匠人精神,看到了革命先辈的精神和情怀,看到了冬奥村的包容与开放,看到了杏林里的累累硕果。看到的都是我不曾见过的,以后也不知是否还有机会见到。

这一路,虽然走得不算远,时间不算长,我们爬过山,下过地,尝了杏子,捧了麦穗,走过了闯关东开始的地方,领略了祖国壮美的山河;这一路,我们更多在路上,在田间地头,在乡村里;这一路,我看到了农民智慧的结晶,看到了生活困难的村民,看到了无私奉献的老党员干部,所有我看到的、听到的、学到的,都将成为我的精神财富,我将在未来学习到、应用到相关知识的时候,会想到这些我所见所感的。

从粮食到杏扁,从蔬菜到水果,确保国家粮食安全,把中国人的饭碗牢牢端在自己手中。还有村镇的历史文化和精神传承,这些都是一个国家一个民族发展不可缺少的精神食粮。加强农村基层基础工作,培养造就一支懂农业、爱农村、爱农民的"三农"工作服务队伍。在乡村一弯与一绕中,寻找精神榜样与永不褪色的红色印记。不仅仅是这一次的实践活动,不仅仅是张家口,未来我们的队伍无论走到哪里,无论开展到何时,我都会积极地去参加、去学习、去体验、去应用,在日后的学习工作中我都不会忘记这一次的经历。

建设美丽乡村,北京农学院植物科学技术学院永远在路上!

　　田丝雨,女,共青团员,2020 级园艺专业,任 2020 级园艺班生活委员,获 2022 年北京冬(残)奥会优秀志愿者称号。

俯首农桑　教民稼穑

孙懿扬

　　2021年暑期对我而言是一个具有非凡意义的假期,我有幸跟随北京农学院植物科学技术学院暑期社会实践团来到河北省进行暑期社会实践调研。在这几天的工作生活中,我切身感受到了河北省张家口市蔚县农户在生产生活中面对的实际困难;在张家口市体验了冬奥志愿者工作的艰辛;在怀来县学习董存瑞等革命先烈留下的革命精神。尽管我们遭遇了炎热天气、水土不服等一系列困难,但我们克服了它,最终于7月28日圆满完成了暑期调研任务。

　　这是我第一次参加社会实践活动,我负责的是本次实践过程中的新闻组,我认为经过这次实践,我的领导能力和沟通表达能力得到了很大的提升。作为一名领导者,我学会了如何有效地协调组员间的工作,提高全组的工作效率,也逐渐懂得如何在大家兴致不高的时候发挥带头作用,激发大家的工作热情。尽管方法稍显稚嫩,但我认为这对我是一次很好的锻炼,我也同样感激支持我工作的同学们,正是你们的不断努力才使每天的精彩能以文字和图片的形式保留下来,这将成为我们共同的美好回忆。

　　助农强农,农科学子肩负使命。在河北省蔚县的几天调研给了我很大的震撼,自大学一年级入学以来也多次听老师们讲述,作为农科学子,扎根大地服务百姓才是我们的归宿。但我从小在城市里长大,没有农村生活和工作的经历,所以我将农村的生活想象得太过理想,我以前所认为的农村就是碧水蓝天、无拘无束的农牧生活。但当第一天跟随实践团来到南杨庄乡进行入户调研时,我才发现我之前的想法是错误的。蔚县当地种植的作物以玉米和杏扁为主,在村里,由于当地种植的是仁用杏,所以杏肉就被丢弃在路边,造成对环境和土壤的破坏。在随后入户调研的过程中,我们采访了好几家农户,对于整个村子的大概情况有了了解。在南杨庄乡,年轻一辈已经不从事农业生产,而是出去打工养家糊口,在村子里经营耕地的大多是村民口中的"3860"人群(即妇女、60岁以上的老人)。每户大概拥有10亩左右的耕地,收入不高,且当地的农业生产机械化水平较低。使我记忆特别深刻的是,每当我们向村民介绍我们是学农的大学生时,他们都会对我们表现得特别亲切和热情。有一次我们调研小组来到村口时,有几位农户大爷积极询问我们是来做什么的,当得知我们是学农的大学生时,大爷亲切地拉着我们聊天,有一位大爷跟我们说肥料太贵、粮食太贱已经成为当地农户生产过程中遇到的最大困难,希望我们将来能够改善这个问题。我深刻地感受到了农科学子身上的重任。习近平总书记强调:"没有农业农村现代化,就没有整个国家现代化。"在现代化进程中,农业文明与工业文明、信息科技与传统种养冲突交融,形成了鲜明的时代印记,如何处理好工农关系、城乡关系,成为农业现代化的重要课题。目前,农业机械化生产已经在农村中推广,但由于气候因素和经济因素限制,机械化的水平仍然较低,蔚县农村作为中国千千万万农村的缩影,向我们启示"科技是第一生产力",科技兴农仍是当今时代不变的发展主题。作为农科学子,未来的我们应当更加积极勇敢,投身"三农"领域的商业生态链建设,运用互联网、新媒体、电子商务等方式让更多人了解"三农",把农产品带出大山,或者运用新技术提升农业的效能,推动优品实现优价,粮农受到尊重,食者安心享用,促进农业的可持续发展。俯首农桑,教民稼穑,未来的我们更应当扎根广袤大地,心系广大农民,助农强农,我们将一直在路上!

立足初心,感受红色文化的震撼。怀来县是革命先烈董存瑞的故乡,挖掘红色故事,传承董存瑞精神正是我们在怀来实践的主题。在这里,我们参观了董存瑞纪念馆,加深了对董存瑞先辈的了解。董存瑞先辈曾说:"我把这一辈子都交给党,永远跟着毛主席干一辈子革命。"这样朴实而坚定的誓言感动了我。无数革命先烈在战火的锤炼中为人民的解放事业献出了生命,他们以实际行动践行了"为共产主义事业奋斗终身"的誓言,他们立下的不朽功绩,将永远铭记在我们心中! 翻阅历史,梳理千古,可知未来,我们作为新时代的青年应当牢记历史,不忘过去,珍爱和平,开创未来,不辜负先辈们的付出,为使中国拥有更加美好的未来而努力奋斗!

在十余天的暑期实践中,我们立足田野之上,亲身感受农村生活。这一路走来,我们欢声笑语,面对艰难毫不畏惧,克服了一个又一个困难,将汗水洒在了广袤的大地上。在工作的同时,实践团的同学们培养了深厚的友谊,磨炼了坚强的意志,达成了高度的默契,我坚信这种敢于吃苦、不怕艰难的品质将会使我们一生受益,这段美好的回忆同样也会深深刻在我们每个人的心中。

孙懿扬,男,中共党员,2019级作物遗传育种专业,任2019级农学一班班长,北京农学院植物科学技术学院学生会副主席,获2020—2021年度国家奖学金和校级三等奖学金。

助力乡村振兴 农科学子无畏前行

胡嘉琪

经历这短短十天的社会实践我感慨颇多,我们见到了乡村最真实的一面,感受到了村民的朴实善良,实践生活中每一天发生的故事都还在我脑海里回旋,它给我们带来的不仅是学术知识上的交流,更有对未来生活新的认知,社会实践活动给我们这些生活在都市象牙塔中的大学生们提供了广泛接触社会、了解社会的机会。

十天实践,满满的家国情怀。早在大一的时候就听班主任助理提及过暑期社会实践,看到学长学姐推送的前几年丰宁实践都是在不断进步、不断成长的。我很敬佩他们可以在丰宁做出那么大的实质性贡献,这种贡献是时间积累出来的,是一代代农科人储备而来的,是一个个有趣的灵魂集合而来的,他们对农科有着自己的见解,有着自己独到的看法,或许在明年,如果我有幸再一次来到蔚县实践的话,相信必将是更有深度、更有目标的,也必将更加精彩。希望我可以在一年的时间里,在学校努力地提升自己,加强自己的认知水平,加强自己的专业知识,丰富自己的内涵,做一名不单单只会看,而且会学、会思考的"三农"人才。之前由于疫情的突然到来而没有参加上社会实践活动,这次听说学院组织了活动,我便第一时间报名,与大一的学弟学妹和学长们共同驱车来到了河北省张家口市蔚县。2021 年 7 月 19—28 日,在老师们的带领下,全体实践团成员从蔚县北水泉乡、南杨庄乡、柏树乡、东庄村、西合村、祁家皂村、西大坪村、途径张家口市崇礼区,最后来到怀来县存瑞镇。实践活动的前五天我们来到了位于张家口南部的蔚县西合营镇,主要观察并了解杏、杏扁、谷子、玉米、番茄等作物的种植、采收、加工等技术。相比玉米等作物,杏树较多处于一种分散种植的状态,并且由于倒春寒导致落花落果,甚至有可能会造成绝产,而留下的果子,也因为品相差而卖不出去,当地也希望发展新的产业文化链,通过不同的方式让更多的游客来了解蔚县的杏文化,从而提高村民的生活水平。在杏产品的制作工厂,有了较全的产业链,制作工艺实现半机械化,杏产品通过互联网营销。带队老师给当地的农民进行了技术上的指导,有望在日后与当地进行学术和种植等合作。此外,除了学习到杏及杏扁的相关知识外,我还了解到地膜种植技术、谷子的生产加工技术等。此外,蔚县给我留下印象最深的还是村民们的善良朴实,当我们深入到农户家里做美丽乡村的调查问卷时,村民们都非常热心地接待我们,耐心地为我们讲述关于村子里的情况。村子里年轻人比较少,大多数是年过半百的老人和牙牙学语的孩子,年轻人基本选择外出打工,这也给我们留下了关于振兴乡村的思考。实践团到西合营镇东庄村进行走访调研期间,通过该村党支部书记的介绍,实践团来到了一位已有50余年党龄的老村支书家里。老村支书一生勤俭节约,把毕生心血献给了村子的建设,现在虽孤寡一人,行动不便,但依然顽强地凭借自己双手生活。村主任说,就在前两天,老人拿着3000元来到了村委会说道:"这笔钱是我死后继续交党费用的。"听完我的眼泪就在眼眶里打转,老人作为一名共产党员,对党的忠诚、对党的信仰深深地打动着我,同学们一定会不忘初心,牢记使命,争做优秀共产党员。

乡村振兴战略是党的十九大做出的重大决策部署,是决战全面建成小康社会、全面建设社会主义现代化国家的重大历史任务,是新时代"三农"工作的总抓手。为积极响应国家政策,我们一行人走在河北省的乡路,感受这里的农业经济发展,也沉淀着厚重的乡土情怀。

感悟文化,践行初心。后面5天我们来到了张家口市区和怀来县,主要围绕冬奥会志愿活动和红色教育展开,参观了奥运村、董存瑞纪念馆、檀邑溪谷度假区、怀来迦南酒业有限公司葡萄培育基地等,经过这5天的实践活动,我对党员的义务和职责有了更加深入的了解。作为一名党员,和平年代不会在战场上抛头颅洒热血,但是在生活和工作中要做好自己的本职工作,带领身边人向更好的生活目标迈进,这是一名党员应尽的义务和责任。

这次社会实践引发了我的思考,大学生的"三下乡"社会实践活动涉及面广、内容丰富,也必须与农村实际需要相结合。在大学生"三下乡"社会实践活动中,我们也应该将自己在校所学的先进科学的生活观念在广大农村传播,紧密结合所学专业技术知识,在农村开展多种形式的先进科技文化知识和生活观念的宣讲活动。参与新农村建设的进程,为大学生了解中国国情开启了一扇窗口,密切了高等教育与新农村建设的关系,这有益于高教体系建立针对性和切合实际的促进新农村建设的策略和途径,通过"三下乡"活动丰富自己人生经历,还可以提升自身素质。

大学生通过参加暑期社会实践活动,一方面磨炼意志,奉献爱心;另一方面提高组织协调能力、独立思考能力和分析解决问题的能力,增强了团队合作意识,从而提高了自身的综合素质,为将来走上工作岗位打下坚实的基础。通过"三下乡"活动,直接与普通农民接触,通过深刻体验农村状况和农民的生活现状,端正了我们的思想认识,树立了艰苦奋斗的思想。在"三下乡"的过程中,我们团队在一起住宿、一起调研、一起工作,相互照应、同甘共苦,认识了许多优秀有趣的同学,大家在学校也很难见面,这次在一起共事也是一种缘分,队员之间在无形之中形成了一种默契,同时也提高了我的社会活动能力、独立工作能力和社会适应能力。

暑期社会实践活动在校园与社会之间架起了一座桥梁,通过这座桥梁,使我们对社会有了更深的了解。社会实践活动在农村开展,我们通过自己的切身实践,去知晓民情和国情,去思考、理解和拥护党的路线、方针、政策,尤其我作为一名党员,此次活动更增强了我的使命感和责任感。

这一段时间所学到的知识和积累的经验是我人生中的一笔宝贵财富。这次实践也让我深刻了解到团队合作是很重要的。"纸上得来终觉浅,绝知此事要躬行",社会实践让我更直观地接触社会、了解社会。

通过社会实践检验真知,更加全面地认识问题。马克思曾说:"一个时代的精神,是青年代表的精神;一个时代的性格,是青春代表的性格。"实践是学生接触社会、了解社会、服务社会、运用所学知识实践自我的最好途径,亲身实践而不是闭门造车。增强了认识问题、分析问题、解决问题的能力,为认识社会、了解社会、步入社会打下了良好的基础。同时,我们还需在以后的学习中用知识武装自己,用书本充实自己,为以后进入社会打下更坚固的基础!

胡嘉琪,女,中共党员,2019 级农学作物遗传育种专业,任 2019 级农学 2 班班长、北京农学院植物科学技术学院文艺部部长,获北京农学院 2019—2020 年度二等奖学金和 2020—2021 年度优秀团员。

实践乡村行　我们在路上

黄迎勒

从初入校园,仅仅专心于课业学习,到听闻我院有社会实践活动,本着尝试不同生活和努力从实践中学习的心态,我参加了这次张家口社会实践活动。在活动中渐渐找到了自己所在专业的前景与未来,也对自己未来发展更加清晰。张家口社会实践使我收获了一段很宝贵的社会实践经验。

第一天,北京农学院植物科学技术学院实践团来到了河北省张家口市蔚县的西合营镇,在城市前往农村的路上,从车窗向外望去,一望无际的田野、安静闲逸的乡村、朴实勤劳的人民。风吹草低见牛羊,只是远远观望,便觉得久在城市里因繁华而不断躁动的灵魂也逐渐安静了下来。依山傍水,这应该是人与自然最好的相处方式,你付出努力,自然就会回报你的辛苦,种瓜得瓜,种豆得豆,简单朴实的生活方式,却包含着处事之道。尽管还是原始的种植方式,但这里的人们通过经验积累,也拥有着自己独具特色的生产方式。

当我走入村镇,巡街访巷,看着仍是土墙的外院,不免想起小时候农村的样子,只是北京发展很快,没有几年的工夫便被林立的高楼取代。当我走到村民身边,尽管他们对我诉说着现在生活是有多大的改善、多大的优越,但仍能看出其实还有很多地方需要我们去关注、去建设。

农业是基础,就如同空气一样重要。我们时时刻刻在呼吸空气,却几乎感知不到它的存在。直到在某个时刻,比如溺水,呼吸不到空气,马上要窒息而死,才会知道空气有多重要。同样我们时时刻刻在享受农业提供的保障，比如肉、蛋、奶、蔬菜、水果等，都是人们赖以生存的源泉。

　　农业是第一产业，它是提供支撑国民经济建设与发展的基础产业。早在上古时代，就诞生了农耕文明，我国是最早进入农耕文明的国家。农业是人类社会赖以生存的基本生活资料的来源，是社会分工和国民经济其他部门成为独立的生产部门的前提和进一步发展的基础，也是一切非生产部门存在和发展的基础。国民经济其他部门发展的规模和速度，都要受到农业生产力发展水平和农业劳动生产率高低的制约。身为农科学子，发展我国农业的重担在我们的肩上。当今世界正在飞速发展，科技更是世界各国首要发展目标。我们习惯于把科学和技术连在一起，统称为科学技术，简称科技。实际二者既有密切联系，又有重要区别。科学解决理论问题，技术解决实际问题。科学要解决的问题是发现自然界中确凿的事实与现象之间的关系，并建立理论把事实与现象联系起来；技术的任务则是把科学的成果应用到实际问题中去。科学主要是和未知的领域打交道，其进展，尤其是重大的突破，是难以预料的；技术是在相对成熟的领域内工作，可以做比较准确的预测。科技兴正是科学技术的最好体现，也正是我们农科学子要努力研究的方向。

　　国家既要有科学家、工程师以及技术人员，还要有懂科技、晓知识的普通群众。在采访过程中，绝大多数的农民向我们反映了对于教育的需求。这也激励了我们勤奋学习不仅苦读诗书，更是要钻、要研、要究，坚持不懈，迎难而上，攻克挫折，从失败中吸取教训。只在屋子里的学习是不够的，结合实际，去实践，去创造，唯有实践才是检验真理的标准，提高自己的综合实践能力，为今后参加国家建设做足准备。

　　中国作为一个传统农业大国，农业的发展有着悠久的历史；同时，中国作为一个发展中国家，农业产业的发展状况在世界上仍处于一个相对落后的水平，目前我国已基本完成了工业化进程，工业化发展达到实现工业反哺农业的水平。在此基础上，发展现代农业已成为继续发展我国农业产业，实现农业现代化和构建和谐社会的重要方式和途径。

发展现代农业实现农业现代化,首先应该正确认识现代农业的含义,才能有助于我们更好地去运用和发展它。

在来此之前,我对农学的定位,就是种植与育种,殊不知农学不仅是对于植物作物的理论探求,它更是一门接地气的学科。它是当你具备学富五车的理论,却从未真的进到田间看过、进村感受过,你就一定学不懂它的学科。在实践的过程中,看着作物出现的种种现象,仅靠自己那才疏学浅的知识储备量,很难找到原因与解决办法。然而当老师带我们走到田间地头,蹲下亲身感受,去触、去摸时,才隐约知晓了农学的本质。这让我觉得自己真的在学一门最接地气的科学门类。解决虫害、科学种植这些是大众都会做的事,可你或许能研究出最省资源、最简单的处理方式,让我们的生活变得更加便利,这坚定了我愿意在农学道路上一直走下去的信念。作为一名农科学子,如果只学习农业技术技能,是满足不了农业发展需要的,必须不断学习更新农技新知识、新理论、新方法、新信息,提高自身的技术技能和综合素质,才能更好地为"三农"服务,满足新农村建设的需要。而且,如果只是泛泛了解,一定不会清楚真正的农业农村农民,但这次真的走到乡间,走进村民的生活,才真正明白农业是什么,我们能研究什么。

袁隆平院士是我们学农人的表率,袁老虽已逝,却为祖国乃至世界做出了贡献。我们农科学子,应以袁老为自己的表率,我们应发奋图强、励志报国,传承求真务实、敢于奉献的学农精神,发扬迎难而上、勇于创新的科研精神,用自己的实际行动,追随着农科先辈的足迹,为自己的人生绘出一幅多彩多姿的画卷,为社会的进步和发展贡献自己的力量。

感悟文化,立志赓续红色精神。正值中国共产党建党100周年,我们在村镇中探访红色事迹。一位获得"光荣在党50年"纪念章的退休村书记,为村子为人民努力工作几十年,家境贫寒时也努力不为国家增添麻烦,仍保有积极乐观的生活态度,老党员握着我们的手说:"要努力学习,将来建设祖国。"的场景又浮现在眼前。"无论做什么,只要能为国家做建设就是好的"这是另一位老党员在我们离开他家时对我们说的,他过着贫苦的日子,入党后一心愿为国家做建设,犹记采访时,老党员狭小的屋中,桌上只是馒头和方便面,可和我们交流时却从未对生活、对国家、对党有什么抱怨。一心向党,坚持信仰,应是我们不断追求的。

在实践过程中,我们参观了蔚县烈士陵园,在烈士纪念碑前为逝去的英雄默哀。先烈们为了我们的民族、我们的国家牺牲了生命,换来了和平、安定的生活,他们永远是我们学习的榜样,也正像那句话说的"这个世界是我们向后人借来的",我们应该将它发展得更好,交给后人。

当我们从农村再次回归城市,去参与志愿活动,志愿服务是奉献社会、服务他人的一种方式,是传递爱心、播种礼貌的过程。对被服务对象而言,它是感受社会关怀、获得社会认同的一次机会;对社会而言,它是提升社会风气、促进社会和谐的一块基石。在志愿服务过程中,自我也得到了提高、完善和发展,精神和心灵得到了满足。志愿服务既是"助人",也是"自助";既"乐人",也"乐己"。所以,志愿服务是一举两得的好事,我们每个人都应当积极参与。"被需要是一种幸福"。这种感觉是我在真正做志愿服务之后才获得和理解的。我们应当更加努力地去服务社会,为更多的人送去温暖,让更多的人看到期望。我们期望能把爱心传递下去。我们在付出的过程中看到了最纯真的笑容、最纯净的眼神。在志愿服务的过程中,我深刻地认识到我能做好哪些服务他人的事。在未来,我们应当更多地去帮忙他人,做更多的志愿服务活动,虽然我做的都是很小又很琐碎的事,但对我来说却意义重大。尽管我只是打扫卫生、为他人指路,可是我的工作却给人们提供了便利。无论以什么方式回馈建设家乡,这都是每一个华夏儿女应担负的责任,愿我们能以最精彩的行动,展现自己生命对于社会的意义。

这一路上,我们认识了许多的朋友,看到了很多,学习了很多。这一路上,欢声笑语、辛苦劳累一路相伴。但是我们坚持不懈、团结协作,我们勤奋努力、永不言弃,我们求真好学、意志坚定。愿下次的活动我仍能在路上。

黄迦勒，男，共青团员，2020 级农学作物遗传育种专业，任北京农学院网络与信息中心学生助理，在"龙头双选会"活动中，参与志愿服务。

科技助农乡村振兴　实况助力河北大地

周小清

　　还记得最初对本专业不甚了解的时候也产生过迷惘。作为农村孩子,见过种瓜得瓜、种豆得豆,也见过瓜熟蒂落、芳香满园,但对于农业生产,却缺乏一定的实际调查,本次社会实践的经历也正弥补了这一缺憾,真正走进乡村,看到农业生产真正的点点滴滴。不仅把理论付诸于实践,也用理论和科技的力量,发挥更好的农业价值。

　　作为农科学子,我深知此路任重而道远。在蔚县特色杏扁的实地考察中,我看到气候和地势的真正主导作用,看到农业发展的真正框架,看到玉米谷物种植的常见病害;通过实地的调查走访,我看到农家生活的现状;通过红色教育,我看到了老党员的勤恳和对少年对未来的希望;通过助力冬奥,我看到太舞小镇的欣欣向荣,感受绘制冬奥宣传手抄报的身体力行;通过两校交流,我看到河北北方学院的田地、食用菌实验室等,感受理论付诸实践的意义;通过参观酒庄,在脑海构思葡萄的一生,静下心来感受这曼妙的过程。

　　本次暑期调研不仅让我了解了当地的农业现状,更让我在很多方面通过切身感受对农业、对园艺有了新的认识和理解,也让我的眼界更加开阔。来到北京农学院大学校园,尝试定位自己适合的生活方式,渐渐找到自己在大学中的方向和奋斗的目标,通过实践,通过河北对我的影响,丰富内心、净化自我,此次社会实践必将是我朝着既定目标努力的关键一步。

　　农业调研长真知。我们来到河北省张家口市深入农村地区,就当地情况展开调研。调查发现该地主要以杂粮种植为主,主要包含谷子、玉米等农产品,辅以番茄、豆角、杏等其他农产品。大部分农户家里青壮年劳动力外出打工,对于粮食和土地主要参与者是家中的老人。

此地属于较为落后的华北温带农业区,地势多平原,因此多年来农业产量低,种植作物较为单一,农业布局较为不合理,问题突出。夏季农作物以谷子、玉米为主,其他作物种植较少,作物收获先保障产出值足够家庭需要。农业形式多要依靠气候和地理环境,天时地利人和缺一不可,对于不可控的气候和地势来说,蓄水力缺乏导致天气影响因素成为关键。当地农民耕地意识淡薄,耕地利用率低,没有合适良好的产业附加值。以前的杏子可以卖到五六元一斤,现在时代变化、经济发展了,杏子的价格竟还稳定在五六元,这对于杏子种植户来讲就大大降低了劳动的积极性,为求生计和更高的生活质量,青壮年多去城市打工,留下的 60 岁以上的老人也满足不了高质量严要求的作物的种植发展,导致现在多数的果树还是"天"在养。

经过考察,老师专家提出的相关建设性意见主要是发展现代农业,现代农业广义上是指农业的现代化耕作、现代化种植。具体来讲就是化零为整,集体化机械化管理,质量的提升可以统一打开销路,让经济引进化,使得青壮年无须离家便能养家,而劳动力的回流更能促进当地农业的发展,如此形成良性循环提高当地的经济发展。此外,发展当地特色产业文化,比如在蔚县发展杏文化,让当地的农业特色形成产业文化,不仅吸引旅游业发展,而且对于农业本身,提高了知名度,以此带动周边地区发展。

感受蔚县的历史文化。蔚县也有着历史文化的遗迹,我们参观了蔚县博物馆,感受到了蔚县的历史文化底蕴。这里美轮美奂的壁画刺绣、巧夺天工的青铜陶器、寒光影闪的勾剑兵器,显示的是历史在这里的积淀,穿越光影,感受历史在这里留下的点点痕迹,感受这里的风土人情也让我们更加了解这个美丽的城市。

北京农学院实践团与河北北方学院实践团同学同行一起调研,两校同学在调研过程中相互学习,共同在调研中学习专业知识,总结经验。同时在林业局王爱的带领下,两校同学参观了当地的南柏山前寺,

了解到了当地人文特色以及历史背景。习近平总书记强调:"让收藏在博物馆里的文物、陈列在广阔大地上的遗产、书写在古籍里的文字都活起来"。而今天,文物不单纯是历史凭吊的遗迹,也更加成为助力脱贫攻坚的宝贵资源。

在工业主题公园进行爱国主义教育。眼前的种种不仅仅是风景,也告诉我们,一个国家绝对不能弱向工业发展。之后的冬奥会公园,使我们看到的是冬奥会的临近,更加坚定我们弘扬中华五千年文化的决心和自信。让世界感受华夏文明,感受中华儿女的热情,让我们伸出热情的双手,迎接未来!在张家口市参观冬奥会场馆,看到张家口市对冬奥会场馆及配套基础设施的建设,了解到场馆建设考虑到了未来产业建设和区域协调发展。借助冬奥会红利,张家口聚焦冰雪运动产业,打造太舞滑雪小镇,致力摸索一条城市产业建设的新路。

感受红色精神的洗礼。实践的最后一站是怀来县存瑞镇,我们来到董存瑞纪念馆,看到的是不屈、坚韧和奉献,弘扬以"奉献"为核心的董存瑞精神。董存瑞在面临解放隆化与个人生死的双重抉择下,毅然选择了牺牲自己,表现出了极强的爱国主义精神。我们丰富的大学生活不正是教会了我们:如何成长为真正有价值的人,活出有价值的色彩吗？

　　调研、学习、工作，种种色彩绘制了我此次丰富精彩的暑期社会实践生活，在此过程中，我不仅学会了很多学术上的知识，更有老师学长同学为我做出的正确实例典范，这也是此次行动我最大的安全感和自信的来源之一，从中我收获的远非呈现在纸上的这些，希望以后仍有机会参与社会实践活动。愿不负韶华，未来可期！

　　周小清，女，中共党员，2019 级园艺专业，任 2019 级园艺一班班长，获北京农学院 2020—2021 年度三等奖学金和优秀共青团员。

农业梦想　青春添翼

徐晓慧

　　如果说人的一生会有不同的经历,从而形成在每个阶段的特殊回忆,那么对于我而言,2021 年是一个极其难忘之年。"中国人民也绝不允许任何外来势力欺负、压迫、奴役我们,谁妄想这样干,必将在 14 亿多中国人民用血肉筑成的钢铁长城面前碰得头破血流!"这是习近平总书记在建党 100 周年庆祝大会上讲到的一段话,大国自信,实力俱在。栉风沐雨开基业,继往开来醉炎黄! 2021 年 3 月,我十分荣幸地成为建党百年献词团成员当中的千分之一,7 月 1 日当天站在这片 44 万米^2 的土地上,何其幸运,能够在这里留下一些足迹,传达声声祝福。当我站在天安门广场的时候,看到飞机划过天空,仪仗队铿锵有力的步伐,听到那响彻广场的歌曲,热泪盈眶,可能那就是刻在骨子里的热情和热爱! 我们是生在红旗下的一代人,红五星闪耀在心中。所有的汗水和努力没有白费,在那一刻是值得铭记的! 生逢盛世,定当不负盛世,这份感动与自豪,将永远珍藏在我心中! 建党之百年,筑吾之青春,有一分热,发一分光,00 后的我们真正地长大了。我更是在这一次的洗礼中逐渐明白自己想要什么,追求的是什么。古人曾言:驾言各勇往,实践乃精思。学校举办的"深耕厚植"助力乡村振兴社会实践活动恰好给了我这样一个实践和提高的机会,我没有任何犹豫地加入到了其中。此次社会实践的地点是河北省张家口市蔚县,在提高自己社会实践能力、开拓视野的同时,也让我学会了对社会上的问题进行思考,产生自己的想法。

　　对于本次的暑期实践活动,我是抱着一种学习的态度而去,蔚县的基层干部们向我们展示了他们的人生价值——学习、敬业、奉献；朴实的农民让我感受到了劳动人民的热情与质朴，以及他们对于农业知识的渴求。在他们身上可供我们学习借鉴的有太多太多，说到我们大学生，虽然有一些书本知识，但是到基层锻炼的机会却是非常少的。基层的条件虽然艰苦，但却是一个可以锻炼人的地方，也是一个能将人的优秀品质充分展现的地方，这也就是"梅花香自苦寒来"的道理，基层需要我们这群有理想有知识的大学生去贡献力量。

2021年7月19—28日，在老师们的带领下，实践团成员途径蔚县北水泉乡、南杨庄乡、柏树乡等乡村和冬奥会的举办地张家口市崇礼区，最后来到怀来县存瑞镇。在这十天的实践中，我不仅认识了新的朋友，也学习到了许多专业知识。实践团师生对当地主要作物杏、玉米、谷子等进行调研了解到：当地主要种植的作物为仁用杏，且多为"龙王帽"杏扁品种，但由于春季冻害和雨季降水量大，且有冰雹极端天气，导致杏扁的产量与质量大大降低，无法卖出好价格。在老师的带领下，我们与当地杏扁种植专业合作社座谈交流，了解需求并提出合理改良建议。给我印象最深刻的是到村子做调研时，淳朴且热情的村民们给予我的动力。其实，在调研的过程中，我多次强烈地感受到农民伯伯们的无奈，综合历史因素、地理环境、发展潜力等多种因素，很多年轻人选择外出打工，留在这里的大多数是上了岁数的爷爷奶奶，大多种植玉米以及谷子这类不用过多管理的作物。由于成本与收入的问题，这里很少有机械化生产，依靠的只能是人工种植和收获。这里的很多村民表示，尽管在收入上还不是很多，但真真切切地感受到了政府对于脱贫致富方面的大力支持，尤其是在农村专项扶贫资金和医疗保障上。在祁家皂村探访两位荣获"光荣在党50年"纪念章的老党员，两位老人都曾在各自的岗位做出过贡献。在交谈中，我认真聆听了他们在中华人民共和国成立初期的奋斗历史，感受到了党的领导力量。我们临走前，两位老人还嘱咐道："一定要尽快入党，为社会为国家做贡献，要孝敬长辈，好好学习，做一个对国家有用的人"。身为新一代的大学生，我会不负重托，努力学习专业知识，真真正正融入"三农"的热土中，踏踏实实扎根基层。

在这一次的社会实践中,我的收获有完成的喜悦、宝贵的经验,也有难忘的记忆。"纸上得来终觉浅,绝知此事要躬行",社会实践让我更直观地接触社会、了解社会。通过社会实践检验真知,更加全面地认识问题。大学生具有更多的自主性,具备较强的自学能力与实践能力,充分发挥主观能动性,在实践中运用所学,亲身经历,积极思考,服务社会,同时也培养了我的社会沟通能力、交往能力与创新能力。乡村振兴战略是党的十九大的重大决策部署,是决战全面建成小康社会、全面建设社会主义现代化国家的重大历史任务,是新时代"三农"工作的总抓手。接下来,我会以先进的思想作为自己行动的指南,在实践中学习与成长,从而更好地为中国的农业农村农民发展服务!

徐晓慧,女,中共党员,2019级园艺专业,任2019级园艺一班宣传委员,北京农学院植物科学技术学院学生会副主席,获北京农学院2020—2021年度优秀学生干部。

大河之北方　实践在路上

杨系掾

本次社会实践目的:一是了解现实农业发展趋势,掌握基本的工作方法,为以后进入社会创造有利条件。二是增强自身责任感,确立自己正确的人生志向,把自己所学的专业与社会接轨。

我的父母来自农村,我的童年就是在农村度过,对于农村我有特殊的感情。农业调查符合我的实际状况,符合我的专业知识和技能,暑假利用这个机会可以让我更好地了解家乡、服务家乡、建设我的家乡,共同筑建美丽的中国梦。

我认为社会实践是一个提高自身修养的大好机会,能够把握这短暂的时间做社会实践这样有意义的事情,是一种快乐。迈进21世纪的大门,作为中国当代青年,特别是青年大学生,是我们祖国的未来和民族的希望。我们必须坚持马克思主义指导思想,在马克思主义指导下阔步前进,肩负起历史赋予的重任,做一个合格的大学生。充分发挥自己的才能,壮大我们的国家,服务我们的人民和民族。社会实践不仅带给了我思考的新方法和新思路,而是带给了我更多的感悟和成长。

此行我们来到了河北省张家口市蔚县,深入农村地区,就当地农业情况展开调研。在此过程中,我发现并总结了张家口地区农业农村现状:①该地以杂粮种植为主,主要包含小米、玉米等农产品,其中辅以番茄、豆角、杏等其他农产品。②该地农业属于较为落后的华北温带农业区,多年来,农业产量低,种植作物较为单一,农业布局较不合理问题突出。夏季农作物以小米、玉米为主,其他作物种植较少,种植单一现象严重。③耕地意识淡薄,耕地利用率低,没有收到良好的产业附加值。

经过调研、思考和查阅资料,我认为,要解决以上问题,建议做到以下两点:①形成良好的种植结构,增加农产品的附加值。农业本是一个较为基础的产业,农业产品直接出售到市场中,产品的附加值低。因此,应该在农业深加工上下功夫。与此同时,当地农业人口较少,外出务工的现象比较严重。开办企业(以农副产品为主的企业)较为方便,这样不仅有利于农业外出人口的回流,更是直接增加了当地人口的就业渠道,发展了当地的经济。这些企业可以错位发展,例如开办小企业,可以先确定农产品收购由哪一家公司进行,加工由哪一家公司进行,最后投入市场的公司企业负责什么,这样不仅分工明确,而且市场掌握在自己手中,能够赢得企业发展的一席之地。②树立现代农业观念。现代农业广义上是指农业的现代化耕作、现代化种植。最重要的是现代化的种植观念,为了推广现代农业,许多地方采取了相应的措施,蔚县也可以学习其他地方的经验,经常性地开展农业技术讲座、农业知识指导等,这样不仅有利于增加农民的科学种植经验,而且有利于农业的长足发展。

我们在参观蔚县博物馆时,感受到了蔚县的历史文化底蕴。在博物馆中,我们仿佛置身于历史长河,感受时间如泥沙从指尖滑出。美轮美奂的壁画刺绣,巧夺天工的青铜陶器,寒光影闪的勾剑兵器……阳光依旧在,我们穿越光影,沿着历史的足迹继续前行,建设美丽乡村,走向美好明天!

我们在老党员家中慰问时,听老党员讲故事,传承鲜红革命精神,我们小组在老人身上看到了中国共产党为人民服务的坚定不移的精神。不忘初心,牢记使命,我们必将把精神传承下去。

我们在张家口崇礼区参观冬奥会赛区时,我想,即将举办的冬奥会对张家口来说是一次发展机遇。我看见了张家口市对冬奥会场馆及配套基础设施的建设,了解了当地政府对未来产业建设和区域协调发展,借助冬奥会张家口聚焦冰雪运动产业,打造太舞滑雪小镇,致力摸索一条城市产业建设的新路。

我们在参观董存瑞纪念馆时,通过一件件史实、一个个故事、一张张图片,再一次重温了革命先烈英勇奋斗的光辉岁月,感受到峥嵘岁月里革命先烈的坚定信仰,更加深刻理解了什么是初心和使命,更加深切感受到党的伟大奋斗历程的艰辛与不易。

经过十天的社会实践,让我从中领悟到了很多的东西,比如在实践中不断学习、不断积累,实践团成员间的互帮互助、团结协作,而这些东西将让我终生受用。对于大学生而言,敢于接受挑战是一种最基本的素质。虽然十天的实践活动让我觉得很累很辛苦,但我从中锻炼了自己,这些是我在大学课本上不能学到的。它让我明白什么是工作,让我懂得了要将理论与实际结合在一起,让我知道了自己是否拥有好的交流技能和理解沟通能力。而交流和理解将会是任何工作的基础,好的沟通将会事半功倍。

"纸上得来终觉浅,绝知此事要躬行",这是我的实践感受。社会实践使我找到了理论与实践的结合点。"艰辛知人生,实践长才干",尤其是我们学生,只重视理论学习,忽视实践环节,往往在实际工作岗位上发挥得不是很理想。通过实践所学的专业理论知识得到巩固和提高,就是紧密结合自身专业特色,在实践中检验自己的知识和水平。通过实践,原来理论上模糊和印象不深的知识得到了巩固,原先理论上欠缺的知识在实践环节中得到补偿,加深了对基本原理的理解和消化。

经历一切的一切,无不在拓展我的眼界,丰富我的经验。我看见了河北源远流长的农业文化,看见了河北时光剪影的历史故事,看见了先辈们鲜血染红的飘扬红旗。我在历史长河凝望,终是发现了理想,理想是我们永远要坚持的格调。社会实践是我们大学生充分利用暑期时间,以各种方式深入社会展开形式多样的各种实践活动。积极地参加社会实践活动,能够促进我们对社会的了解,提高自身对经济和社会发展现状的了解,提高自身对经济和社会发展现状的认识,实现理论知识和实践的更好结合,帮助我们树立正确的世界观、人生观、价值观。大学生社会实践活动是推进素质教育的重要环节,是适应 21 世纪社会发展的要求,培养发展型人才的需要,是加强集体主义、社会主义教育,升华思想的有效途径。积极地投入社会实践,深入农村、农业、农民,了解社会,是我们成长成才的正确道路,是增强大学生运用所学知识和技能,发挥自己的聪明才干,为社会贡献的重要途径。

最后,真的非常感谢每位关心与帮助我的人,感谢大家一直为我带来许多的快乐。感激之情真的无法用言语来表达。在社会实践的整个过程当中,每一分每一秒都是值得回味的,每一分每一秒所发生的事情都值得我珍藏在记忆的盒子里,在将来的某一天拿出来,必定仍然发出耀眼的光芒。十天的实践,每天都带给我不同的感受,带给我不同的感动与感悟。我们应大力弘扬奉献精神,在服务他人的同时,自己也收获快乐!

杨系掾,男,共青团员,2020 级园艺专业,任北京农学院植物科学技术学院学生会办公室主任,获北京农学院 2021—2022 年度二等奖学金,2021 年庆祝中国共产党成立 100 周年北京市天安门广场庆祝活动中合唱团突出业绩表彰。

美丽乡村　青春冀行

由书宁

　　白驹过隙,时光匆匆。转眼已经在北京农学院生活 3 年了,我从大学一年级的学生成为中国青年志愿者协会的干事,到大学二年级在学院团委实践部工作,再到大学三年级继续在学院团学主席团任职,我对于植物科学技术学院 2016 年到 2020 年的河北丰宁社会实践和 2018 年新疆社会实践活动有着充分地认识和了解,在往年的实践资料里看到了学姐学长们的实践前期准备,下地学习农作物生长特性,到小学支教,参观烈士陵园,采访退伍老兵。其中虽有困难,但服务"三农",振兴乡村,青年更显义不容辞。在这些朴素真挚的书面材料里,仿佛是亲临现场,我便一直对社会实践抱有拳拳之心。喜迎 2022 年冬奥赛事,2021 年学院暑期社会实践活动如期在张家口市蔚县开展。

　　农为邦本,本固邦宁,农业的地位对于一个大国来说是重中之重,手中有粮、心中不慌,在任何时候都是真理。我们到达蔚县西合营镇南杨庄乡、黄梅乡、代王城镇、南岭庄乡进行农技学习,当地主要以杏扁产业作为种植产业,但是由于自然气候影响,冻害严重,十年七冻成为常态,杏扁的产量降低和品质下降,使得杏扁出售价格降低,农民积极性越发不如从前,越来越多的年轻劳动力选择外出打工,村子中耄耋老人居多。在南柏山前寺,了解了当地的文化特色,但是当地缺乏对文化特色的利用和宣传,并不能成为一个对外的博物展览馆。印象最为深刻的还是在当地的瑞福祥杏扁种植基地参观了手工处理及加工制作杏干、杏核的过程,从杏核的开口、分拣,到真正看到机器的时候还是大为震惊。以前不在意这些,只是在市场上直接购买,经过实地参观学习,

"民以食为天"从种植、生产到加工,每一个步骤都充满了匠人精神、智慧创造。在果树专业老师董清华和王建文的指导下,我校与河北北方学院师生共同思考蔚县将来的杏扁产业发展。反观现在售卖行情,当地农民却无所获益,不禁让我们共同反思,如何去寻求一种经济种植、收获大、宣传广、农民积极性高的杏扁农业经济发展模式?这是我们目前思考的问题。

在柏树乡,农学专业老师王维香和当地瑞生公司的董事长关于玉米种植问题进行重点交流。玉米是禾本科玉蜀黍属植物,是雌雄同花植株。由于当地早晚温差大,白天干燥,病虫害少,玉米管理简便。在南杨庄乡谷黍试验田,当地种植了十几万亩作物,在生产方面必须经过严格的加工过程,故当地在试验田进行了谷子的品种筛选试验,共3个试点,每个试点20亩田地、15个品种,采用穴播的方式对其进行培育。其地处北部高原小杂粮产区,气候适宜,为其品种筛选实验创造了天然的良好条件,故当地为中国农业科学院的试验地之一,且其筛选条件包括3个重要指标:胶稠度、直链淀粉含量、维生素含量。

在代王城镇学习了番茄、芸豆、豆角、葡萄的种植方法。"千禧一号"番茄品种,病虫害少、口感佳、产量高。每棚近2000株,在蔬菜专业老师王绍辉的指导下,学生们和种植户学习了侧枝打杈和去顶的操作。豆角的生长和大棚温度、空气湿度密切相关,温度过高根系容易腐烂。当地葡萄种植"夏黑"品种,采用极短式枝条修剪技术以及嫁接苗的方式,保证其结果率和甜度。采用土墙洼地保温,使得大棚水平地面低于地面水平面,便于储存雨水,建造特点类似窑洞,能达到冬暖夏凉的效果。在迦南酒业葡萄种植基地,我们看到了用于葡萄酒生产的葡萄嫁接品种,并且亲自体验了与学校园艺生态学课程不同的机器嫁接,几秒就可以制作一个接好的枝条,并且契合完整,不会松动,极大地提高了苗木的成活率。

在蔚县参观了当地的革命烈士纪念馆。我们要学习革命先辈坚定理想信念、对党的事业无比忠诚的革命精神,社会主义江山来之不易,靠的是无数革命先烈坚定共产主义理想信念,靠的是无数革命先烈对党的事业无比忠诚,靠的是无数革命先烈不怕流血牺牲,敢于夺取胜利。我们要像革命先辈那样,对党的事业无比忠诚,在实践中把这一坚定的理想和信念落实到我们的行动中,落实到我们的岗位上,脚踏实地地把建设中国特色社会主义伟大事业不断推向前进,确保革命先辈用鲜血和生命打下的社会主义江山千秋万代、永不变色。"光荣烈士永垂不朽",革命烈士虽死犹荣,名垂千古!

在入户调研过程中,我们得知有一位退伍老党员居住于此,指导老师牛奔和郝娜带领实践团成员看望了这位老党员。50年党龄的他,满怀热血,满怀对党和国家的感情,成为拥护国家脱贫工作的一员。壮士暮年,老党员本身就是一段历史,热血冲刷了岁月的痕迹,他们不朽的红色精神将被永远地传承下去。

昨日苦难,今日奋斗,明日辉煌,未来的美好富裕的新农村正在这片乡风浓浓的土地生长,静待盛放。乡村振兴的道路任重而道远,唯有坚持和奋进才能抵达,助力国家、助力地区、助力乡村,北京农学院植物科学技术学院在不断前行。一路走来,我们遇见了无数张陌生的面孔,遇见了各种奇闻趣事,总有那么一些人、一些事,成为我们人生中一道美丽的风景。感谢遇见,感谢你们!

　　由书宁,女,中共党员,2019 级园艺专业,任 2021 级年级副组长,北京农学院植物科学技术学院团委秘书长及团委实践部部长,获北京农学院 2020—2021 年度优秀团干部,2021 年 5 月在"森途杯"大赛 2021——职面未来,创响青春活动中获得优秀奖。

以梦为马　全力以赴

张鹭飞

2021年7月28日,历经10天的河北省张家口市蔚县社会实践活动圆满结束,时间转瞬即逝,心中感慨万千。

还记得在出发前的一周,作为团队的负责人之一,我带领团队成员一直忙碌本次实践的准备工作。出行策划一次次地修改,不断地调整,还有团队同学的分工合作、任务安排等,虽然工作量很大,但是心中充满的是对这次实践的期待。现在想对所有为实践团队付出的老师、学长学姐、同学们说一声:"你们辛苦了!"

还记得2020年的河北省承德市丰宁满族自治县实践活动,由于疫情的原因由线下改到了线上,当时我作为团队成员之一,并没有太多对于丰宁实践的记忆,也不了解之前几年的丰宁实践到底是一个怎样的存在。直到今年,探索、积累、发现、开拓成为2021年实践的核心词。实践团调研的目的是为了探索河北省蔚县的作物种植情况以及村庄的发展情况。我想,情系"三农",是我本次实践最大的感受。

来到蔚县,才发现风景如画一词形容蔚县是那么的合适,蔚县的景色只可用"震撼"二字形容,一望无际的田野,绵延的山脉,绿油油的树木在蓝天的映衬下格外美丽。云彩也成为蔚县的景色,清晨,白云常来做客,它在窗外徘徊,伸手可取,外出散步,便可以踏着云朵走来走去。傍晚,夕阳西下,落日的余晖照映着白云,为它刷上了一抹红晕,它是那样的温柔可爱。

作为新时代农科学子,我有着对于农学专业的探索、好奇和热爱。来到蔚县后,在专业老师的指导下,在田间地头不断学习、不断探索、不

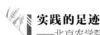

断实践。我想对于农科学子，最好的教育方式就是下到田地里，多实践、多积累、多动手。有时候课本里面晦涩的专业知识也许只需要实地看看，亲手操作，便能牢牢记住。实践的一路上，看到了很多对农业充满热爱的人，他们坚守在各自的岗位，用自己的专业知识为中国农业做贡献。他们看起来是那么的平凡，但是他们对农业的解读，对农学的认知却又把他们衬托得那样的非凡。长年累月的知识沉淀使他们对农业的认识逐渐加深，农业是他们的本，务农是他们的本，农业已经和他们融为一体，他们脱口而出的专业知识是我敬仰的，那种流利程度是我所惊讶的。这告诫着我，不单单要学习课本上的专业知识，更要好好利用专业知识实地考察、实地调研，正所谓实践是检验真理的唯一标准。

通过这次实践，我发现现在农业发展是需要多方面共同推进的。现在农户的专业知识水平不高，对于作物的培养种植条件还是不够了解，甚至有些地方可以说是盲目地种植，导致其个别作物产量以及质量大大下降，再加上当地天气的影响，冰雹、冻害导致了当地作物整体收成都不太好。实践团中的专业老师在对其进行技术指导的时候，强调了很多的关键性技术点，指出了当地的农户在种植过程中出现的技术错误。这说明在种植过程中，当地农户主要还是靠着祖辈种植的经验来，并不重视理论知识，所以我辈在以后的学习中，要尽所能将中国的种植带向科技化，带向数据化，带向可视化。农业，不再是以前的面朝黄土背朝天，不能仅停留在依靠人工的阶段，而是要做到逐渐脱离劳动力，减轻农民的负担。我们不能做徒有虚名的大学生，而是要到农村去，真正带动当地农户进行种植改革，从根本上改变现在农作物的种植模式。而且现在农村和城市还是有明显脱节的现象，大多数农户在对如何建设更高效、更具收益的农田上是没有认知的，很少会选择他们从未接触过的领域，不愿意相信自己不熟悉的东西，但是这恰恰就是农村与城市脱节的原因之一，所以我们大学生要坚定信念，突破知识的隔阂，打破无知的屏障，让科技迈进农业领域。

作为团队负责人之一，这次实践活动使我有很大的个人提升，以前从未负责过团队出行，不得不说很辛苦，但我很感激这次机会。这次主题是乡村振兴,顾名思义,是要用我们大学生的热血感染乡村、助力乡村,让乡村变为更贴合现代社会的新型乡村。我带着实践、探索、发现的一双眼睛来到了蔚县,并没有想到蔚县会给我带来这么多的感悟。社会实践对于我来说真正意义是激励我在农科学习上有更大突破,并拥有更创新的想法、更长远的眼光。课本上的专业知识其实是一个跳板,拥有最基本的知识储备,是助力我以后发展的最好的平台,打好基础,定好目标,便能一跃而起。学习,是学生的本职工作,在这几年读书的时间里,我要利用好每一分每一秒,把握住自己关键的时期,不要浪费自己的时间,希望在将来我可以对我的学习生活说一声:我不后悔。但是学习也不能仅限于课本,要打破隔阂突出重围,拿实践来说,我们优化了原有的种植手册,对其老旧的技术指导进行了更新,换成了新型种植技术,进行现场技术指导,详细地教农户如何更好地种植,如何科学地、高效地种植。实践团将继续与蔚县合作,将不同品种的作物拿到蔚县进行试种、品种筛选,找出最适合蔚县光照、温度、湿度的优良作物品种,以取得更大经济效益,让当地农民的生活越来越好。

2021年"科技助力农业,创新推动发展"北京农学院植物科学技术学院学子为乡村振兴献力暑期社会实践团走进农村、感受农业、亲近农民,为乡村振兴助力献智。在实践中受教育、长才干、做贡献,乡村振兴永远在路上,将继续引领青年学生在实践中培育和践行社会主义核心价值观,激励农科学子刻苦学习、服务社会、奋发成才。以支农报国之情,行勤学力行、知行合一之事,把所学所悟转化成实实在在的社会价值和经济价值。用热血灌溉、用丹心滋养这方土地,为助力京津冀乡村振兴添砖加瓦!在广袤的大地上播撒下一颗颗希望的种子,相信不久的将来,在这片希望的田野上,在你我的接续奋斗中,将收获一幅幅活力四射、和谐有序、美丽富饶的田园图景,乡村振兴的美好愿景终将实现,江河秀丽、人民幸福、民族复兴的宏伟蓝图必将实现。

这次的实践有太多太多的回忆,有欢声笑语,也有重重阻碍,但是我辈对于农科的坚定信念没有变,对于农业的渴求之心也没有变,昼是碧海蓝天,夜为璀璨星河。2021年中国共产党是建党100周年,是特殊的一年,我一定会坚定学农爱农、强农兴农的决心,把对祖国的热爱转化为学习的动力,毕业后在服务"三农"的岗位上发光发热。

张鹭飞,女,中共党员,2019级农学专业,任2019级农学一班班长,北京农学院植物科学技术学院团委副书记,获北京农学院2019—2020年度二等奖学金,北京农学院2021—2022年度二等奖学金,2021年度首都大中专学生暑期社会实践优秀团队成员,2021年庆祝中国共产党成立100周年北京市天安门广场庆祝活动中合唱团突出业绩表彰。

实践出真知　磨炼长才干

张玉秀

为了响应学校的号召,也为了锻炼自己,提高自己的社会实践潜力,为将来的就业打好基础,我跟随学院 2021 年暑期社会实践团进行了为期 10 天的实践锻炼活动,我的具体工作主要是乡村调研、问卷统计、列席部分会议和协助负责人开展各项活动。

实践出真知,磨炼长才干。乡村振兴发展战略,必须以问题为导向,找出乡村发展的差距所在,补齐短板,才能不断缩小城乡差距,逐个问题逐个环节地解决农村发展不平衡、不充分的矛盾。

在 10 天的社会实践活动中,实践团师生走访了河北省张家口市蔚县的多个乡村。经过对村民及村委会的问卷调研了解到,改革开放 40 年以来,村上发生了巨大变化,尤其是党的十八大以来中央实行的各项惠农政策,给农民带来了实实在在的利益,村民普遍反映党的政策好、得民心。许多村民反映,近年来,村上基础设施得到了改善,居住环境有所提升,农村人心整体稳定。但是对比省城及其他一二线城市的农村,还有较大差距:①乡村人力资源缺乏。一是村庄大多是"3860"型劳动力,即以妇女和 60 岁以上老人为主要劳动力,存在劳动力老化、弱化、退化的现象。二是村庄知识型储备人才不足,村民文化程度普遍不高,且大多有文化、懂技术、会经商的劳动力倾向于外出打工,导致人才外流。②收入渠道少且工资低。主要经济来源于外出务工的青壮年,大部分从事技术含量低、劳动强度大的工作,少部分来源于务农,有的将地外包给大户。主要种植作物有玉米、谷子,特色作物有杏扁。③农户田间管理差,技术水平低。由于文化低、不以种地为主要收入、土地过多无法精细化管理等多因素导致。只有部分几个乡机械化普及率较高。④种地受气候影响大。河北蔚县地区由于海拔高、河流少、地下水稀缺等因素,灌溉方式以雨水为主,受天气影响严重,尤其冻害、冰雹危害严重。但也是由于当地的气候、昼夜温差大等因素,受虫害危害少、得病率低、产品质量好。

"纸上得来终觉浅,绝知此事要躬行"。社会实践调查使我们找到了理论与实践的最佳结合点。尤其是我们农科学子,只重视理论学习,忽视实践环节,往往在实际工作岗位上发挥得不是很理想。通过实践,能够使所学的专业理论知识得到巩固和提高,就是紧密结合自身专业特色,在实践中检验自己的知识和水平。通过实践,原来理论上模糊和印象不深的内容得到了巩固,原先理论上欠缺的知识在实践环节中得到了补充,加深了对基本原理的理解和消化。这次的社会实践调查活动使我学到了许多东西,但也发现我还有许多不足的地方,因此,我会在以后的学习中更加努力,朝着自己的目标不断奋进。

精心选良种,"优一"寻根源。参观了蔚县谷子实验田,通过调研得知当地共种植了 15 万~20 万亩作物,其中谷子作为蔚县的主粮,在生产方面必须经过严格的筛选加工过程,故当地在实验田进行了谷子的品种筛选实验,共 3 个试点,每个试点 20 亩田地、15 个品种,采用穴播的方式对其进行培育,最终在其中不断优中选优,以寻求高产、高质量、抗倒伏的优质品种。正如袁隆平老先生所说"高产更高产是农业工作者永恒的追求。"仁用杏"优一"母树所在地长宁乡安庄,位于小五台山脚下。在剪刀书记——李书记的努力下,"优一"从不知名的杏树品种,自 1981 年发现开始一步一步地进行改良培育,推展外贸,成为代表蔚县的重要杏扁品种。也因其粒大皮薄、出仁率高的优异品质,在当地广为种植。但发展到现在又出现了人力缺乏、管理粗放、价格不合理、病害多等问题。

在此,我们了解到当地村民、村委对当地农业发展推动所做的努力,以先富带动后富,寻求多元化特色农产品为卖点带动村民一起富,让我们看到村民的智慧和国家政策实地实施的展现,极大地开阔了我们的眼界。

农产精加工，大棚提效益。在调研间隙，我们还参观了几座农产品的加工工厂。在杏加工厂，了解了鲜食杏和仁用杏的加工流程，杏肉可以晾晒加工成杏干，杏仁可以经过晾晒、筛选、开口等工序加工成杏仁食品，再通过实体店和网商店铺进行销售。在谷粟的加工厂，了解了谷子的加工流程。谷子在机器里经脱皮、抛光、色选等流程，层层筛选，被加工成我们可以食用的小米。这使我了解到了我们在书本上学不到的工业化流程和从农产品到人们餐桌上的食物背后的故事。

调研了几座大棚蔬菜的种植管理，有番茄、芸豆、辣椒、葡萄等作物。当地农户的大棚种植技术有些不足。对于番茄"千禧一号"品种，每棚1800株，属密集型种植，产量高、收益快，但由于当地农户对植物生理状况不了解，整个植株侧枝生长过盛，出现果实营养分配不均衡的情况。对于芸豆则发现其茎部烧伤使植株死亡的现象。在蔬菜专业老师王绍辉的讲解下，明白了是由于夏季铺地膜使得土地高温，并且在茎部埋土丘使其更加加温，最终植株承受不住，导致植物死亡。在实践中，我发现原来有些在我们看来很基础的问题，会使农民非常困扰，甚至导致两个大棚的人力物力损失，深刻感受到了知识的重要性。

默哀祭奠，重温历史。参观了烈士陵园，缅怀了烈士的英雄事迹，每了解一段革命故事，无不感到当今幸福生活来之不易，每瞻仰一座烈士丰碑，无不被先烈们崇高的革命信仰所感动，心中的民族荣誉感油然而生。当天，在绵绵细雨中，在烈士墓碑前，全体同学肃立默哀并献花缅怀，党员代表向革命烈士纪念碑敬献花篮，向革命烈士表达崇高敬意和深切悼念。

我们生活在和平年代，不能像战争年代牺牲的烈士一样为了光荣的革命事业而牺牲，但我们作为大学生同样可以体现自己的价值。我们要向那些烈士学习，时刻准备为国家为人民牺牲一切，把人民利益看得高于一切。

不忘初心，牢记使命。在实践中，我们拜访了一位有着50年党龄的老村支书，据悉这位老党员一生勤俭节约，把毕生心血献给了村子的建设,现在虽孤寡一人,行动不便,但依然自力更生,事事亲为。村主任说,就在前两天,老书记拿着3000元来到了村委会说道:"这笔钱是我死后要交的党费"。这句话有力地敲击着我们每个人的心,这是一位老党员的初心和决心,鼓舞着我们要时刻不忘初心,牢记使命,践行属于青年人的社会责任与担当,为实现中华民族伟大复兴的中国梦发挥出我们最大的价值!

社会实践锻炼了我们,也培养了我们,通过社会实践这样一种形式,使我们在各方面都得到了茁壮成长。同时,社会实践也成就了我们,社会实践已成为我们大学生展现自我的一个舞台,在这样的一个舞台上,我们可以尽情地展现我们青春的姿态和敏捷的才思。社会实践是一个窗口,通过这个窗口,帮助我们大学生认识了社会,了解了"三农",终有一天我们将真真正正地在社会这个大舞台上展现我们的抱负和智慧。

社会实践就这样接近尾声了,我们虽然有很多不舍,但是我们都很开心有这么一段难忘经历。在这段经历中,我们在成长,我们学会了耐心,学会了包容,学会了很多在课本上体验不到的东西。

　　张玉秀,女,共青团员,2019 级园艺专业,获北京农学院 2019—2020 年度二等奖学金,2020—2021 年度二等奖学金,2021—2022 年度三等奖学金,2019 年中国北京世界园艺博览会志愿服务活动优秀服务奖。

时代召唤 责任在肩 砥砺前行

侯钰颖

"乡村稼穑情·振兴中国梦",那个暑假,一个社会实践的通知给我的假期增添了一抹不一样的色彩。回想起来,感谢自己当时的勇敢和坚持,我有幸成为其中一员,有机会能够走出课堂,走出校园,走向社会,走进田野,了解专业知识、农业发展以及乡村现状,并在其中丰富自我,充实自我。

暑期社会实践是大学生充分利用暑期的时间以各种方式深入社会之中展开形式多样的各种实践活动。积极地参加社会实践活动,能够促进我们对社会的了解,提高自身对农业和社会发展现状的认识,实现书本知识和实践知识更好地结合。

通过社会实践,一方面,我们为社会做出了自己的贡献;另一方面,也锻炼了我们各方面的能力,让我们在实践中成长。但在实践过程中,我们也表现出了经验不足、处理问题不够成熟、不知如何开口去进行调研、理论知识与实际结合不够紧密等问题。我们回到学校后应努力掌握更多的知识,并不断深入到实践中检验自己的知识,锻炼自己的能力,为今后更好地服务社会打下坚实的基础。

在北京农学院植物科学技术学院聚力乡村振兴暑期社会实践活动中,我受益良多。实践期间,我们到访了河北省张家口市蔚县。我是调研组的成员,主要工作是走进农户家,通过问卷的形式了解农户家庭的作物种植及各方面的基本情况,然后汇总数据。第一天由于经验不足,我们在和农户交流时显得有些不知所措,询问问题没有逻辑性。但是随着走访的农户数越来越多,慢慢地,我们变得熟练且善谈,效率也越来越高,村民的热情淳朴也使我们觉得非常亲切。

通过调研,我们了解到丰宁地区的主要作物是玉米,而且靠天吃饭,没有灌溉设施,玉米的产量也受天气、自然灾害等影响。由于当地发展较落后,为了谋求更好的生活,年轻人都选择在外打拼,所以留在村子里的大部分是老人。在这里,年迈的老人仍去地里劳作是常见的事,因为儿女在外地打工,他们自己的生活很紧张,没办法再拿出更多的钱去赡养老人,老人就会去种地贴补家用,也减轻儿女的负担。因为老人年事已高,他们的身体不能种很多的地,而年轻人又在外务工,导致农村劳动力短缺;且种地费时费力,收成又不好,玉米的收购价格低,导致村民的种地积极性很低。许多耕地闲置,缺乏人才和劳动力等新鲜血液的注入,当地的发展也就很缓慢。

由于土地闲置,土地流转现象较为普遍。一亩地村民如果自己种,从播种、翻地、买种子、化肥和农药等都需要资金,平时需要管理,最终收成也不一定好,卖粮食的钱和地的租金差不多,甚至有可能还没租金多,所以大家大多愿意把地租给别人,这样既没有什么损失,还可以在平时种地的几个月时间间出去打零工挣钱。为了生计,这里的人不得不离开双亲,农业技术落后和人才匮乏,导致农业发展受阻。"三农"问题在中国社会主义现代化建设时期是重中之重,想要乡村振兴,就离不开农业现代化,离不开人才和技术。希望未来,政府能够多出台人才引进及扶持政策,加大保障力度,给予农民保障和信心;作为农科学子的我们,应学有所用,脚踏实地,担起解决"三农"问题的社会历史责任,提供更多科技成果及更好的科技服务,助力科技兴农,推动乡村振兴取得新进展、让农业农村现代化迈出新步伐。

同时,很多农民思想守旧、不愿改变也是亟待解决的一个问题。当前农民的贫困不仅仅是经济上的贫困,更主要的是思想上的贫困。思想观念的滞后,使他们远不能适应市场经济体制下农村形势的需要,这制约了当地的经济发展和社会进步。对于大学生自身来说,要加强专业知识的学习,丰富自我的同时为投身新农村建设做好准备。要对"三农"问题多加关注,努力提升自己的思想道德素质,树立正确的世界观、人生观、价值观,培养自己的社会责任感;要转变自己的"享乐主义",加强身体素质的培养,要有吃苦耐劳的精神和坚强的心理素质;要注重实践与理论的结合,不要"纸上谈兵",要发扬实事求是的精神。

实践过半,我们前往杨木栅子乡中心小学进行了一天的支教。在那里,我们一起种菜、一起游戏,给当地学生做农业知识科普,他们认真而又专注地听讲。我仿佛看到了乡村振兴未来的希望,我相信通过努力,在不远的将来,他们一定会有所成就,成为新时代有担当、有作为的好青年!下午实践团成员和学生们在室外绘制了一幅梦想的"蓝图",孩子们用彩笔画出了自己的梦想,画出了渴望的未来。希望他们能努力学习,不忘初心,争取将来做国之栋梁。

此外,在实践过程中,我发现了自己实践知识的匮乏,也学到了许多课本上没有的知识。学校的专业教师都会去和当地的农户交流,提出他们在种植方面存在的问题,会给他们提出改良的中肯建议,并给我们介绍作物的有关知识,我们不懂的问题,无论是种植技术,还是病虫害防治方法,老师都会耐心地给我们解答,我们受益匪浅。"纸上得来终觉浅,绝知此事要躬行",乡村振兴不是说说而已,需要我们每一个人付诸努力,亲身践行。

我们实践所得离不开每一位实践团成员的努力,大家分工明确,各司其职,才能把工作圆满并出色地完成。通过走访调研,填写问卷,我们看到了农村发展的现状,了解了现在的农村还存在着许多问题,如农民种地积极性不高、不愿意改变现状、不想扩大种植规模、种地买种子时盲目跟风缺乏主见等问题。这些问题都亟待解决,解决了这些问题,农民才能更好地生活。

作为农科学子的我们,则更加明白了自己肩上的重任,时代在召唤,责任扛在肩。我们应不断充实自己,完善自己,抓住"三农"问题所提供给我们的人生机遇。毛主席曾说:"农村是一个广阔的天地,在那里是大有可为的。"一方面,农村、农业迫切需要有现代知识的青年,用高新技术改造传统农村和农业,提高农村、农业的科技水平,提升农产品的科技含量,提升农村、农业的管理水平。另一方面,大学生就业难长期困扰着国家，其主要原因还是绝大部分大学毕业生宁愿待在城市做一些不能让他们发挥潜能的事情也不愿到环境待遇不是太理想但可以让他们学以致用实现人生价值的农村。我们要转变就业观念——到农村去，到祖国最需要的地方去！不论是学习农业还是工业，学习理工还是人文，什么专业在农村都大有用武之地，这是历史给我们的发展机遇。我们还要担当起早日实现"中华民族伟大复兴"、早日实现社会主义现代化的历史责任。每一个历史时期都会有每一个历史时期的重大社会责任，需要有责任心的年轻人去担当，现在"三农"问题的历史责任需要我们现代大学生去担当。

乡村社会实践是当代农科学子将所学运用于实践的绝佳方式，以农科专业知识为基础，以乡村实践为载体，推动大学生了解乡村、服务乡村。我们应以知农爱农、强农兴农为己任，发扬脚踏实地、艰苦奋斗的精神，以脚步丈量土地，把论文写在祖国大地上，厚植"三农"情怀，在广袤田野里书写新担当，在祖国大地上书写青春华章！

　　侯钰颖,女,中共党员,2017 级园艺专业,任 2017 级园艺一班班长、北京农学院植物科学技术学院研会新闻部部长、北京农学院定向社后勤部部长,获 2019—2020 年度国家奖学金,北京市三好学生,2021 年北京市优秀毕业生,北京农学院 2017—2018 年度优秀学生干部。后考入北京农学院农艺与种业专业继续深造。

学农爱农　躬行实践

张兆恒

　　这是我研究生生涯的最后一个暑假,两年的研究生生活,我学到了新知识,也接触到以前从未想到过的新事物。实践是检验真理的唯一标准,研究生期间的学习生活向我打开了生命科学的大门,但我所做的大部分工作局限于实验室环境。作物,大自然的神奇造物,想要发掘其中奥秘,就要回归自然。现在有一次很好的机会:北京农学院植物科学技术学院党总支副书记牛奔、园艺系副教授黄煌、农学系副教授王维香、团委书记郝娜带领植物科学技术学院"杏花春玉"助力乡村振兴实践团深入河北省张家口市蔚县继续开展乡村振兴实践活动,我有幸作为实践团一员参与了此次实践活动。经此一行,受益匪浅,现将此次实践活动的经历、感悟记录下来,是给自己的总结、提升,也是与大家的分享、交流。

　　蔚县,隶属于河北省张家口市。古称蔚州,为"燕云十六州"之一。地处河北省西北部,东邻北京市区,南接保定市,西倚山西省大同市,北枕张家口市。行政区域总面积 3220 千米^2。蔚县地处恒山、太行山、燕山三山交汇之处,属冀西北山间盆地,恒山余脉由晋入蔚,分南、北两支环峙四周,壶流河横贯西东,形成了明显的南部深山、中部河川、北部丘陵 3 个不同的自然区域。蔚县属温带大陆性季风气候,年平均气温 6.5℃,比首都北京低 6℃左右,比张家口市区低 2℃左右,无霜期 152 天,全县年降水量 400 毫米,年平均日照 2894 小时。蔚县位于冀西北山间盆地南部,属永定河流域,水资源充足。境内有壶流河、定安河和清水河 3 条常年河流和中型水库一座。蔚县水资源总量为 1.98 亿米^3。地表水资源量 1.47 亿米^3,可利用量 1.1 亿米^3。地下水资源量 1.08 亿米^3,可开采量为 0.82 亿米^3。全县年平均工农业生产用水约 1 亿米^3,尚有近 1 亿米^3 的水资源利用空间。位于县境西部的壶流河水库属中型水库,库容量 8700 万米^3,控制流域面积 1717 千米^2。充足的水资源造就了蔚县作物种植的有利条件。

实践团乘坐大巴车到玉米大豆带状复合种植基地进行调研。大豆带状复合种植技术是针对我国旱地间套多熟种植习惯,采用玉米-大豆、木薯-大豆、马铃薯-大豆等大豆带状间作套种方式,集品种搭配、扩行缩株、营养调控、减量施肥、绿色防控、封闭除草、机播机收等单项技术的大豆带状复合种植技术体系,集高效轮作、绿色增收、提质增效三位一体,实现了基础理论研究、应用技术(机具)和示范推广的有机结合,为提高我国大豆综合生产能力、促进农业可持续发展提供了新途径。与常规技术相比,该技术具有高产出、可持续、机械化、低风险等优势,应用该技术的主产作物产量(如玉米、马铃薯)与原单作产量水平相当,还每亩新增套作大豆 130～150 千克,间作大豆 110～130 千克,土地当量比套作可达 1.8 及以上,光能利用率 3% 以上,肥料利用率提高 20%～30%,每亩增收节支 400～600 元;利用大豆根瘤固氮,每亩减施纯氮 4 千克;利用机械灭茬还田与免耕直播等方式达到改善土壤团粒结构、提高土壤有机质和增加土壤肥力的效果;利用生物多样性、分带轮作和小株距密植降低病虫草害发生,农药施药量降低 25% 以上,用药次数减少 3～4 次,有效控制面源污染。该技术改单一作物种植为高低作物搭配间作、改等行种植为大小垄种植,充分发挥边行优势,实现玉米产量基本不减、增收一季大豆,实现了一田双收稳粮增豆、一种多效用养结合。

调研过程中,实践团成员发现当地玉米存在返祖现象。玉米属雌雄同株植物,玉米穗在分化阶段,因受气候及植物生长调节等外部非正常条件的影响,雌花可能会长出两个或多个柱头,同时接受雄花的花粉受精,从而形成"双胞胎"或"多胞胎"玉米,植物学上将其称之为"返祖现象"。还有就是天花结穗,也被称为返祖现象。因为环境影响,几千年来一直反复出现这种现象。"返祖"的玉米比较少见,概率特别低。出现这种现象,主要是受特殊气候条件的影响,如在阶段性高温或干旱情况下,会发生这种现象。虽然这种现象在当前玉米的生产中并不常见,且一般发生后没有必要采取措施,但在今后生产上做好"两性穗"预防,降低田间发生概率和株率十分必要。实践团教师建议当地农民注意选用优质杂交种、适期播种、加强病虫害防治、加强水肥管理等。此外,实践团教师发现玉米还存在丝黑穗病、稻瘟病、黑粉病等病害,谷子存在白发病等。玉米表现为除苞叶外整个果穗变成一个大黑粉包、叶片出现暗绿色水渍状病斑、果穗被传染后造成籽粒不饱满或不结穗甚至整个果穗变成黑瘤,谷子表现为叶正面出现黄白色条纹,背面密布灰白色霉层等。针对此现象,实践团专家提出可通过选用抗病杂交品种、土地轮作、调整播期、施用净肥,必要时采用药剂防治等方法进行病害防治。

实践团第二站来到由北京农学院植物科学技术学院园艺系教授王绍辉帮助引进番茄新品种的种植基地。通过实践团成员对番茄新品种进行品质测定,发现番茄'京番 308'、番茄'京番 309'适于鲜食,'京番 401'适于熟食,且新品种的销售单价是当地番茄品种的 2.5 倍,为当地农户带来了更好的产值及经济收益。

鲜食玉米指在乳熟期采摘新鲜果穗,以果穗或籽粒供直接食用、加工的玉米,主要包括甜玉米、糯玉米等,其可溶性糖或支链淀粉含量须达到一定的标准要求。鲜食玉米营养丰富,富含花青素、微量元素、多种氨基酸,符合当今大众消费者"抗氧化、粗粮细吃、营养均衡"等健康膳食理念,成为现代都市人倍加青睐的高端食品。国外大多数国家以甜玉米作为鲜食玉米,甜玉米在国外市场需求量很大,已成为一种大众化的蔬菜。目前全世界甜玉米种植面积总计约 134 万公顷,主要分布在美国、法国、匈牙利、西班牙、加拿大、泰国、巴西等。其中美国是世界上最早研究和利用甜玉米的国家,也是世界最大的甜玉米生产国和消费国,种植面积约 43 万公顷,其鲜售和加工产值分别占鲜售蔬菜和加工类蔬菜的第 4 位和第 2 位。我国是全球最大的鲜食玉米生产和消费国,2020年全国鲜食玉米种植总面积已超过2000万亩,居世界第1位,市场消费量达570亿穗,全国已有24个省70多个科研单位和企业重点发展鲜食玉米,成为继玉米饲料和玉米深加工之后又一新兴的玉米产业。随着我国城镇居民生活水平提升,我国鲜食玉米市场由一线城市渗透扩大到全国各地,市场需求量急剧增加,促使我国鲜食玉米种植面积快速攀升。我国鲜食玉米年种植面积达134万公顷及以上。我国鲜食玉米正向多元化及特色化方向发展,分为白色糯玉米、金黄色糯玉米、彩色糯玉米、甜玉米、甜加糯玉米。随着我国消费水平的提升,无公害、无污染、优质安全的农产品深受广大消费者的青睐,鲜食玉米以其独特的营养价值和口感,受到越来越多消费者的欢迎。随着科学研究的深入以及人们生活水平的提高,"鲜食玉米"已成为一个庞大的科研、种植、加工、物流、营销、服务产业链。目前,我国鲜食玉米除采摘后直接食用外,还有罐头、速冻产品、预制果穗,以及玉米饮料、蜜饯、果冻、馅料等多种加工产品。除了用作粮食外,还能用于养殖、化工、医药等产业,部分产品还被用于生产美容护肤品。

实践团第三站来到由农学系副教授王维香帮助引进'农科糯336''农科玉368''京科糯2000'等系列优质特色、高叶酸、甜加糯鲜食玉米新品种种植基地。实践团成员通过观察玉米叶片的伸展进程与果穗发育情况,判断玉米各生育阶段的营养需求,并针对性地提出技术措施促进玉米的生长,进行科学管理,以提高玉米品质、增加产量。随后,实践团成员对鲜食玉米种植基地新品种'农科糯336'各项表型指标进行了测定,数据表明鲜食玉米长势均匀,玉米茎叶稳健生长,果穗发育良好。鲜食玉米的种植切实增加了农民收益,也对农业发展起到了积极的推动作用。

同时,实践团成员还走访了蔚县瑞生农作物种植专业合作社,该合作社具备专业技术人员、农业机械设备及稳定的销售渠道,主要经营内容为种植农作物新品种、帮助农民代销农作物等,每年可获得良好的经济效益,带动了当地农业发展。

"学而时习之,不亦乐乎",学习自然的知识就要回到自然中去。多年来,北京农学院植物科学技术学院持续带领学生下沉"三农"领域,开展社会调研、劳动实践、生产教学等,使学生知农爱农的情怀不断深化,为全面推进乡村振兴、加快推进农业农村现代化提供了重要的人才支撑。这次实践活动使我体会到农业在各行各业中的重要地位,也认识到自己作为一名农学学生的重要责任。参与新时代"三农"工作,我们任重而道远。

张兆恒,男,中共党员,2020 级作物学专业,任北京农学院植物科学技术学院农学研究生党支部宣传委员,曾获北京农学院 2019—2020年度一等学业奖学金、北京农学院 2020—2021 年度一等学业奖学金、北京农学院植物科学技术学院优秀共产党员荣誉称号。

用脚步丈量大地 用真知书写青春华章

柯 桐

习近平总书记指出，中国现代化离不开农业农村现代化，而农业农村现代化关键在科技、在人才。新时代，农村是充满希望的田野，是干事创业的广阔舞台，对于我国高等农林教育大有可为。"三农"问题是农业文明向工业文明过渡的必然产物，解决"三农"问题是实现乡村振兴的关键。党的十九大报告指出："农业农村农民问题是关系国计民生的根本性问题，必须始终把解决好"三农"问题作为全党工作的重中之重，实施乡村振兴战略。"同时把广大农民对美好生活的向往化为推动乡村振兴的动力，为乡村振兴提供坚强有力的政治保障是乡村振兴战略成功的关键。而在我国当前背景下，涉农类高校多为理论知识的传授以及实验室为主，对其实践能力的锻炼较为缺乏。

在此大背景下，农科学子需要认识到现代农业农村的变化，更多地参与到社会实践教学中，上好理论与实践相结合的"大思政课"，把论文写在祖国大地上，发扬脚踏实地、艰苦奋斗的精神。农科学子参加"三下乡"活动、师生服务乡村振兴暑期社会实践活动，学生不仅走出校门、走进农村、接触农村，而且能够更深入地了解农村，立志将来投身到农业工作中。让每个学子用脚步丈量大地，书写青春梦想。

读万卷书，行万里路。我有幸参加了北京农学院植物科学技术学院组织的暑期社会实践活动。第一站我和实践团的老师同学来到了北京市平谷区安固村，进行了为期 4 天的暑期社会实践活动。安固村村域总面积 1421.96 公顷，自然资源丰富。自 2020 年以发展林下种植赤松茸为主要产业，利用现有的位置优势、资源优势，打造低碳环保京郊休闲农业。第二站前往河北省张家口市蔚县。蔚县是全国杏扁的传统产区和主产区之一,已有近50年的栽种历史。实践团成员跟随着当地农村农业局赵帅老师的脚步,考察了当地的杏树种植情况,大力推广实施了杏花防冻和嫁接技术。通过几天的实地走访、调研,作为实践团成员之一的我收获颇丰,能够将课堂上所学到的农业知识应用到田间地头,通过与当地村民的交流也了解到许多学校里面学不到的知识,能够很好地将实践与理论结合在一起。实践调研的过程中,我了解农民关心什么、需要什么,调研后和实践团成员研讨什么是我们农科学子的责任。其实只有走在田间地头、活跃在村民之中、奋斗贡献在乡村田野上,才能够对我国民生更加了解,才能真正懂农业,这些田间地头的思考和收获,坚定了我扎根农业工作的信念。

实践真知,勇于担当。我也在这次社会实践中领悟到了以前根本无法懂得的道理。只学不行动等于白学,理论联系实际要做到以行践学。需要明白理论学习目的是武装头脑,运用所学指导实践、推动工作。作为现代农业类高校学子,需要带着所学的先进技术及新品种,深入到乡村、深入到农民之中,了解农民需求、急农民之所急。在入户调查交谈中,我始终秉承着求知若渴不断学习的心态,结合自己所学的专业知识。一步步地将在校所学的科技优势转化为脱贫攻坚、乡村振兴的产业优势,只有将所学的东西应用到实际中才会发现它的价值。平常我总认为在学校上课枯燥无味,向往着自由自在地享受生活,有着别人不知道的理想,但此刻我明白了,所有的想象都是虚无缥缈的,只有自我亲身实践过,才会有一个清醒的认识,才会正确地自我定位,确立相对现实的目标。"实践是检验真理的唯一标准",多少次说过这句话却不去想它所包含的真正意义,直到实践后才对这句话有了更深层次的理解。通过暑期社会实践活动,往往能够弥补理论与实际的差距与不足,我想暑期社会实践的意义也在于此。它能够使我方方面面的能力得到提高,也增强了我懂农业、爱农业、为农业的决心。

厚德笃行,博学尚农。这是北京农学院的校训,意在强调学校"育人为本、德育先行"的教育理念,突出学校"以农为本、博采众长"的教育思想。要求我们重视农业、关注"三农"。解决"三农"问题是实现乡村振兴的关键,而暑期社会实践活动能够很好地引导我们以知农爱农、强农兴农为己任。

研究"三农"问题目的是要解决农民增收、农业发展、农村稳定。中国作为一个农业大国,"三农"问题关系到国民素质、经济发展,关系到社会稳定、国家富强、民族复兴。在之前,就我个人而言也仅仅只是了解"三农"这一概念,并没有太深的理解。但经过几天的入户走访、调研,对乡村面貌的进一步了解,让我重新认识了"三农"问题这一概念。首先是农业问题,每一个村庄的条件不同、发展强弱不一,如何走上共同发展的道路,我想首当其冲的便是农业问题,现代化农业关键在科技、在人才。这里不得不提的便是"三农"问题中的农村、农民问题。在我们入户走访乡村的几天时间里,不难发现整个乡村的面貌其实并不好。当然,得益于脱贫攻坚、乡村振兴战略的实施,发生了一定的变化,但关键问题在于人才、科技。我发现乡村主要人口构成还是老幼居多,给我印象十分深刻的是,在我走访蔚县的过程中,我们调研小组与村民交流,有一位村民主动要与我们进行合影,谈及原因他告诉我们说:"我们这里很少有大学生,几乎没有大学生来我们这边,因此我想和你们合影以作留念。"谈到此,我的内心深处被震撼到了,我想他们不是不愿意发展,也不是不愿意走出去。因为在我们的交谈之中,我听到最多的一句话就是"我们的国家有一个好主席,有着许多的好政策",使得他们的生活发生了日新月异的变化。我逐渐开始理解"解决'三农'问题是实现乡村振兴的关键"这句话的真正含义了。每一位农民的心态都是积极的,但关键在于人才、在于科技。推动乡村振兴,人才是基本保障。当他们难以走出来时,作为涉农高校学子的我们应该主动走进去,扎根乡村,为他们带去新的技术、新的机械、新的面貌。人才振兴是助力乡村振兴发展的核心灵魂。暑期社会实践活动是从"封闭的书斋"到"希望的田野",是我们涉农类高校学子在乡村成长成才、了解乡情民情、不断锤炼强农兴农本领的机会。迈出那"最后一公里",我有幸是暑期社会实践路上的行进者。

脚踏实地,仰望星空。习近平总书记曾提出:"希望广大青年用脚步丈量祖国大地,用眼睛发现中国精神,用耳朵倾听人民呼声,用内心感应时代脉搏,把对祖国血浓于水、与人民同呼吸共命运的情感贯穿学业全过程、融汇在事业追求中。"通过暑期社会实践的经历,让我更加明确了自己的目标,处于新时代的我们,当前世界处于百年未有之大变局,机遇与挑战并存。新时代青年只有乘风破浪勇担当,才能直挂云帆济沧海。作为当代涉农高校学生,我们在校学真知、学做人,出校砥砺前行、破浪担当,为国家"三农"建设贡献自己的力量。

从懵懂少年,再到北京农学院读研。一路走来,我变成了努力为祖国农业事业发展做贡献的农业人才,母校教育我们以"顶天"的志气探索当前农业的问题,以"立地"的情怀把科技成果转化为为农民服务的成果。在接下来学习的日子里,我将长真知,把学农、爱农、为农的精神继续赓续下去,用脚步丈量祖国大地,书写属于我们的青春华章!

柯桐,男,共青团员,2020 级作物学专业,任北京农学院植物科学技术学院研究生会执行主席,获北京农学院 2019—2020 年度一等学业奖学金,2020—2021 年度二等学业奖学金,2021—2022 年度一等学业奖学金,第八届中国国际"互联网＋"大学生创新创业大赛"青年红色筑梦之旅"赛道北京市一等奖,实用新型专业一项(排名第一)。